建筑与市政工程施工现场专业人员职业培训教材

材料员岗位知识与专业技能

本书编委会 编

中国建材工业出版社

图书在版编目（CIP）数据

材料员岗位知识与专业技能／《材料员岗位知识与
专业技能》编委会编. —— 北京：中国建材工业出版社，
2016.10（2018.10 重印）
建筑与市政工程施工现场专业人员职业培训教材
ISBN 978-7-5160-1699-2

Ⅰ．①材… Ⅱ．①材… Ⅲ．①建筑材料－职业培训－
教材 Ⅳ．①TU5

中国版本图书馆 CIP 数据核字（2016）第 243175 号

材料员岗位知识与专业技能

本书编委会 编

出版发行：中国建材工业出版社

地　　址：北京市海淀区三里河路 1 号
邮　　编：100044
经　　销：全国各地新华书店
印　　刷：北京雁林吉兆印刷有限公司
开　　本：787mm×1092mm　1/16
印　　张：15.75
字　　数：400 千字
版　　次：2016 年 10 月第 1 版
印　　次：2018 年 10 月第 4 次
定　　价：48.00 元

—————————————————————————————

本社网址：www.jccbs.com　微信公众号：zgjcgycbs
本书如出现印装质量问题，由我社市场营销部负责调换。电话：（010）88386906

《建筑与市政工程施工现场专业人员职业培训教材》
编审委员会

前　言

随着工程建设的不断发展和建筑科技的进步,国家及行业对于工程质量安全的严格要求,对于工程技术人员岗位职业技能要求也不断提高,为了更好地贯彻落实《建筑与市政工程施工现场专业人员职业标准》(JGJ/T 250－2011)和 2015 年最新颁布的《建筑业企业资质管理规定》对于工程建设专业技术人员素质与专业技能要求,全面提升工程技术人员队伍管理和技术水平,促进建设科技的工程应用,完善和提高工程建设现代化管理水平,我们组织编写了这套《建筑与市政工程施工现场专业人员职业培训教材》。本丛书旨在从岗前考核培训到实际工程现场施工应用中,为工程专业技术人员提供全面、系统、最新的专业技术与管理知识,满足现场施工实际工作需要。

本丛书主要依据现场施工中各专业岗位的实际工作内容和具体需要,按照职业标准要求,针对各岗位工作职责、专业知识、专业技能等知识内容,遵循易学、易懂、能现场应用的原则,划分知识单元、知识讲座,这样既便于上岗前培训学习时使用,也方便日常工作中查询、了解和掌握相关知识,做到理论结合实践。本丛书以不断加强和提升工程技术人员职业素养为前提,深入贯彻国家、行业和地方现行工程技术标准、规范、规程及法规文件要求;以突出工程技术人员施工现场岗位管理工作为重点,满足技术管理需要和实际施工应用,力求做到岗位管理知识及专业技术知识的系统性、完整性、先进性和实用性相统一。

本丛书内容丰富、全面、实用,技术先进,适合作为建筑与市政工程施工现场专业人员岗前培训教材,也是建筑与市政工程施工现场专业人员必备的技术参考书。

由于时间仓促和能力有限,本书难免有谬误之处和不完善的地方,敬请读者批评指正,以期通过不断修订与完善,使本丛书能真正成为工程技术人员岗位工作的必备助手。

编委会

2016 年 10 月

目录 CONTENTS

第 1 部分

无机胶凝材料

第 1 单元　水泥及进场验收

第 1 讲　通用水泥

一、通用水泥及其分类

通用水泥主要指通用硅酸盐水泥，它是以硅酸盐水泥熟料和适量的石膏及规定的混合材料制成的水硬性胶凝材料。

（1）通用硅酸盐水泥按混合材料的品种和掺量分为硅酸盐水泥、普通硅酸盐水泥、矿渣硅酸盐水泥、火山灰质硅酸盐水泥、粉煤灰硅酸盐水泥和复合硅酸盐水泥。

（2）按强度等级分类如下。

1）硅酸盐水泥的强度等级分为 42.5、42.5R、52.5、52.5R、62.5、62.5R 六个等级。

2）普通硅酸盐水泥的强度等级分为 42.5、42.5R、52.5、52.5R 四个等级。

3）矿渣硅酸盐水泥、火山灰质硅酸盐水泥、粉煤灰硅酸盐水泥、复合硅酸盐水泥的强度等级分为 32.5、32.5R、42.5、42.5R、52.5、52.5R 六个等级。

二、通用硅酸盐水泥的技术要求

1.化学指标

通用硅酸盐水泥化学指标应符合表 1—1 的规定。

2.碱含量（选择性指标）

水泥中碱含量按 $Na_2O+0.658K_2O$ 计算值表示。若使用活性集料，用户要求提供低碱水泥时，水泥中的碱含量应不大于 0.60% 或由买卖双方协商确定。

3.物理指标

（1）凝结时间。硅酸盐水泥初凝时间不小于 45min，终凝时间不大于 390min。普通硅酸盐水泥、矿渣硅酸盐水泥、火山灰质硅酸盐水泥、粉煤灰硅酸盐水泥和复合硅酸盐水泥初凝不小于 45min，终凝不大于 600min。

表1—1 通用硅酸盐水泥化学指标 　　　　　　　（单位：%）

品　　种	代号	溶物（质量分数）	烧失量（质量分数）	三氧化硫（质量分数）	氧化镁（质量分数）	氯离子（质量分数）
硅酸盐水泥	P·Ⅰ	≤0.75	≤3.0	≤3.5	≤5.0ᵃ	≤0.06ᶜ
	P·Ⅱ	≤1.50	≤3.5			
普通硅酸盐水泥	P·O	—	≤5.0			
矿渣硅酸盐水泥	P·S·A	—	—	≤4.0	≤6.0ᵇ	
	P·S·B	—	—			
火山灰质硅酸盐水泥	P·P	—	—	≤3.5	≤6.0ᵇ	
粉煤灰硅酸盐水泥	P·F	—	—			
复合硅酸盐水泥	P·C	—	—			

注：a. 如果水泥压蒸试验合格，则水泥中氧化镁的含量（质量分数）允许放宽至6.0%。
　　b. 如果水泥中氧化镁的含量（质量分数）大于6.0%时，需进行水泥压蒸安定性试验并合格。
　　c. 当有更低要求时，该指标由买卖双方确定。

（2）安全性。沸煮法合格。

（3）强度。不同品种不同强度等级的通用硅酸盐水泥，其不同龄期的强度应符合表1—2的规定。

表1—2 通用硅酸盐水泥的强度等级 　　　　　　　（单位：MPa）

品　　种	强度等级	抗压强度		抗折强度	
		3 d	28 d	3 d	28 d
硅酸盐水泥	42.5	≥17.0	≥42.5	≥3.5	≥6.5
	42.5R	≥22.0		≥4.0	
	52.5	≥23.0	≥52.5	≥4.0	≥7.0
	52.5R	≥27.0		≥5.0	
	62.5	≥28.0	≥62.5	≥5.0	≥8.0
	62.5R	≥32.0		≥5.5	
普通硅酸盐水泥	42.5	≥17.0	≥42.5	≥3.5	≥6.5
	42.5R	≥22.0		≥4.0	
	52.5	≥23.0	≥52.5	≥4.0	≥7.0
	52.5R	≥27.0		≥5.0	
矿渣硅酸盐水泥火山灰硅酸盐水泥粉煤灰硅酸盐水泥复合硅酸盐水泥	32.5	≥10.0	≥32.5	≥2.5	≥5.5
	32.5R	≥15.0		≥3.5	
	42.5	≥15.0	≥42.5	≥3.5	≥6.5
	42.5R	≥19.0		≥4.0	
	52.5	≥21.0	≥52.5	≥4.0	≥7.0
	52.5R	≥23.0		≥4.5	

（4）细度（选择性指标）。硅酸盐水泥和普通硅酸盐水泥的细度以比表面积表示，其比表面积不小于 $300m^2/kg$；矿渣硅酸盐水泥、火山灰质硅酸盐水泥、粉煤灰硅酸盐水泥和复合硅酸盐水泥的细度以筛余表示，其 $80\mu m$ 方孔筛筛余不大于 10%或 $45\mu m$ 方孔筛筛余不大于 30%。

第 2 讲　专用水泥与特性水泥

一、砌筑水泥

凡由一种或一种以上的水泥混合材料，加入适量硅酸盐水泥熟料和石膏，经磨细制成的工作性较好的水硬性胶凝材料，称为砌筑水泥，代号 M。

国标《砌筑水泥》（GB/T 3183-2003）的技术要求主要有：

（1）细度。0.080mm（$80\mu m$）方孔筛筛余不得超过 10%；

（2）凝结时间。初凝不得早于 60min，终凝不得迟于 12h；

（3）安定性。用沸煮法检验必须合格。水泥中 SO_3 含量不得超过 4.0%；

（4）强度等级分为 12.5、22.5 两种；

（5）保水率不低于 80%。

砌筑水泥强度等级较低，能满足砌筑砂浆强度要求。利用大量的工业废渣作为混合材料，降低水泥成本。砌筑水泥的生产、应用，一改过去用高强度等级水泥配制低强度等级砌筑砂浆、抹面砂浆的不合理不经济现象。砌筑水泥适用于砖、石、砌块砌体的砌筑砂浆和内墙抹面砂浆，不得用于钢筋混凝土工程。

二、白色硅酸盐水泥

以适当成分的生料烧至部分熔融，所得以硅酸钙为主要成分，氧化铁含量少的熟料。称为白色硅酸盐水泥熟料。

以白色硅酸盐水泥熟料加入适量石膏磨细制成的水硬性胶凝材料称为白色硅酸盐水泥（简称白水泥）。

硅酸盐水泥呈暗灰色，主要原因是其含 Fe_2O_3 较多（Fe_2O_3 含量为 3%～4%）。当 Fe_2O_3 含量在 0.5%以下时，则水泥接近白色。白色硅酸盐水泥的生产须采用纯净的石灰石、纯石英砂、高岭土作原料，采用无灰分的可燃气体或液体燃料，磨机采用铸石衬板，研磨体用石球。生产过程严格控制 Fe_2O_3 并尽可能减少 MnO、TiO_2 等着色氧化物。因此白水泥生产成本较高。白水泥的技术性质与产品等级介绍如下。

1.细度、凝结时间、安定性及强度

按国家标准《白色硅酸盐水泥》（GB/T 2015-2005）规定，白色水泥细度要求 $80\mu m$ 方孔筛筛余量不超过 10%；凝结时间初凝时间不早于 45min，终凝时间不迟于 10h；体积安定性用沸煮法检验必须合格，同时熟料中氧化镁含量不得超过 5.0%，水泥中三氧化硫含量不得超过 3.5%；按 3d、28d 的抗折强度与抗压强度分为 32.5、

42.5、52.5 三个强度等级；产品白度值应不低于 87。

2.废品与不合格品

凡三氧化硫、初凝时间、安定性中任一项不符合标准规定或强度低于最低等级的指标时为废品。

凡细度、终凝时间、强度和白度任一项不符合标准规定的，或水泥包装标志中品种、生产者名称、出厂编号不全的，为不合格品。

白水泥粉磨时加入碱性厂物颜料可制成彩色水泥。白色水泥与彩色水泥主要用于建筑物内外表面的装饰工程和人造大理石、水磨石制品。

三、抗硫酸盐硅酸盐水泥

抗硫酸盐硅酸盐水泥简称抗硫酸盐水泥，具有较高的抗硫酸盐侵蚀的特性。按其抗硫酸盐侵蚀程度分为中抗硫酸盐硅酸盐水泥和高抗硫酸盐硅酸盐水泥两类。其定义、用途及技术要求见表 1—3、表 1—4。

表 1—3 抗硫酸盐硅酸盐水泥的定义、用途和技术要求

项目	内容或指标		
定义	中抗硫酸盐硅酸盐水泥： 以特定矿物组成的硅酸盐水泥熟料，加入适量石膏，磨细制成的具有抵抗中等浓度硫酸根离子侵蚀的水硬性胶凝材料，称为中抗硫酸盐硅酸盐水泥，简称中抗硫酸盐水泥，代号 P·MSR。 高抗硫酸盐硅酸盐水泥： 以特定矿物组成的硅酸盐水泥熟料，加入适量石膏，磨细制成的具有抵抗较高浓度硫酸根高子侵蚀的水硬性胶凝材料，称为高抗硫酸盐硅酸盐水泥，简称高抗硫酸盐水泥，代号 P·HSR		
硅酸三钙 铝酸三钙 含量	水泥名称	硫酸三钙(C_3S)/(%)	铝酸三钙(C_3A)/(%)
	中抗硫水泥	≤55.0	≤5.0
	高抗硫水泥	≤50.0	≤3.0
烧失量	水泥中烧失量不得超过 3.0%		
氧化镁	水泥中氧化镁含量不得超过 5.0%。如果水泥经过压蒸安定性试验合格，则水泥中氧化镁含量允许放宽到 6.0%		
碱含量	水泥中碱含量按 $w(Na_2O)+0.658w(K_2O)$ 计算值来表示，若使用活性集料，用户要求提供低碱水泥时，水泥中的碱含量不得大于 0.60%，或由供需双方商定		
三氧化硫	水泥中三氧化硫的含量不得超过 2.5%		
不溶物	水泥中的不溶物不得超过 1.50%		
比表面积	水泥比表面积不得小于 280 m^2/kg		
凝结时间	初凝不得早于 45 min，终凝不得迟于 10 h		

续表

项目	内容或指标
安定性	用沸煮法检验,必须合格
强度	水泥强度等级按规定龄期的抗压强度和抗折强度来划分,两类水泥均分为32.5、42.5 两个强度等级,各等级水泥的各龄期强度不得低于表 3-7 数值

注:表中百分数(%)均为质量比(m/m)。

表 1—4　抗硫酸盐硅酸盐各等级中抗硫、高抗硫水泥的各龄期强度值

水泥强度等级	抗压强度/MPa		抗折强度/MPa	
	3 d	28 d	3 d	28 d
32.5	10.0	32.5	2.5	6.0
42.5	15.0	42.5	3.0	6.5

注:抗硫酸盐水泥适用于一般受硫酸盐侵蚀的海港、水利、地下、隧涵、引水、道路和桥梁基础等工程。

第 3 讲　水泥进场检验、储存及质量检验

一、水泥进场验收的基本内容

1. 核对包装及标志是否相符

水泥的包装及标志,必须符合标准规定。通用水泥一般为袋装,也可以散装。袋装水泥规定每袋净重 50kg,且不得少于标志质量的 98%;随机抽取 20 袋,水泥总质量不得少于 1000kg。水泥包装袋应符合标准规定,袋上应清楚标明:产品名称,代号,净含量,强度等级,生产许可证编号,生产者名称和地址,出厂编号,执行标准号,包装年、月、日。掺火山灰质混合材料的普通水泥或矿渣水泥,还应标上"掺火山灰"字样。复合水泥,应标明主要混合材料名称。包装袋两侧,应印有水泥名称和强度等级,硅酸盐水泥和普通水泥的印刷采用红色,矿渣水泥采用绿色,火山灰水泥、粉煤灰水泥及复合水泥采用黑色。散装供应的水泥,应提交与袋装标志相同内容的卡片。

通过对水泥包装和标志的核对,不仅可以发现包装的完好程度,盘点和检验数量是否给足,还能核对所购水泥与到货的产品是否完全一致,及时发现和纠正可能出现的产品混杂现象。

2. 校对出厂检验的试验报告

水泥出厂前,由水泥厂按批号进行出厂检验,填写试验报告。试验报告应包括标准规定的各项技术要求及试验结果,助磨剂,工业副产品石膏,混合材料名称和

掺加量，属旋窑或立窑生产。当用户需要时，水泥厂应在水泥发出日起 7d 内，寄发除 28d 强度以外的各项试验结果。28d 强度数值，应在水泥发出日起 32d 内补报。

施工部门购进的水泥，必须取得同一编号水泥的出厂检验报告，并认真校核。要校对试验报告的编号与实收水泥的编号是否一致，试验项目是否遗漏，试验测值是否达标。

水泥出厂检验的试验报告，不仅是验收水泥的技术保证依据，也是施工单位长期保留的技术资料，直至工程验收时作为用料的技术凭证。

3. 交货验收检验

水泥交货时的质量验收依据，标准中规定了两种：一种是以抽取实物试样的检验结果为依据，另一种是以水泥厂同编号水泥的检验报告为依据。采用哪种，由买卖双方商定，并在合同协议中注明。

以抽取实物试样的检验结果为依据时，买卖双方应在发货前或交货地共同取样和签封。按取样方法标准抽取 20kg 水泥试样，缩分为两等份，一份由卖方保存，另一份由买方按规定的项目和方法进行检验。在 40d 以内，对产品质量有异议时，将卖方封存的一份进行仲裁检验。以水泥厂同编号水泥的检验报告为依据时，在发货前或交货时，由买方抽取该编号试样，双方共同签封保存；或委托卖方抽取该编号试样，签封后保存。三个月内，买方对水泥质量有疑问时，双方将签封试样进行仲裁检验。

仲裁检验，应送省级或省级以上国家认可的水泥质量监督检验机构。

二、水泥质量检验

水泥进入现场后应进行复检。

1. 检验内容和检验批确定

水泥应按批进行质量检验。检验批可按如下规定确定：

（1）同一水泥厂生产的同品种、同强度等级同一出厂编号的水泥为一批。但散装水泥一批的总量不得超过 500t，袋装水泥一批的总量不得超过 200t。

（2）当采用同一厂家生产的质量长期稳定的、生产间隔时间不超过 10d 的散装水泥可以 500t 作为一批检验批。

（3）取样时应随机从不少于 3 个车罐中各采取等量水泥，经混拌均匀后，再从中称取不少于 12kg 水泥作为检验样。

水泥进场时应对其品种、级别、包装或散装仓号、出厂日期进行检查，并对其强度、安定性及其他必要的性能指标进行复验，其质量指标必须符合现行国家标准《通用硅酸盐水泥》（GB 175-2007）的规定。

当在使用中对水泥质量有怀疑或水泥出厂超过三个月（快硬硅酸盐水泥超过一个月）时，应进行复验，并按复验结果使用。

钢筋混凝土结构、预应力混凝土结构中，严禁使用含氯化物的水泥。

2. 复验项目

水泥的复验项目主要有：细度或比表面积、凝结时间、安定性、标准稠度用水量、抗折强度和抗压强度。

3. 不合格品及废品处理

（1）不合格品水泥。凡细度、终凝时间、不溶物和烧失量中有一项不符合《通用硅酸盐水泥》（GB 175-2007）、规定或混合材料掺加量超过最大限量和强度低于相应强度等级的指标时为不合格品。水泥包装标志中水泥品种、强度等级、生产单位名称和出厂编号不全的也属于不合格品。不合格品水泥应降级或按复验结果使用。

（2）废品水泥。当氧化镁、三氧化硫、初凝时间、安定性中任一项不符合国家标准规定时，该批水泥为废品。废品水泥严禁用于建设工程。

三、水泥保管

1. 防止受潮

水泥为吸湿性强的粉状材料，遇有水湿后，即发生水化反应。在运输过程中，要采取防雨、雪措施，在保管中要严防受潮。

在现场短期存放袋装水泥时，应选择地势高、平坦坚实、不积水的地点，先垫高垛底，铺上油毡或钢板后，将水泥码放规整，垛顶用苫布盖好盖牢。如专供现场搅拌站用料，且时间较长，应搭设简易棚库，同样做好上苫、下垫。

较永久性集中供应水泥的料站，应设有库房。库房应不漏雨，应有坚实平整的地面，库内应保持干燥通风。码放水泥要有垫高的垛底，垛底距地面应在 30cm 以上，垛边离开墙壁应在 20cm 以上。

散装水泥应有专门运输车，直接卸入现场的特制贮仓。贮仓一般邻近现场搅拌站设置，贮仓的容量要适当，要便于装入和取出。

2. 防止水泥过期

水泥即使在良好条件下存放，也会因吸湿而逐渐失效。因此，水泥的贮存期不能过长。一般品种的水泥，贮存期不得超过 3 个月，特种水泥还要短些。过期的水泥，强度下降，凝结时间等技术性能将会改变，必须经过复检才能使用。

因此，从水泥收进时起，要按出厂日期不同分别放置和管理，在安排存放位置时，就要预见，以便于做到早出厂的早发。要有周密的进、发料计划，预防水泥压库。

3. 避免水泥品种混乱

严防水泥品种、强度等级、出厂日期等，在保管中发生混乱，特别是不同成分系列的水泥混乱。水泥的混乱，必然发生错用水泥的工程事故。

为避免混乱现象的发生，放置要有条理，分门别类地做好标志。特别是散装水泥，必须做到物、卡、贮仓号相符。袋装水泥不能串袋，如收起落地灰改用了包装，过期水泥经复检已低于袋上的强度标志等，都是发错的原因。

4.加强水泥应用中的管理

加强检查，坚持限额领料，杜绝使用中的各种浪费现象。

一般情况下，设计单位不指定水泥品种，要发挥施工部门合理选用水泥品种的自主性。要弄清不同水泥的特性和适用范围，做到物尽其用，最大限度地提高技术经济效益。要有强度等级的概念，选用水泥的强度等级要与构筑物的强度要求相适应，用高强度等级的水泥配制低等级的混凝土或砂浆，是水泥应用中的最大浪费。要努力创造条件，推广使用散装水泥，推广使用预拌混凝土。

四、水泥抽样及处置

1.检验批

使用单位在水泥进场后，应按批对水泥进行检验。根据国家标准《混凝土结构工程施工质量验收规范》（GB 50204-2015）规定，按同一生产厂家、同一等级、同一品种、同一批号且连续进场的水泥，袋装不超过200t为一批，散装不超过500t为一批，每批抽样不少于一次。

2.水泥的取样

（1）取样单位：即按每一检验批作为一个取样单位，每检验批抽样不少于一次。

（2）取样数量与方法：为了使试样具有代表性，可在散装水泥卸料处或输送水泥运输机具上20个不同部位取等量样品，总量至少12kg。然后采用缩分法将样品缩分到标准要求的规定量。

3.试样制备

试验前应将试样通过0.9mm方孔筛，并在（110±1）℃烘干箱内烘干，备用。

4.试验室条件

试验室的温度为（20±2）℃，相对湿度不低于50%；水泥试样、拌和水、标准砂、仪器和用具的温度应与试验室一致；水泥标准养护箱的温度为（20±1）℃，相对湿度不低于90%。

第2单元　石灰、石膏及进场验收

第1讲　石灰

一、石灰的品种、特性、用途

石灰的品种、组成、特性和用途见表1—5。

表1—5 石灰的品种、组成、特性和用途

品种	块灰（生石灰）	磨细生石灰（生石灰粉）	熟石灰（消石灰）	石灰膏	石灰乳（石灰水）
组成	以含碳酸钙（$CaCO_3$）为主的石灰石经过（800～1000 ℃）高温煅烧而成，其主要成分为氧化钙（CaO）	由火候适宜的块灰经磨细而成粉末状的物料	将生石灰（块灰）淋以适当的水（约为石灰重量的60%～80%），经熟化作用所得的粉末状材料[$Ca(OH)_2$]	将块灰加入足量的水，经过淋制熟化而成的厚膏状物质[$Ca(OH)_2$]	将石灰膏用水冲淡所成的浆液状物质
特性和细度要求	块灰中的灰分含量越少，质量越高；通常所说的三七灰，即指三成灰粉七成块灰	与熟石灰相比，具有快干、高强等特点，便于施工。成品需经4900 孔/cm² 的筛子过筛	需经 3～6 mm 的筛子过筛	淋浆时应用孔径为6 mm 的网格过滤；应在沉淀池内储存两周后使用；保水性能好	—
用途	用于配制磨细生石灰、熟石灰、石灰膏等	用作硅酸盐建筑制品的原料，并可制作碳化石灰板、砖等制品，还可配制熟石灰、石灰膏等	用于拌制灰土（石灰、黏土）和三合土（石灰、粉土、砂或矿渣）	用于配制石灰砌筑砂浆和抹灰砂浆	用于简易房屋的室内粉刷

二、主要技术指标

按石灰中氧化镁的含量，将生石灰和生石灰粉划分为钙质石灰（MgO<5%）和镁质石灰（MgO≥5%）；按消石灰中氧化镁的含量将消石灰粉划分为钙质消石灰粉（MgO<4%）、镁质消石灰粉（4%≤MgO≤24%）和白云石消石灰粉（24%≤MgO≤30%）。建筑石灰按质量可分为优等品、一等品、合格品三种，具体指标应满足表1—6～表1—8的要求。

表1—6 生石灰的主要技术指标

项　目	钙质生石灰			镁质生石灰		
	优等品	一等品	合格品	优等品	一等品	合格品
($CaO+MgO$)含量(%),不小于	90	85	80	85	80	75
未消化残渣含量(5 mm 圆孔筛余)(%),不大于	5	10	15	5	10	15
CO_2 含量(%),不大于	5	7	9	6	8	10
产浆量/(L/kg),不小于	2.8	2.3	2.0	2.8	2.3	2.0

表1—7　生石灰粉的技术指标

项　目		钙质生石灰粉			镁质生石灰粉		
		优等品	一等品	合格品	优等品	一等品	合格品
($CaO+MgO$)含量(%),不小于		85	80	75	80	75	70
CO_2 含量(%),不大于		7	9	11	8	10	12
细度	0.90 mm 筛的筛余(%),不大于	0.2	0.5	1.5	0.2	0.5	1.5
	0.125 mm 筛的筛余(%),不大于	7.0	12.0	18.0	7.0	12.0	18.0

表1—8　消石灰粉的技术指标

项　目		钙质消石灰粉			镁质消石灰粉			白云石消石灰粉		
		优等品	一等品	合格品	优等品	一等品	合格品	优等品	一等品	合格品
($CaO+MgO$)含量(%),不小于		70	65	60	65	60	55	65	60	55
游离水(%)		0.4~2	0.4~2	0.4~2	0.4~2	0.4~2	0.4~2	0.4~2	0.4~2	0.4~2
体积安定性		合格	合格	—	合格	合格	—	合格	合格	—
细度	0.90mm 筛的筛余(%),不大于	0	0	0.5	0	0	0.5	0	0	0.5
	0.125mm 筛的筛余(%),不大于	3	10	15	3	10	15	3	10	15

三、石灰的储运、保存

生石灰块及生石灰粉须在干燥状态下运输和储存,且不宜存放太久。因在存放过程中,生石灰会吸收空气中的水分熟化成消石灰粉并进一步与空气中的二氧化碳作用生成碳酸钙,从而失去胶结能力。长期存放时应在密闭条件下,且应防潮、防水。

第 2 讲　石膏

建筑石膏的用途很广，主要用于室内抹灰、粉刷和生产各种石膏板等。

一、建筑石膏特点

（1）凝结硬化快。建筑石膏加水拌和后，浆体在几分钟后便开始失去塑性，30min 内完全失去塑性而产生强度，2h 可达 3～6MPa。由于初凝时间过短，容易造成施工成型困难，一般在使用时需加缓凝剂，延缓初凝时间，但强度会有所降低。

（2）凝结硬化时体积微膨胀。石膏浆体在凝结硬化初期会产生微膨胀，这一性质使石膏制品的表面光滑、细腻，尺寸精确、形体饱满、装饰性好，因而特别适合制作建筑装饰制品。

（3）孔隙率大、体积密度小。建筑石膏在拌和时，为使浆体具有施工要求的可塑性，需加入建筑石膏用量 60%～80% 的用水量，而建筑石膏的理论需水量为18.6%，大量的自由水在蒸发后，在建筑石膏制品内部形成大量的毛细孔隙。其孔隙率达 50%～60%，体积密度为 800～1000kg/m³，属于轻质材料。

（4）保温性和吸声性好。建筑石膏制品的孔隙率大，且均为微细的毛细孔，所以导热系数小。大量的毛细孔隙对吸声有一定的作用。

（5）强度较低。建筑石膏的强度较低，但其强度发展速度快，2h 可达 3～6MPa，7d 抗压强度为 8～12MPa（接近最高强度）。

（6）具有一定的调湿性。由于建筑石膏制品内部的大量毛细孔隙对空气中的水蒸气具有较强的吸附能力，所以对室内的空气湿度有一定的调节作用。

（7）防火性好，但耐火性差。建筑石膏制品的导热系数小，传热慢，且二水石膏受热脱水产生的水蒸气能阻碍火势的蔓延，起到防火作用。但二水石膏脱水后，强度下降，因而不耐火。

（8）耐水性、抗渗性、抗冻性差。建筑石膏制品孔隙率大，且二水石膏可微融于水，遇水后强度大大降低。为了提高建筑石膏及其制品的耐水性，可以在石膏中掺入适当的防水剂，或掺入适量的水泥、粉煤灰、磨细粒化高炉矿渣等。

二、建筑石膏的水化、凝结与硬化

建筑石膏加水拌和后，首先溶于水，与水发生水化反应，生成二水石膏。这一过程大约需要 7～12min。随着水化的不断进行，生成的二水石膏胶体微粒不断增多，这些微粒较原来的半水石膏更加细小，比表面积很大，吸附着很多的水分；同时浆体中的自由水分由于水化和蒸发而不断减少，浆体的稠度不断增加，胶体微粒间的搭接、粘结逐步增强，颗粒间产生摩擦力和粘结力，浆体逐渐产生粘结。随水化的不断进行，二水石膏胶体微粒凝聚并转变为晶体。晶体颗粒逐渐长大，且晶体颗粒间相互搭接、交错、共生，使浆体完全失去塑性，产生强度。这一过程不断进行，直至浆体完全干燥，强度不再增加。

三、建筑石膏的技术指标

建筑石膏按技术要求分为优等品、一等品和合格品三个等级，各等级建筑石膏具体要求见表1—9。

表 1—9　建筑石膏的技术指标

指　　标		优等品	一等品	合格品
细度（孔径 0.2 mm 筛的筛余量不超过）（%）		5.0	10.0	15.0
抗折强度（烘干至重量恒定后不小于）/MPa		2.5	2.1	1.8
抗压强度（烘干至重量恒定后不小于）/MPa		4.9	3.9	2.9
凝结时间/min	初凝不早于	6		
	终凝不迟于	30		

注：指标中有一项不符合者，应予降级或报废。

四、石膏的储运、保存

建筑石膏在存储中，需要防雨、防潮，储存期一般不宜超过三个月。一般存储三个月后，强度降低 30% 左右。应分类分等级存储在干燥的仓库内，运输时也要采取防水措施。

第 2 部分

混凝土及建筑砂浆

第 1 单元　建筑用砂、石及进场验收

第 1 讲　建筑用砂

普通混凝土用细骨料是指粒径在 0.15～5.00mm 之间的岩石颗粒，称为砂。砂按产源分为天然砂和人工砂两类。天然砂是由自然风化，水流搬运和分选、堆积形成的，包括河砂、湖砂、山砂、淡化海砂四种。人工砂是经除土处理的机制砂（由机械破碎、筛分制成）和混合砂（由机制砂和天然砂混合制成）的统称。混凝土用砂的技术质量要求，主要内容有以下 5 个方面。

一、表观密度、堆积密度、空隙率

砂的表观密度、堆积密度、空隙率应符合如下规定：表观密度 $\rho_0 > 2500\text{kg/m}^3$；松散堆积密度 $\rho'_0 > 1350\text{kg/m}^3$；空隙率 $P' < 47\%$。

二、含泥量、石粉含量和泥块含量

含泥量是指天然砂中粒径小于 80μm 的颗粒含量。

石粉含量是指人工砂中粒径小于 80μm 的颗粒含量。泥块含量是指砂中原粒径大于 1.25mm，经水浸洗、手捏后小于 630μm 的颗粒含量。砂中的泥和石粉颗粒极细，会黏附在砂粒表面，阻碍水泥石与砂子的胶结，降低混凝土的强度及耐久性。而砂中的泥块在混凝土中会形成薄弱部分，对混凝土的质量影响更大。因此，对砂中含泥量、石粉含量和泥块含量必须严格限制。天然砂中含泥量、泥块含量见表 2—1，人工砂中石粉含量和泥块含量见表 2—2。

表 2—1　天然砂中含泥量和泥块含量

混凝土强度等级	≥C60	C55～C30	≤C25
含泥量(按质量计)(%)	≤2.0	≤3.0	≤5.0
泥块含量(按质量计)(%)	≤0.5	≤1.0	≤2.0

表 2—2　人工砂中石粉含量和泥块含量

混凝土强度等级			≥C60	C55～C30	≤C25
亚甲蓝试验	MB 值<1.40或合格	石粉含量(按质量计)(%)	≤5.0	≤7.0	≤10.0
		泥块含量(按质量计)(%)	0	<1.0	<2.0
	MB 值≥1.40或不合格	石粉含量(按质量计)(%)	≤2.0	≤3.0	≤5.0
		泥块含量(质量计)(%)	0	<1.0	<2.0

三、有害物质含量

砂中不应混有草根、树叶、树枝、塑料等杂物,其有害物质主要是云母、轻物质、有机物、硫化物及硫酸盐、氯化物等。云母为表面光滑的小薄片,轻物质指体积密度小于 $2000kg/m^3$ 的物质(如煤屑、炉渣等),它们会黏附在砂粒表面,与水泥浆粘结差,影响砂的强度及耐久性。有机物、硫化物及硫酸盐对水泥石有侵蚀作用,而氯化物会导致混凝土中的钢筋锈蚀。有害物质含量见表 2—3。

表 2—3　砂中有害物质含量

混凝土强度等级	≥C60	C55～C30	≤C25
云母(按质量计)(%)	≤2.0	≤2.0	≤2.0
轻物质(按质量计)(%)	≤1.0	≤1.0	≤1.0
有机物(比色法)	合格	合格	合格
硫化物及硫酸盐(按 SO_3 质量计)(%)	≤1.0	≤1.0	≤1.0

四、颗粒级配

颗粒级配是指砂中不同粒径颗粒搭配的比例情况。在砂中,砂粒之间的空隙由水泥浆填充,为达到节约水泥和提高混凝土强度的目的,应尽量降低砂粒之间的空隙。从图 2—1 可以看出,采用相同粒径的砂,空隙率最大[图 2—1(a)];两种粒径的砂搭配起来,空隙率减小[图 2—1(b)];三种粒径的砂搭配,空隙率就更小[图 2—1(c)]。因此,要减少砂的空隙率,就必须采用大小不同的颗粒搭配,即良好的颗粒级配砂。

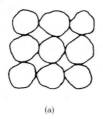 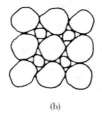 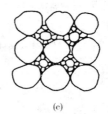

(a) (b) (c)

图 2—1　骨料的颗粒级配

砂的颗粒级配采用筛分析法来测定。用一套孔径为 4.75mm、2.36mm、1.18mm、600μm、300μm、150μm 的标准筛，将抽样后经缩分所得 500g 干砂由粗到细依次过筛，然后称取各筛上的筛余量，并计算出分计筛余百分率 a_1、a_2、a_3、a_4、a_5、a_6（各筛筛余量与试样总量之比）及累计筛余百分率 A_1、A_2、A_3、A_4、A_5、A_6（该号筛的筛余百分率与该号筛以上各筛筛余百分率之和）。分计筛余与累计筛余的关系见表 2—4。筛分析的具体做法见本章第三节有关内容。

表 2—4　分计筛余与累计筛余的关系

筛孔尺寸 /mm	分计筛余（%）	累计筛余（%）	筛孔尺寸 /μm	分计筛余（%）	累计筛余（%）
4.75	a_1	$A_1 = a_1$	600	a_4	$A_4 = a_1 + a_2 + a_3 + a_4$
2.36	a_2	$A_2 = a_1 + a_2$	300	a_5	$A_5 + a_1 + a_2 + a_3 + a_4 + a_5$
1.18	a_3	$A_3 = a_1 + a_2 + a_3$	150	a_6	$A_6 = a_1 + a_2 + a_3 + a_4 + a_5 + a_6$

砂的颗粒级配用级配区表示，应符合表 2—5 的规定。

表 2—5　砂的颗粒级配

累计筛余（%）　方孔筛径	Ⅰ	Ⅱ	Ⅲ
5.00 mm	10～0	10～0	10～0
2.50 mm	35～5	25～0	15～0
1.25 mm	65～35	50～10	25～0
630 μm	85～71	70～41	40～16
315 μm	95～80	92～70	85～55
160 μm	100～90	100～90	100～90

为方便应用，可将表 2—5 中的数值绘制成砂的级配区曲线图，即以累计筛余为纵坐标，以筛孔尺寸为横坐标，画出砂的 Ⅰ、Ⅱ、Ⅲ 三个区的级配区曲线，如图 2—2 所示。使用时以级配区或级配区曲线图判定砂级配的合格性。普通混凝土用

砂的颗粒级配只要处于表 2—5 中的任何一个级配区中均为级配合格，或者将筛分析试验所计算的累计筛余百分率标注到级配区曲线图中，观察此筛分结果曲线，只要落在三个区的任何一个区内，即为级配合格。

配制混凝土宜优先选用Ⅱ区砂。当采用Ⅰ区砂时，应适当提高砂率，并保证足够的水泥用量，以满足混凝土和易性要求。当采用Ⅲ区砂时，宜适当降低砂率，以保证混凝土强度。

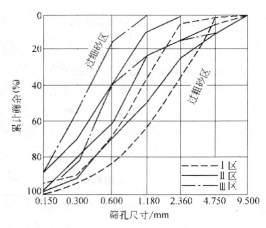

图 2—2 砂的级配区曲线

五、规格

砂按细度模数 M_x 分为粗、中、细、特细四种规格，其细度模数分别为：

粗砂　　　　M_x=3.7～3.1

中砂　　　　M_x=3.0～2.3

细砂　　　　M_x=2.2～1.6

特细砂　　　M_x=1.5～0.7

细度模数（M_x）是衡量砂粗细程度的指标，按下式计算：

$$M_x = \frac{(A_2 + A_3 + A_4 + A_5 + A_6) - 5A_1}{100 - A_1}$$

$$(2—1)$$

式中　A_1、A_2、A_3、A_4、A_5、A_6——分别为 4.75mm、2.36mm、1.18mm、600μm、300μm、150μm 筛的累计筛余百分率；

M_x——砂的细度模数。

细度模数描述的是砂的粗细，亦即总表面积的大小。在配制混凝土时，在相同用砂量条件下采用细砂则总表面积较大，而采用粗砂则总表面积较小。砂的总表面积越大，则混凝土中需要包裹砂粒表面的水泥浆越多，当混凝土拌和物的和易性要求一定时，显然较粗的砂所需的水泥浆量就比较细的砂要省。但砂过粗，易使混凝土拌和物产生离析、泌水等现象，影响混凝土和易性。因此，用于混凝土的砂不宜过粗，也不宜过细。应当指出，砂的细度模数不能反映砂的级配优劣，细度模数相同的砂，其级配可以很不相同。因此，在配制混凝土时，必须同时考虑砂的颗粒级配和细度模数。

第 2 讲 建筑用碎石或卵石

粒径大于 4.75mm 的骨料称粗骨料。混凝土常用的粗骨料有卵石与碎石两种。卵石又称砾石，是自然风化、水流搬运和分选、堆积形成的岩石颗粒。按其产源可分为河卵石、海卵石、山卵石等几种，其中以河卵石应用最多。碎石是由天然岩石或卵石经机械破碎、筛分制成的岩石颗粒。为保证混凝土质量，混凝土用卵石与碎石的技术质量要求，主要内容有以下 6 个方面。

一、表观密度、堆积密度、空隙率

表观密度、堆积密度、空隙率应符合如下规定：表观密度 ρ_0>2500kg/m^3，松散堆积密度 ρ'_0>1350kg/m^3，空隙率 P'<47%。

二、含泥量和泥块含量

含泥量是指卵石、碎石中粒径小于 80μm 的颗粒含量。泥块含量是指卵石、碎石中原粒径大于 5.00mm，经水浸洗、手捏后小于 2.50mm 的颗粒含量。

卵石、碎石中的泥含量和泥块含量对混凝土的危害与在砂中的相同。按标准要求，卵石、碎石中的泥和泥块含量见表 2—6。

表 2—6 卵石、碎石的含泥量和泥块含量

混凝土强度等级	≥C60	C55～C30	≤C25
含泥量（按质量计）（%）	≤0.5	≤1.0	≤2.0
泥块含量（按质量计）（%）	≤0.2	≤0.5	≤0.7

三、针、片状颗粒含量

针状颗粒是指颗粒长度大于该颗粒所属相应粒级的平均粒径 2.4 倍者，片状颗粒则是指颗粒厚度小于平均粒径 0.4 倍者（平均粒径指该粒级上、下限粒径的平均值）。针、片状颗粒不仅本身容易折断，而且会增加骨料的空隙率，使混凝土拌和物和易性变差，强度降低，其含量限值见表 2—7。

表 2—7 卵石、碎石针、片状颗粒含量

混凝土强度等级	≥C60	C55～C30	≤C25
针、片状颗粒（按质量计）（%）	≤8	≤15	≤25

四、有害物质

卵石和碎石中不应混有草根、树叶、树枝、塑料、煤块和炉渣等杂物。其有害物质含量见表 2—8。

表 2—8 卵石、碎石有害物质含量

混凝土强度等级	≥C60	C55～C30	≤C25
有机物	颜色应不深于标准色。当颜色深于标准色时应配制成混凝土进行强度对比试验,抗压强度比应不低于 0.95		
硫化物及硫酸盐(按 SO_3 质量计)(%)	≤1.0	≤1.0	≤1.0

为了保证混凝土的强度要求,粗骨料必须具有足够的强度。卵石和碎石,采用岩石抗压强度和压碎指标两种方法检验。在选择采石场或混凝土强度等级≥C60 以及对质量有争议时,宜采用岩石抗压强度检验,对于工程中经常性的生产质量控制,宜采用压碎指标检验。

岩石抗压强度是将母岩制成 50mm×50mm×50mm 立方体试件(或 50mm×50mm 的圆柱体试件),在水饱和状态下测定其极限抗压强度值,其抗压强度:火成岩应不小于 80MPa,变质岩应不小于 60MPa,水成岩应不小于 30MPa。

压碎指标是将一定质量风干状态下 9.50～19.0mm 的颗粒装入标准圆模内,在压力机上,按 1kN/s 速度均匀加荷至 200kN 并稳荷 5s,卸荷后用 2.36mm 的筛筛除被压碎的细粒,称出留在筛上的试样质量,然后按下式计算。

$$Q_e = \frac{G_1 - G_2}{G_1} \times 100\%$$ （2—2）

式中　Q_e——压碎指标值,%;

　　　G_1——试样的质量,g;

　　　G_2——压碎试验后筛余的试样质量,g。

压碎指标值越小,表示骨料抵抗受压碎裂的能力越强。压碎指标应符合表 2—9 的规定。

表 2—9 普通混凝土用碎石和卵石的压碎指标

项 目		C60～C40	C35
碎石压碎指标（%）	沉积岩	≤10	≤16
	变质岩或深成的火成岩	≤12	≤20
	喷出的火成岩	≤13	≤30
卵石压碎指标（%）		≤12	≤16

注：沉积岩包括石灰石、砂岩等；变质岩包括片麻岩、石英石等；深成的火成岩包括花岗石、正长石、闪长岩和橄榄岩等；喷出的火成岩包括玄武石和辉绿岩等。

五、最大粒径（D_{max}）

粗骨料公称粒级的上限称为该粒级的最大粒径。粗骨料最大粒径增大时，骨料总表面积减小，因此，包裹其表面所需的水泥浆量减少，可节约水泥，并且在一定和易性及水泥用量条件下，能减少用水量而提高混凝土强度。所以，在条件许可的情况下，最大粒径尽可能选得大一些。选择石子最大粒径主要从以下三个方面考虑。

（1）从结构上考虑。石子最大粒径应考虑建筑结构的截面尺寸及配筋疏密。根据《混凝土结构工程施工质量验收规范》（GB 50204-2015）的规定，混凝土用的粗骨料，其最大粒径不得超过构件截面最小尺寸的 1/4，且不得超过钢筋最小净间距的 3/4。对混凝土实心板，骨料的最大粒径不宜超过板厚的 1/3，且不得超过 40mm。

（2）从施工上考虑。对于泵送混凝土，最大粒径与输送管内径之比，一般建筑混凝土用碎石不宜大于 1∶3，卵石不宜大于 1∶2.5，高层建筑宜控制在（1∶3）～（1∶4），超高层建筑宜控制在（1∶4）～（1∶5）。粒径过大，对运输和搅拌都不方便，且容易造成混凝土离析、分层等质量问题。

（3）从经济上考虑。试验表明，最大粒径小于 80mm 时，水泥用量随最大粒径减小而增加；最大粒径大于 150mm 后节约水泥效果却不明显，如图 2—3 所示。因此，从经济上考虑，最大粒径不宜超过 150mm。此外，对于高强混凝土，从强度观点看，当使用的最大粒径超过 40mm 后，由于减少用水量获得的强度提高，被大粒径骨料造成的较小粘结面积和不均匀性的不利影响所抵消，所以，并无多大好处。综上所述，一般在水利、海港等大型工程中最大粒径通常采用 120mm 或 150mm；在房屋建筑工程中，一般采用 16mm、20mm、31.5mm 或 40mm。

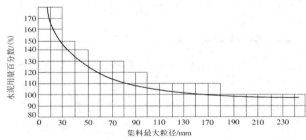

图 2—3 骨料最大粒径与水泥用量关系曲线

六、颗粒级配

粗骨料与细骨料一样,也要求有良好的颗粒级配,以减少空隙率,改善混凝土拌和物和易性及提高混凝土强度,特别是配制高强度混凝土,粗骨料级配尤为重要。

粗骨料的颗粒级配也是通过筛分析试验来测定的。试样筛析时,可按需要选用筛号。根据国家标准《建筑用卵石、碎石》(GB/T 14685-2011),建筑用卵石和碎石的颗粒级配见表2—10。

表2—10　碎石和卵石的颗粒级配

公称粒径/mm｜累计筛余/(%)｜方孔筛/mm	2.36	4.75	9.50	16.0	19.0	26.5	31.5	37.5	53.0	63.0	75.0	90.0
连续粒级 5~10	95~100	80~100	0~15	0								
连续粒级 5~16	95~100	85~100	30~60	0~10	0							
连续粒级 5~20	95~100	90~100	40~80	—	0~10	0						
连续粒级 5~25	95~100	90~100	—	30~70	—	0~5	0					
连续粒级 5~31.5	95~100	90~100	70~90	—	15~45	—	0~5	0				
连续粒级 5~40	—	95~100	70~90	—	30~65	—	—	0~5				
单粒粒级 10~20		95~100	85~100		0~15	0						
单粒粒级 16~31.5			95~100	85~100			0~10	0				
单粒粒级 20~40				95~100	85~100			0~10	0			
单粒粒级 31.5~63				95~100			75~100	45~75		0~10	0	
单粒粒级 40~80					95~100			70~100		30~60	0~10	0

粗骨料的级配有连续级配和间断级配两种。连续级配是石子由小到大连续分级($5\sim D_{\max}$)。建筑工程中多采用连续级配的石子,如天然卵石。间断级配是指用小颗粒的粒级直接和大颗粒的粒级相配,中间为不连续的级配。如将5~20mm和40~80mm的两个粒级相配,组成5~80mm的级配中缺少20~40mm的粒级,这时大颗粒的空隙直接由比它小得多的颗粒去填充,这种级配可以获得更小的空隙率,从

而可节约水泥，但混凝土拌和物易产生离析现象，增加了施工难度，故工程中应用较少。单粒级宜用于组合成具有所要求级配的连续粒级，也可与连续粒级配合使用，以改善骨料级配或配成较大粒度的连续粒级。工程中不宜采用单一的单粒粒级配制混凝土。如必须使用，应作经济分析，并应通过试验证明不会发生离析等影响混凝土质量的问题。

第 3 讲　抽样检验及处置

一、抽样

（1）砂（石）的取样，应按批进行。购料单位取样，应一列火车、一批货船或一批汽车所运的产地和规格均相同的砂（或石）为一批，但总数不宜超过 400m³ 或 600t。

（2）在料堆上取样时，一般也以 400m³ 或 600t 为一批。

（3）以人工生产或用小型工具（如拖拉机等）运输的砂，以产地和规格均相同的 200m³ 或 300t 为一批。

（4）在料堆上取样时，取样部位应均匀分布。取样前先将取样部位表层铲除，然后由各部位抽取大致相等的试份共 8 份，石子为 16 份，组成各自一组试样。

（5）从皮带运输机上取样时，应在皮带运输机机尾的出料处，用接料器定时抽取砂 4 份、石 8 份组成各自一组试样。

（6）从火车、汽车、货船上取样时，应从不同部位和深度抽取大致相等的砂 8 份，石 16 份组成各自一组样品。

（7）每组试样的取样数量，对每一单项试验，应不小于最少取样的质量。须作几项试验时，如确能保证试样经一项试验后；不致影响另一项试验的结果，可用同一组试样，进行几项不同的试验。

二、试样的缩分

将所取每组试样的试份置于平板上，若为砂样，应在潮湿状态下搅拌均匀，并堆成厚度约为 2cm 的"圆饼"，然后沿互相垂直的两条直径，把"圆饼"分成大致相等的四份，取其对角的两份重新拌匀，再堆成"圆饼"。重复上述过程，直至缩分后的材料质量，略多于进行试验所必须的质量为止。若为石子试样，在自由状态下拌混均匀，并堆成锥体，然后沿相互垂直的两条直径，把锥体分成大致相等的 4 份。取其对角的两份重新拌匀，再堆成锥体。重复上述过程，直至缩分后材料的质量，略多于进行试验所必须的质量为止。

有条件时，也可以用分料器对试样进行缩分。

碎石或卵石的含水率及堆积密度检验，所用的试样不经缩分，拌匀后直接进行试验。

三、试样的包装

每组试样应采用能避免细料散失及防止污染的容器包装,并附卡片标明试样编号、产地、规格、质量、要求检验项目及取样方法等。

第 2 单元 混凝土外加剂及掺合料

第 1 讲 混凝土外加剂

混凝土外加剂是在拌制混凝土过程中掺入,掺量不大于 5%,用以改善混凝土性能的物质。

由于掺入很少的外加剂就能明显地改善混凝土的某种性能,如改善和易性;调节凝结时间;提高强度和耐久性;节省水泥等,因此外加剂深受工程界的欢迎。外加剂在混凝土及砂浆中得到越来越广泛的使用,已成为混凝土的第五组分。

一、外加剂的定义、分类

在《混凝土外加剂定义、分类、命名与术语》(GB/T 8075-2005)中,对于水泥混凝土外加剂的定义、分类作出如下规定。混凝土外加剂是一种在混凝土搅拌之前或拌制过程中加入的、用以改善新拌混凝土和(或)硬化混凝土性能的材料。混凝土外加剂按其主要使用功能分为四类:

(1)改善混凝土拌和物流变性能的外加剂,包括各种减水剂和泵送剂等。

(2)调节混凝土凝结时间、硬化性能的外加剂,包括缓凝剂、促凝剂和速凝剂等。

(3)改善混凝土耐久性的外加剂,包括引气剂、防水剂、阻锈剂和矿物外加剂等。

(4)改善混凝土其他性能的外加剂,包括膨胀剂、防冻剂、着色剂等。

以下分别对常用的外加剂作重点介绍。文中各类外加剂的命名,均按《混凝土外加剂定义、分类、命名与术语》(GB/T 8075-2005)的规定采用;所涉每种外加剂的品类和应用技术,可参考《混凝土外加剂应用技术规范》(GB50119-2013)。

二、减水剂

在混凝土坍落度基本相同的条件下,能减少拌和用水量的外加剂,称为普通减水剂;能大幅度减少拌和用水量的外加剂,称为高效减水剂。

减水剂均为表面活性剂,其分子是由亲水基团和憎水基团两部分构成,当加入水泥浆体中后，憎水基团定向吸附在水泥颗粒表面，亲水基团则指向水溶液。这种定向吸附的膜层，因带有的同性电荷产生相斥力，使水泥颗粒分散，把原来呈絮凝结构内所包裹的游离水释放出来，从而达到减水效果。同时，这种定向吸附膜层，也会使水泥颗粒间的滑动能力增强，以及由于表面活性剂能降低水的表面张力，也降低水与水泥颗粒间的界面张力，导致水泥颗粒易于湿润和水化，都是产生减水效果的重要原因。

利用减水剂的减水效果，可以保持混凝土的配合比不变，得到高流态的拌和物；也可以减少拌和水，保持原有的稠度，来显著提高硬化混凝土的强度；或者保持原有强度和稠度，以节省水泥。

常用国产减水剂有下列几类。

1.木质素磺酸盐类普通减水剂

木质素磺酸盐类减水剂，是利用生产纸浆或纤维浆的废液，经妥善处理加工而成。该类减水剂的主要成分是各类木质素衍生物，有木质素磺酸钙（木钙）、木质素磺酸钠（木钠）、木质素磺酸镁（木镁）等，还有碱木素。其中生产与应用较多的为木质素磺酸钙减水剂，又称 M 型减水剂。

M 型减水剂的适宜掺量，为水泥质量的 0.25% 左右，减水率可达 5%～10%。利用其减水效果，28d 抗压强度可提高 10%～20%；或可加大坍落度 80mm 左右；或可节省水泥 10% 左右。但应引起注意的是，M 型减水剂具有引气作用和缓凝效果，尤其在掺量过大时更为显著，这会使混凝土的凝结时间延长和降低后期强度。当然，应利用正常情况下的引气和缓凝，为条件适宜的混凝土工程所用。

2.萘系高效减水剂

萘系高效减水剂，是指以萘和萘的同系磺化物与甲醛缩合的盐类为主要成分的产品。该类减水剂的主要原料，有的以工业萘，如 NF、UNF、FDN 和 NNO 等；有的以蒽或蒽油，如 AF、FA 等；还有的以煤焦油的某种馏分，如 MF、建工型、JN 等。现选其中典型的品种简介如下。

NNO 减水剂，其主要成分为亚甲基二萘磺酸钠，是以精萘作主要原料，经硫酸磺化，与甲醛缩聚，再经中和过滤而成。NNO 减水剂分散性能好，减水效果大，而且引气性很小，是一种高效减水剂。NNO 减水剂的适宜掺量，一般为水泥质量的 0.5%～1.0%，减水率可达 14%～18%，3d 强度可提高 60% 左右，28d 强度约提高 30%。

MF 减水剂，是以提炼煤焦油的副产品--α 甲基萘为主要原料，经硫酸磺化，水解与甲醛缩合、中和而成的，是一种引气型高效减水剂。MF 减水剂的适宜掺量，为水泥质量的 0.3%～0.7%，减水率可达 15%～18%。掺用 MF 减水剂的引气量可达 6%～8%，能提高混凝土的抗渗性和抗冻性，以及改善拌和物的和易性。但应采取有效措施，防止引气量对强度的削弱。

3.氨基磺酸盐高效减水剂

氨基磺酸盐减水剂，是在碱催化剂作用下，使对氨基苯磺酸与苯酚共聚合而成的一种高效减水剂。该减水剂的分子结构，主要由氨基、苯环、-CO 和-SO$_4^-$等基团组成，亦可归为多环芳香族磺酸盐类减水剂。

氨基磺酸盐高效减水剂是已在推广应用的新一代产品，与已有的高效减水剂相比，对水泥的适应性好、分散性更强，尤其是具有较高的坍落度保持性。氨基磺酸盐减水剂的减水率可达 25% 以上，28d 抗压强度可提高 30% 左右，长期强度发展稳定，在停放 120min 内的坍落度损失值小于 20mm，很适合高流态高强混凝土的配制，可满足远距离运输和较长时间内保持施工性。

4.水溶性树脂磺酸盐类高效减水剂

此类减水剂是以水溶性树脂为基料，经磺化、缩合等反应，得到以树脂磺酸盐为主要成分的减水剂。目前，国产水溶性树脂磺酸盐类减水剂，主要有 SM 和 CRS 两大品牌。

磺化三聚氰胺树脂减水剂，品牌代号为 SM，是将三聚氰胺与甲醛反应，生成三羟甲基三聚氰胺，再经硫酸氢钠磺化，最后经缩合而成的缩合物，制得以三聚氰胺树脂磺酸钠为主要成分的减水剂。SM 减水剂为早强、非引气型高效减水剂，其适宜掺量为水泥质量的 0.5%～2.0%，减水率可达 15%～27%，抗压强度 1d 可提高一倍，28d 可提高 30% 左右。

磺化古玛隆树脂减水剂，品牌代号为 CR5，是由古玛隆树脂经磺化、缩合，得到以古玛隆-氧茚树脂磺酸钠为主要成分的减水剂。CBS 减水剂的效能，与上述 SM 减水剂相当。

5.兼有其他功能的减水剂

为满足不同工程对多功能外加剂的需求，将普通或高效减水剂引入必要的组分，可制成兼有其他功能的产品。此类减水剂发展很快，已经形成国家标准的有：早强减水剂、缓凝减水剂、缓凝高效减水剂、引气减水剂四种。

三、早强剂

能加速混凝土早期强度发展的外加剂，称为早强剂。可采用的早强剂品种有：强电解质无机盐类，如硫酸盐、硫酸复盐、硝酸盐、亚硝酸盐、氯盐等；水溶性有机化合物类，如三乙醇胺、甲酸盐、乙酸盐、丙酸盐等；其他如有机化合物与无机盐复合物类，以及由早强剂与减水剂复合而成的早强减水剂。

1.氯盐早强剂

常用氯盐早强剂有氯化钠和氯化钙，以氯化钙的效果最佳。由于氯化钙加入混凝土拌和物中，能与铝酸三钙作用，生成不溶性复盐--水化氯铝酸钙，并与氢氧化钙作用，生成不溶于氯化钙溶液的氧氯化钙，从而增大水泥石的固相比。同时，溶液的氢氧化钙浓度会因此降低，硅酸三钙和硅酸二钙加速水化，都有助于水泥石结构的加快形成。

氯盐具有较好的早强效果，同时也有一定的抗冻性。但掺用氯盐的最大缺点会使钢筋等形成锈蚀，以及会提高混凝土的导电率。在现行的施工规范中，为此提出许多限制掺用氯盐的规定，应严格执行。

2.硫酸盐早强剂

常用的硫酸盐早强剂，有无水硫酸钠（俗称元明粉）、含有结晶水的硫酸钠（又名芒硝）。此外，硫代硫酸钠（又名海波）也可使用，其效果与硫酸钠类同。在复合早强剂中，也有加入二水硫酸钙（即二水石膏）作为早强组分的品种。

硫酸钠易溶于水，在混凝土拌和物中，能同水泥水化生成的氢氧化钙相作用，生成高度分散性的石膏，使水化硫铝酸钙迅速生成，而加快水泥的凝结硬化。

硫酸盐早强剂的早强效果好，对钢筋无锈蚀作用，但加入过量时会提高混凝土的碱度，当与骨料中活性氧化硅作用时，可发生碱骨料反应。再则，硫酸盐早强剂宜与某些组分的外加剂复合使用，其效果更好。

3.三乙醇胺

三乙醇胺是一种有机的早强剂，易溶于水，呈碱性，对钢筋无锈蚀作用，同时能提高混凝土的抗渗性。

三乙醇胺属于非离子型表面活性剂，当掺入混凝土拌和物后，吸附在水泥微粒表面，形成一层带电荷的亲水膜，阻碍粒子间的凝聚，产生悬浮稳定效应。同时，由于三乙醇胺溶于水后，降低了溶液的表面张力，提高了氧化钙的溶解度，从而能加速水泥水化物的生成。

三乙醇胺的适宜掺量其微，一般仅为水泥质量的 0.02%～0.05%，如果过量，会失去早强效果。此外，三乙醇胺与其他早强组分复合使用，比单独使用的效果要好得多。

4.复合早强剂

将几种可早强的组分恰当配伍，是使用较多的早强剂类型，如表 2—11 列举的多个品种。其中加入亚硝酸钠的，兼有阻锈和早强的双重作用。

表 2—11　常用复合早强剂

外加剂组分	常用剂量（以水泥的质量计）/（%）
三乙醇胺＋氯化钠	（0.03～0.05）＋0.5
三乙醇胺＋氯化钠＋亚硝酸钠	0.05＋（0.3～0.5）＋（1～2）
硫酸钠＋亚硝酸钠＋氯化钠＋氯化钙	（1～1.5）＋（1～3）＋（0.3～0.5）＋（0.3～0.5）
硫酸钠＋氯化钠	（0.5～1.5）＋（0.3～0.5）
硫酸钠＋亚硝酸钠	（0.5～1.5）＋1.0
硫酸钠＋三乙醇胺	（0.5～1.5）＋0.05
硫酸钠＋二水石膏＋三乙醇胺	（1～1.5）＋2＋0.05
亚硝酸钠＋二水石膏＋三乙醇胺	1.0＋2＋0.05

四、防冻剂

防冻剂是能使混凝土在负温下硬化,并在规定养护条件下达到预期性能的外加剂。防冻剂加入冬期施工的混凝土拌和物中,其防冻组分能降低液相冰点,亦即降低混凝土受冻的临界温度,又能改变一旦结冰时冰的晶形,被析出的冰不致对混凝土显著损害。

按防冻剂的防冻组分不同,可划归以下四类。

1.强电解质无机盐类防冻剂

此类防冻剂按其防冻组分有无氯盐,有氯盐的又按是否加入阻锈组分,分为下列三类:

(1)氯盐类。以氯盐为防冻组分的防冻剂,多以氯化钙、氯化钠为主,或两者按比例双掺,以提高防冻效果。

(2)氯盐阻锈类。以氯盐与阻锈组分为防冻组分的防冻剂,其阻锈组分有硝酸盐、亚硝酸盐、铬酸盐、重铬酸盐、磷酸盐等,均能起到阻锈和防冻的双重作用。

(3)无氯盐类。以亚硝酸盐、硝酸盐等无机盐为防冻组分的防冻剂。

2.有机化合物与无机盐复合类防冻剂

在采纳无机盐类的防冻、早强和阻锈等效果配制防冻剂的基础上,引入某些有机化合物,可获得较好的复合效能。此类复合防冻剂,是对单一无机盐类防冻剂的重大改进。

如表2—12所示,加入少量木钙的防冻剂,可产生减水、缓凝和引气的作用;加入乙酸钠或尿素的防冻剂,都能增强其防冻和早强的效能。这些都是防冻剂的需求。

表2—12 有机化合物与无机盐复合类防冻剂举例

规定使用温度	外加剂组分	常用剂量(以水泥的质量计)/(%)
0 ℃	食盐＋硫酸钠＋木钙	2＋2＋0.25
	硝酸钠＋硫酸钠＋木钙	3＋2＋0.25
	碳酸钾＋硫酸钠＋木钙	3＋2＋0.25
−5 ℃	食盐＋硫酸钠＋木钙	5＋2＋0.25
	亚硝酸钠＋硫酸钠＋木钙	4＋2＋0.25
	尿素＋硝酸钠＋硫酸钠＋木钙	2＋4＋2＋0.25
−10 ℃	亚硝酸钠＋硫酸钠＋木钙	7＋2＋0.25
	乙酸钠＋硝酸钠＋硫酸钠＋木钙	2＋6＋2＋0.25
	亚硝酸钠＋硝酸钠＋硫酸钠＋木钙	3＋5＋2＋0.25

但也应看到,在有机化合物与无机盐类防冻剂中的某些组分,具有的缺憾并未因复合而根除,如氯盐会锈蚀钢筋、硫酸钠可提高混凝土的碱度、亚硝酸盐易形成应力腐蚀、尿素能释放氨气等。因而对待此类复合防冻剂,必须从其采纳的组分,

按氯盐、氯盐阻锈和非氯盐划分，在规定的限制条件下选用。

3.复合型防冻剂

为更好发挥复合效果，以防冻组分复合早强、引气、减水等组分制成的防冻剂，已有许多定型的产品，被定名为复合型防冻剂。

在复合型防冻剂中，防冻组分保证混凝土的液相在规定的负温条件下不冻结或很少冻结；早强组分要在混凝土存有液相的条件下，能加快水泥水化，使尽快获得受冻、临界强度；引气组分应能对冻胀应力起缓冲作用，且不致因含气量而降低混凝土强度；减水组分则会因减少拌和混凝土时的用水量，从而降低混凝土内的冰胀应力，并通过改善骨料界面状态，来削弱对混凝土的破坏应力。总之，各组分的有机配合才能产生理想的防冻效果。

复合防冻剂由原来靠施工单位自行配制，发展到许多专业厂定型生产，是一个很大的进步。但因复合型防冻剂的品牌较多、性能各异，必须按其采用的组分和出厂保证的性能，予以区别和选用。

4.水溶性有机化合物类防冻剂

水溶性有机化合物类防冻剂，是以某些醇类等有机化合物为防冻组分的外加剂。

在较长的时间里，防冻剂的组分一直以无机盐类为主，由于它们存在的不同缺憾，使应用受到种种局限，甚或因为疏忽而造成事故。为此，研发非氯、非碱、无害、低掺量的防冻剂，正朝着向有机化合物方面发展。例如以某些醇类等为防冻组分的有机物类防冻剂，已投入使用。

五、引气剂

在混凝土搅拌过程中，能引入大量均匀分布、稳定而封闭的微小气泡，且能保留在硬化混凝土中的外加剂，称作引气剂。

混凝土中可采用的引气剂有：松香树脂类，如松香热聚物、松香皂类等；烷基和烷基芳烃磺酸盐类，如十二烷基磺酸盐、烷基苯磺酸盐、烷基苯酚聚氧乙烯醚等；脂肪醇磺酸盐类，如脂肪醇聚氧乙烯醚、脂肪醇聚氧乙烯磺酸钠、脂肪醇硫酸钠等；皂甙类，如三萜皂甙等；其他如蛋白质盐、石油磺酸钠等。混凝土工程中，可采用由引气剂与减水剂复合而成的引气减水剂。

当引气剂加入拌和的混凝土后，因其表面活性和搅拌作用，形成大量微小气泡。由于气泡的存在，在拌和时，使流动性增大，可塑性提高，显著改善了和易性。在硬后的混凝土中，由于气泡的存在，对硬结过程中自由水蒸发时的路径起到阻隔作用，混凝土的抗渗等级可以提高一倍左右。大量微细、密闭的气泡，还能在混凝土受到冷热、干湿、冻融交替作用时，对所导致的体积变化及内部应力变化，有所缓冲，因而使混凝土的抗冻性、耐久性显著提高。

但应重视引气剂会使混凝土强度降低的问题。水灰比相同的混凝土，含气量大的，强度降低的多；含气量相同时，水灰比大的，强度降低显著。这可以利用引气剂改善和易性时的减水效果，保持原水泥用量，少加拌和水，即适当减小水灰比而增加强度的办法，对损失的强度作一定弥补。施工中严格控制引气剂掺量、勤于检查混凝土的含气量处于限值以内，是确保混凝土强度的有力措施。

六、缓凝剂

缓凝剂是指延长混凝土凝结时间的外加剂。混凝土工程中，可采用下列缓凝剂、缓凝减水剂：

（1）糖类：如糖钙、葡萄糖酸盐等。

（2）木质素磺酸盐类：如木质素磺酸钙、木质素磺酸钠等。

（3）羟基羧酸及其盐类：如柠檬酸、酒石酸钾钠等。

（4）无机盐类：如锌盐、磷酸盐等。

（5）其他：如铵盐及其衍生物、纤维素醚等。

混凝土工程中可采用由缓凝剂与高效减水剂复合而成的缓凝高效减水剂。

缓凝剂中的缓凝组分，一般都具有较强的表面活性，加入混凝土拌和物后，能与水泥及其水化物相作用，使其表面形成吸附层，阻碍水泥的正常水化，以致推迟絮凝结构的形成，使混凝土获得缓凝。

缓凝剂不仅被用来延长混凝土的凝结时间，还能用于降低混凝土的早期水化热，缓凝减水剂同时还兼有可供利用的减水效果。例如缓凝高效减水剂，除具有较好的缓凝和降低水化热功能外，并有减水增强效果显著、坍落度损失小的特点，已成为高性能混凝土的最佳选择。又如以减水剂、缓凝剂、引气剂等复合而成的泵送剂，已成为一大类定型产品。

缓凝剂及缓凝减水剂的缓凝效果，因品种和掺量的不同而有明显差异。水泥品种、施工环境及拌和工艺等，也是影响缓凝效果的要素。另外，有的缓凝剂能产生不良作用，如柠檬酸、酒石酸钾钠等，可增加混凝土的泌水率；掺用糖蜜及木钙，遇有用硬石膏或工业副产品石膏作调凝剂的水泥时，会引起速凝；凡此种种，选用缓凝剂时必须分外重视。

七、膨胀剂

在混凝土硬化过程中，因化学作用能使混凝土产生一定体积膨胀的外加剂，称为膨胀剂。常用的膨胀剂有硫铝酸钙类、氧化钙类和硫铝酸钙-氧化钙类。

硫铝酸钙粗膨胀剂的主要成分是无水硫酸钙、明矾石、石膏等，加入混凝土拌和物后，靠自身水化或参与水泥矿物的水化，以及与水泥水化物反应等，生成三硫型水化硫铝酸钙（钙矾石），致使固相体积增加。而氧化钙类膨胀剂的主要组分，是用规定温度下煅烧的石灰，当由氧化钙晶体水化形成氢氧化钙晶体后发生的体胀。硫铝酸钙-氧化钙类膨胀剂，则是由名称中的两种主要成分复合，其膨胀源兼由钙矾石和氢氧化钙晶体生成。

第 2 讲　混凝土外加剂取样与检验

《混凝土外加剂》（GB8076-2008）标准规定了用于水泥混凝土中的八类外加剂：高性能减水剂（早强型、标准型、缓凝型）、高效减水剂（标准型、缓凝型）、普通减水剂（早强型、标准型、缓凝型）、引气减水剂、栗送剂、早强剂、缓凝剂及引气剂。

一、取样规则

生产厂应根据产量和生产设备条件，将产品分批编号，掺量大于 1%（含 1%）同品种的外加剂每一编号为 100t，掺量小于 1% 的外加剂每一编号为 50t，不足 100t 或 50t 的也可按一个批量计，同一编号的产品必须是混合均匀的。

每一批号取样量不少于 0.2t 水泥所需用的外加剂量。

每一编号取得的试样应充分混匀，分为两等份。一份按《混凝土外加剂》标准规定方法与项目进行试验；另一份要密封保存半年，以备有疑问时交国家指定的检验机构进行复验或仲裁。如生产和使用单位同意，复验和仲裁也可现场取样。

二、混凝土外加剂的检验

（1）出厂检验

每批号外加剂的出厂检验项目，根据其品种不同按《混凝土外加剂》标准的项目进行检验。见表 2—13。

表 2—13　外加剂测定项目表

测定项目	外加剂品种												备注
	高性能减水剂 HPWR			高效减水剂 HWR		普通减水剂 WR			引气减水剂 AEWR	泵送剂 PA	早强剂 Ac	缓凝剂 Re	引气剂 AE	
	早强型 HPWR-A	标准型 HPWR-S	缓凝剂 HPWR-R	标准型 HWR-S	缓凝型 HWR-R	早强型 WR-A	标准型 WR-S	缓凝剂 WR-R						
含固量														液体外加剂必测
含水率														粉状外加剂必测
密度														液体外加剂必测
细度														粉状外加剂必测
pH 值														
氯离子含量														每 3 个月至少一次
硫酸钠含量														每 3 个月至少一次
总碱量														每年至少一次

（2）型式检验

型式检验项目包括《混凝土外加剂》标准第 5 章全部性能指标。有下列情况之一者，应进行型式检验：

1）新产品或老产品转厂生产的试制定型鉴定；

2）正式生产后，如材料、工艺有较大改变，可能影响产品性能时；

3）正常生产时，一年至少进行一次检验；

4）产品长期停产后，恢复生产时；

5）出厂检验结果与上次型式检验结果有较大差异时；

6）国家质量监督机构提出进行型式试验要求时。

三、混凝土外加剂的判定规则

（1）出厂检验判定

型式检验报告在有效期内，且出厂检验结果符合下表的要求，可判定为该批产品检验合格。

（2）型式检验判定

产品经检验，匀质性检验结果符合表 2—14 的要求；各种类型外加剂受检混凝土性能指标中，高性能减水剂及泵送剂的减水率和坍落度的经时变化量，其他减水剂的减水率、缓凝型外加剂的凝结时间差、引气型外加剂的含气量及其经时变化量、硬化混凝土的各项性能符合相关要求，则判定该批号外加剂合格。如不符合上述要求时，则判该批号外加剂不合格。其余项目可作为参考指标。

表 2—14 匀质性指标

项目	指标
氯离子含量（%）	不超过生产厂控制值
总碱量（%）	不超过生产厂控制值
含固量（%）	$S>25\%$ 时，应控制在 $0.95S\sim1.05S$； $S\leq25\%$ 时，应控制在 $0.90S\sim1.10S$
含水率（%）	$W>5\%$ 时，应控制在 $0.9W\sim1.10W$； $W\leq5\%$ 时，应控制在 $0.80W\sim1.20W$
密度（g/cm³）	$D>1.1$ 时，应控制在 $D\pm0.03$； $D\leq1.1$ 时，应控制在 $D\pm0.02$
细度	应在生产厂控制范围内
pH 值	应在生产厂控制范围内
硫酸钠含量（%）	不超过生产厂控制值

注：1. 生产厂应在相关的技术资料中明示产品匀质性指标的控制值；

　　2. 对相同和不同批次之间的匀质性和等效性的其他要求，可由供需双方商定；

　　3. 表中的 S、W 和 D 分别为含固量、含水率和密度的生产厂控制值。

四、混凝土外加剂的复验

复验以封存样进行。如使用单位要求现场取样，应事先在供货合同中规定，并在生产和使用单位人员在场的情况下于现场取混合样，复验按照型式检验项目检验。

第3讲 掺合料

掺和料是指用量多、影响混凝土配合比设计的材料，一般掺量为水泥质量的5%以上。掺和料分为活性掺和料和非活性掺和料。

一、活性掺和料

活性掺和料是指含活性的二氧化硅和三氧化二铝的掺和料，它参与水泥的水化反应。

（1）作用。

① 利用活性掺和料的特性，改善混凝土的性能。

② 提高混凝土的塑性。

③ 调节混凝土的强度。

④ 可使高强度等级水泥配制低等级混凝土（如掺粉煤灰），或提高混凝土强度、配制高等级混凝土（如掺硅灰）、节约水泥等。

（2）种类。

① 粒化高炉矿渣：为高炉冶炼铸铁时所得的以硅酸钙和硅酸铝为主要成分的熔融物，经淬冷而成的多孔性粒状物质。

② 粉煤灰：从燃烧煤粉的烟道收集的灰色粉末。

③ 火山灰质材料：以氧化硅、氧化铝为主要成分的矿物质或人造物质；天然的有火山灰、凝灰岩、浮石、沸石岩等。人工的有经煅烧的烧页岩、烧黏土、煤灰渣等。

④ 硅灰（又称硅粉）：是生产硅铁或硅钢时产生的烟尘，主要成分为二氧化硅。

（3）适用范围。掺和料的适用范围见表2—15。

表 2—15 掺和料的适用范围

工程项目	适用的掺和料
大体积混凝土工程	火山灰质材料、粉煤灰
抗渗工程	火山灰质材料
抗软水、硫酸盐介质腐蚀的工程	粒化高炉渣、火山灰质材料、粉煤灰
经常处于高温环境的工程	粒化高炉矿渣
高强混凝土	硅灰

（4）粉煤灰。

① 粉煤灰的技术条件，见表2—16。

表2—16 粉煤灰的技术条件

序号	项目	级别、指标（%）≤		
		Ⅰ	Ⅱ	Ⅲ
1	细度（0.08 mm 筛孔、筛余）	5	8	25
2	烧失量	5	8	15
3	需水比	95	105	115
4	二氧化硅	3	3	3
5	含水率	1	1	1

注：①烧失量：粉煤灰中未燃烧的煤粉的量；

②需水比：掺30%粉煤灰的硅酸盐水泥胶砂与硅酸盐水泥胶砂需水量之比。

② 粉煤灰在混凝土中的作用。

a.强度等级：影响水泥强度的因素很多，除水泥的活性外，主要与粉煤灰的质量及掺量有关，其中又以粉煤灰的细度最为重要。经过试验得出的结论是：掺粉煤灰的混凝土早期强度低，后期强度高，当掺入30%不同细度的粉煤灰时，其细度越细，标准稠度需水量越少，强度等级越高。

b.和易性好：掺粉煤灰的混凝土，和易性比普通混凝土好，具有较大的坍落度和良好的工作性能。

c.抗渗性好：掺入粉煤灰后，混凝土在硬化过程中，能生成难溶于水的水化硅酸钙和水化铝酸钙。因此，掺入适量合格的粉煤灰混凝土具有较好的抗渗性能。

d.耐久性能好：掺入粉煤灰的混凝土，由于水泥水化生成的氢氧化钙为不溶性化合物，因而增大了抗硫酸盐侵蚀的能力。

e.水化热低：由于用粉煤灰置换了一部分的水泥，混凝土在硬化过程中产生水化热的速度将得以缓和，单位时间内的发热量减少了。

③ 使用粉煤灰混凝土的注意事项。

a.掺粉煤灰的混凝土必须进行试配，不可随意套用配合比，粉煤灰的掺入量为水泥量的15%～25%。

b.粉煤灰与水泥密度相差悬殊，所以应用强制式搅拌机进行搅拌，并延长搅拌时间。

c.掺粉煤灰的混凝土早期强度低，后期强度高，抗碳化能力差，因此需适当降低水灰比，可掺减水剂、早强剂，以提高混凝土的密实度和早期强度。

e.将构件多放一些时间，使粉煤灰的活性充分发挥，以利提高构件的强度。

f.由于掺粉煤灰的混凝土后期强度将提高，构件如能在厂里存放较长的时间，如存放6个月，粉煤灰的活性得到充分发挥，检验强度增加20%，那么就可在设计混凝土配合比时适当降低混凝土的等级，使之硬化6个月后的强度与设计等级相等，以节省水泥。

g.因掺粉煤灰的混凝土泌水性较大，所以初期必须加强养护，防止产生表面裂缝，影响构件的强度，也可用适当的温度蒸养。

h.因在低温下强度增长缓慢，所以冬季施工不宜采用。

二、非活性材料

常用作填充性混合材料，主要作用是调节水泥强度等级和混凝土的流动性，或节约水泥，且不改变水泥的主要性质。

通常采用石英砂、石灰岩等不显著提高需水性的材料磨细而成。使用时应检验硫酸和硫化物含量，折算成三氧化硫不得超过 3%。

混凝土等级高于 C30 时，不宜掺用混合材料，使用时可将混合材料与水泥同时加入搅拌，并延长搅拌时间 60 s。

三、掺和料进场检验

（1）产品质量合格证。

检查内容包括：厂别、品种、出厂日期、主要性能及成分、适用范围及适宜掺量、适用方法及注意事项等应清晰、准确、完整。

（2）混凝土掺和料试验报告。

① 试验报告应由相应资质等级的建筑企业试验室签发。

② 检查报告单上各项目是否齐全、准确、真实、无未了项，试验室签字盖章是否齐全；检查试验编号是否填写；试验数据是否达到规范规定标准值。若发现问题应及时取双倍试样做复试，并将复试合格单或处理结论附于此单后一并存档，同时核查试验结论。

③ 核对使用日期，与混凝土（砂浆）试配单比较是否合理，不允许先使用后试验。

④ 核对各试验报告单批量总和是否与单位工程总需求量相符。

⑤ 检查混凝土（砂浆）试配单的掺和料与混凝土（砂浆）强度试验报告的掺和料名称、种类、产地和使用说明是否一致。

第 4 讲　建筑施工用水

混凝土拌合和养护用水按水源不同分为饮用水、地表水、地下水、再生水（污水经适当再生工艺处理后具有使用功能的水，又称中水）、混凝土企业设备洗刷水和海水。

（1）地表水、地下水、再生水的放射性应符合现行国家标准《生活饮用水卫生标准》（GB 5749-2006）的规定。

（2）非饮用水拌和混凝土时，其水样应与饮用水样进行水泥凝结时间、水泥胶砂强度对比试验。对比试验结果应符合《混凝土用水标准》（JGJ 63-2006）的规定。

（3）混凝土拌和用水不应有漂浮明显的油脂和泡沫，不应有明显的颜色和异味。

（4）混凝土企业设备洗刷水不宜用于预应力混凝土、装饰混凝土、加气混凝土和暴露于腐蚀环境的混凝土；不得用于使用碱活性或潜在碱活性集料的混凝土。

（5）未经处理的海水严禁用于钢筋混凝土和预应力混凝土。在无法获得水源的情况下，海水可用于素混凝土，但不宜用于装饰混凝土。

（6）混凝土养护用水可不检验不溶物、可溶物、水泥凝结时间和水泥胶砂强度。

（7）混凝土拌和用水所含物质对混凝土、钢筋混凝土及预应力混凝土不应产生下列有害影响：

1）影响混凝土的和易性及凝结；

2）有损于混凝土的强度增长；

3）降低混凝土耐久性，加快钢筋腐蚀及导致预应力钢筋脆断；

4）污染混凝土表面。

第 3 单元　混凝土及现场检验

第 1 讲　混凝土性能

一、混凝土的分类

混凝土品种繁多，其分类方法也各不相同。常见的分类有以下几种。

（1）按体积密度分为重混凝土（$\rho_0 > 2600\text{kg/m}^3$）、普通混凝土（$\rho_0$ 介于 $2000 \sim 2500\text{kg/m}^3$，一般在 2400kg/m^3 左右）、轻混凝土（$\rho_0 < 1900\text{kg/m}^3$）。

（2）按所用胶凝材料分为无机胶结材料混凝土、有机胶结材料混凝土、有机无机复合胶结材料混凝土。

（3）按用途分为结构混凝土、装饰混凝土、水工混凝土、道路混凝土、耐热混凝土、耐酸混凝土、大体积混凝土、防辐射混凝土、膨胀混凝土等。

（4）按生产和施工工艺分现场搅拌混凝土、预拌混凝土（商品混凝土）、泵送混凝土、喷射混凝土、碾压混凝土、挤压混凝土、离心混凝土、灌浆混凝土等。

此外，混凝土还可按其抗压强度（f_{cu}）分为低强混凝土（$f_{cu} < 30\text{MPa}$）、中强混凝土（f_{cu} 介于 $30 \sim 55\text{MPa}$ 之间）、高强混凝土（$f_{cu} \geqslant 60\text{MPa}$）、超高强混凝土（$f_{cu}$

≥100MPa）；按其配筋方式又可分为素混凝土（无筋混凝土）、钢筋混凝土、钢丝网混凝土、纤维混凝土、预应力混凝土等。

二、混凝土的特点

经过多年的发展，混凝土已经成为现代社会的基础。"凡有人群的地方，就有混凝土在闪光"。混凝土结构主宰了土木建筑业，混凝土在土木工程中得以广泛应用是由于它具有以下优点。

（1）原料丰富，成本低廉。原材料中砂、石等地方材料占 80% 以上，符合就地取材和经济原则。

（2）具有良好的可塑性，可以按工程结构要求浇筑成任意形状和尺寸的构件或整体结构。

（3）抗压强度高。传统的混凝土抗压强度为 20～40MPa。随着建筑技术的发展，混凝土向高强方向发展，60～80MPa 的混凝土已经较广泛地应用于工程中。目前，在技术上可以配出 300MPa 以上的超高强混凝土。

（4）与钢筋有牢固的粘结力，与钢材有基本相同的线膨胀系数。混凝土与钢筋二者复合成钢筋混凝土，利用钢材抗拉强度的优势弥补混凝土脆性弱点，利用混凝土的碱性保护钢筋不生锈，从而大大扩展了混凝土的应用范围。

（5）具有良好的耐久性。木材易腐朽，钢材易生锈，而混凝土在自然环境下使用其耐久性比木材和钢材优越得多。

（6）生产能耗低，维修费用少。其能源消耗较烧土制品和金属材料低，且使用中一般不需维护保养，故维修费用少。表 2—17 为常用建筑材料的生产能耗。

表 2—17　常用建筑材料的生产能耗

材　　料	能耗/(GJ·m³)	材　　料	能耗/(GJ·m³)
纯铝	360	玻璃	50
铝合金	360	水泥	22
低碳钢	300	混凝土	3.4

（7）有利于环境保护。混凝土可以充分利用工业废料，如粉煤灰、磨细矿渣粉、硅粉等，降低环境污染。

（8）耐火性好。普通混凝土的耐火性远比木材、钢材和塑料好，可耐数小时的高温作用而保持其力学性能。

混凝土的主要缺点是自重大，比强度小；抗拉强度低；呈脆性，易裂缝；保温性能较差 [λ=1.40W/（m·K），为烧结普通砖的 2 倍]；生产周期长；视觉和触觉性能欠佳等。这些缺陷使混凝土的应用受到了一些限制。

三、混凝土拌和物性质

混凝土的各组成材料，按一定比例经搅拌后尚未硬化的材料，称为混凝土拌和物（或称新拌混凝土）。拌和物的性质，将会直接影响硬化后混凝土的质量。混凝土拌和物的性质好坏，可通过和易性指标来衡量。

1.和易性

和易性是指混凝土拌和物，保持其组成成分均匀、适合于施工操作并能获得质量均匀密实的混凝土的性能，也称工作性。和易性是一项综合性技术指标，主要包括流动性、黏聚性和保水性三个方面。

（1）流动性。

流动性（即稠度），是指混凝土拌和物的稀稠程度。流动性的大小，主要取决于混凝土的用水量及各材料之间的用量比例。流动性好的拌和物，施工操作方便，易于浇捣成型。

（2）黏聚性。

黏聚性是指混凝土各组分之间具有一定的黏聚力，并保持整体均匀混合的性质。

拌和物的均匀性一旦受到破坏，就会产生各组分的层状分离或析出，称为分层、离析现象。分层、离析将使混凝土硬化后，产生"蜂窝"、"麻面"等缺陷，影响混凝土的强度和耐久性。

（3）保水性。

保水性是指混凝土拌和物保持水分不易析出的能力。

若保水性差的拌和物，在运输、浇捣中，易产生泌水并聚集到混凝土表面，引起表面疏松；或聚集在骨料、钢筋下面，水分蒸发形成孔隙，削弱骨料或钢筋与水泥石的粘结力，影响混凝土的质量，如图2—4所示。拌和物的泌水尤其是对大流动性的泵送混凝土更为重要，在混凝土的施工过程中泌水过多，会使混凝土丧失流动性，从而严重影响混凝土可泵性和工作性，会给工程质量造成严重后果。

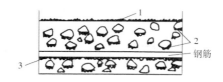

图2—4 混凝土中泌水的不同形式

1-泌水聚集于混凝土表面；2-泌水聚集于骨料下表面；3-泌水聚集于钢筋下面

2.和易性的评定

目前，还没有一种科学的测试方法和定量指标，能完整地表达混凝土拌和物的和易性。通常采用测定混凝土拌和物的流动性、辅以直观评定黏聚性和保水性的方法，来评定和易性。

混凝土拌和物流动性（即稠度）的大小，通过试验测其"坍落度"或"坍落扩展度"、"维勃稠度"或增实因数等指标值来确定，详见本章第九节。

（1）按坍落度分级。

混凝土拌和物按其坍落度分级及允许偏差的大小可分为四级，见表 2—18。

表 2—18　混凝土按坍落度分级及允许偏差

级别	名　称	坍落度 /mm	允许偏差 /mm	级别	名　称	坍落度 /mm	允许偏差 /mm
T1	低塑性混凝土	10～40	±10	T3	流动性混凝土	100～150	±30
T2	塑性混凝土	50～90	±20	T4	大流动性混凝土	＞160	±30

坍落度适用于测定塑性和流动性混凝土拌和物；坍落度值小，说明混凝土拌和物的流动性小。若流动性过小，会给施工带来不便，影响工程质量，甚至造成工程质量事故。坍落度过大，其用水量过多，又会使混凝土强度降低，耐久性变差；在保持拌和物水灰比不变的情况下，用水量过多，水泥用量相应增多，从而造成水泥的浪费。因此，混凝土拌和物的坍落度值应在一个适宜范围内，可根据结构种类、钢筋的疏密程度及振捣方法，按表 2—19 合理选用。

表 2—19　混凝土浇捣时的坍落度

序号	结　构　种　类	坍落度值/mm
1	基础或地面等的垫层、无配筋的厚大结构（挡土墙、基础或厚大的块体等）、或配筋稀疏的结构	10～30
2	板、梁和大型及重型截面的柱	30～50
3	配筋较密的结构（薄壁、斗仓、筒仓、细柱等）	50～70
4	配筋特密的结构	70～90

注：1. 本表系采用机械振捣的坍落度，采用人工捣实时可适当增大。

2. 需要制备大坍落度混凝土时，应掺用外加剂。

3. 曲面或斜面结构的混凝土，其坍落度值应根据实际需要另行选定。

4. 轻骨料混凝土的坍落度，宜比表中数值减少 10～20mm。

（2）按维勃稠度分级。

混凝土拌和物根据其维勃稠度及允许偏差的大小，可分为四级，见表 2—20。维勃稠度适用于测定坍落度小于 10mm 的混凝土拌和物的流动性。维勃稠度值越大，说明混凝土拌和物越干硬。

表 2—20　混凝土按维勃稠度分级及允许偏差

级别	名　称	维勃稠度 /s	允许偏差 /mm	级别	名　称	维勃稠度 /s	允许偏差 /mm
V0	超干硬性混凝土	＞31	±6	V2	干硬性混凝土	20～11	±4
V1	特干硬性混凝土	30～21	±6	V3	半干硬性凝土	10～5	±3

干硬性混凝土与塑性混凝土不同之处，在于干硬性混凝土的用水量少、流动性小；水泥用量相同时，强度较塑性混凝土高。两种混凝土的结构如图2—5所示。

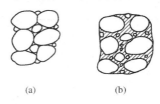

(a)   (b)

图2—5 塑性及干硬性混凝土结构示意图

（a）干硬性混凝土；（b）塑性混凝土

3.影响和易性的主要因素

（1）水泥浆含量。

在混凝土拌和物中，骨料本身因颗粒间相互摩擦是干涩而无流动性的，拌和物的流动性或可塑性主要取决于水泥浆。混凝土中水泥浆的含量愈多（骨料相对愈少），拌和物的流动性就愈大。

（2）水灰比。

水灰比（W/C）是指水的质量与水泥质量之比。当水灰比一定时，增加水泥浆含量，混凝土拌和物的流动性就会增大。若水泥浆本身因用水量少，水灰比小，而流动性小，则混凝土拌和物的流动性也随之降低。若水灰比过大，水泥浆产生泌水，混凝土强度将会随之降低。

（3）砂率。

砂率是指砂质量占砂石总质量的百分数。

砂率对拌和物和易性影响较大。当骨料总量一定时，砂率过小，则砂量不足，而混凝土拌和物流动性大时，易于离析；在水泥浆用量一定的条件下，砂率过大，砂的总表面积增大，包裹砂子的水泥浆层太薄，砂粒间的摩擦阻力加大，混凝土拌和物的流动性势必会降低。因此，需通过试验确定合理砂率。合理砂率即在用水量和水泥用量一定的情况下，能使混凝土拌和物获得最大流动性，且能保持黏聚性及保水性良好的砂率值；或者是能使混凝土拌和物获得所要求的流动性及良好的黏聚性与保水性，而水泥用量为最少的砂率值（图2—6）。

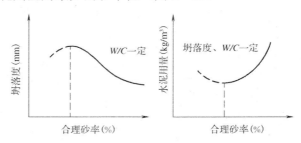

图2—6 合理砂率的确定

（4）温度。

混凝土拌和物的流动性，随着温度升高而减小。温度提高 10℃，坍落度大约减少 20~40mm。夏季施工时应考虑温度影响，为使拌和物在高温下具有给定的流动性在保证水灰比一定的条件下，应适当增加需水量。

四、混凝土凝结硬化过程中的性质

混凝土凝结硬化，主要取决于水泥的凝结与硬化过程。

1.凝结与硬化

浇筑后的混凝土，开始流动性很大，经过一定时间，逐渐失去可塑性，开始转为固体状态，称为凝结。混凝土拌和物由流动状态转而开始失去塑性，并达到初步硬化的状态，称为初凝；完全失去塑性，变成固体状态，具有一定的强度，称为终凝。在凝结过程中伴有收缩和水化升温现象。

混凝土的凝结时间，主要取决于水泥的凝结时间，同时也与外加剂、掺和料、混凝土的配合比、气候条件、施工条件等有关，其中以温度的影响最为敏感。

2.体积的收缩

混凝土的凝结时间，实践证明在温度为 20℃的情况下，大约需要 2~9h。在此期间混凝土的体积将发生急剧的初步收缩。收缩的分类如下：

（1）沉缩（又称塑性收缩）：混凝土拌和物在成型之后，固体颗粒下沉，表面产生泌水，形成混凝土体积减小。在沉缩大的混凝土中，有时可能产生沉降裂缝。

（2）自生收缩（又称化学收缩）：混凝土终凝后，水泥在混凝土内部密闭条件下水化，水分不蒸发时所引起的体积收缩。其裂缝称为自生收缩裂缝。

（3）干燥收缩（又称物理收缩）：混凝土置于未饱和空气中，由于失水所引起的体积收缩。空气相对湿度愈低，收缩发展得愈快。由干缩引起的裂缝称干缩裂缝。

3.水化升温

混凝土在凝结过程中，由于水泥的水化作用将释放热量，释放出的热量称为水泥的水化热。大部分水泥的水化热在水化初期（7d）内放出，以后逐渐减少。由于水化热使混凝土出现升温现象，可促使混凝土强度的增长。但对于大体积混凝土工程是不利的。因为水化热积聚在内部不易发散，致使内外产生很大的温度差，引起内应力，从而导致产生温差裂缝。对于大体积混凝土工程，应采用低热水泥。若采用水化热较高的水泥施工时，应采取必要的降温措施。

4.早期强度

混凝土硬化后，初步具有抵抗外部荷载作用的能力，称为混凝土的早期强度。混凝土的早期强度，主要与所用水泥品种、掺用的外加剂和施工环境等因素有关。如采用快硬性水泥，或掺用早强剂、减水剂，或在气温较高的条件下施工，都会使混凝土的早期强度得到提高。

五、混凝土硬化后的性质

硬化后混凝土应具有足够的强度和耐久性。

1.立方体抗压强度

立方体抗压强度是混凝土结构设计的主要设计依据，也是施工中控制和评定混凝土质量的主要指标。

（1）强度等级。

混凝土按立方体抗压强度标准值划分强度等级，共划分为 C15、C20、C25、C30、C35、C40、C45、C50、C55、C60、C65、C70、C75、C80 十四个等级。

（2）表示方法。

强度等级采用符号 C 与立方体抗压强度标准值（MPa）表示。例如：C20 表示混凝土立方体抗压强度标准值 $f_{cu,k}$=20MPa。

立方体抗压强度标准值，系按标准方法制作和养护的边长为 150mm 的立方体试件，在 28d 龄期，用标准方法测得的抗压强度总体分布中的一个值，强度低于该值的概率不超过 5％（即具有 95％保证率的抗压强度）。

强度保证率是指混凝土强度总体中，大于设计强度等级的概率。

边长为 150mm 的立方体试块为标准试块，边长为 100mm 和 200mm 的立方体试块为非标准试块。当采用非标准试块确定强度时，必须乘以折算系数，折算成标准试块强度。

2.轴心抗压强度

在混凝土结构计算中，对于轴心受压构件常以棱柱体抗压强度作为设计依据，因为这样接近于构件的实际受力状态。按标准试验方法，制成 150mm×150mm×300mm 的标准试块，在标准养护条件下测其抗压强度值，即为轴心抗压强度。

由于立方体受压时，上下表面受到的摩擦力比棱柱体大，所以立方体抗压强度（$f_{cu,k}$）要高于轴心抗压强度（f_a）。两者关系为 f_a=0.67$f_{cu,k}$。

3.影响强度的因素

（1）水泥强度和水灰比。

水泥强度等级和水灰比是影响混凝土强度的最主要因素。在其他条件相同时，水泥强度等级愈高，则混凝土强度愈高；在一定范围内，水灰比愈小，混凝土的强度愈高。反之，水灰比大，则用水量多，多余的游离水在水泥硬化后逐渐蒸发，使混凝土中留下许多微细小孔不密实，使强度降低。

（2）粗骨料。

粗骨料的强度一般都比水泥石的强度高，因此，骨料的强度一般对混凝土的强度几乎没有影响。但是，如果含有大量软弱颗粒、针片状颗粒及风化岩石，则会降低混凝土的强度。另外，骨料的表面特征也会影响混凝土的强度。表面粗糙、多棱角的碎石与水泥石的粘结力，比表面光滑的卵石要好。所以，水泥强度等级、水灰比相同情况下，碎石混凝土的强度高于卵石混凝土的强度。

（3）养护条件。

混凝土的强度是在一定的温度、湿度条件下，通过水泥水化逐步发展的。在 4～40℃范围内，温度愈高水泥水化速度愈快，则强度愈高；反之，随着温度的降低，水泥水化速度减慢，混凝土强度发展也就迟缓。当温度低于 0℃时，水泥水化基本停止，加上因水结冰膨胀，使混凝土强度降低。

另外，为了满足水泥水化的需要，混凝土浇筑后，必须保持一定时间的潮湿。若湿度不够，导致失水，会严重影响强度。

一般混凝土在浇筑 12h 内进行覆盖，待具有一定强度时注意浇水养护。对硅酸盐水泥、普通水泥和矿渣水泥拌制的混凝土，浇水养护时间不得少于 7d；使用火山灰水泥、粉煤灰水泥或掺用缓凝型外加剂及有抗渗要求的混凝土，浇水养护时间不得少于 14d；如平均气温低于 5℃时，不得浇水。混凝土表面不便浇水时，应用塑料薄膜覆盖，以防止混凝土内水分蒸发。混凝土强度与保持潮湿时间的关系如图 2—7 所示。

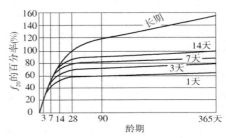

图 2—7 混凝土强度与保持潮湿时间的关系

（4）龄期。

混凝土的强度随龄期的增长而逐渐提高。在正常养护条件下混凝土的强度，初期（3～7d）发展快，28d 可达到设计强度等级。此后增长缓慢，甚至可延续几十年之久。不同龄期混凝土强度增长值见表 2—21。

表 2—21 各龄期混凝土强度的增长

龄期	7 d	28 d	3 月	6 月	1 年	2 年	4～5 年	20 年
混凝土强度	0.6～0.75	1	1.25	1.5	1.75	2	2.25	3.00

4.耐久性

混凝土的耐久性，是指混凝土在实际使用条件下抵抗各种破坏作用，长期保持强度和外观完整性的能力。

混凝土耐久性好坏，将会影响混凝土工程的使用年限，是一项非常重要的性质。耐久性主要与冻融循环、环境水腐蚀、碳化、风化、钢筋锈蚀和碱骨料反应等因素作用有关。

（1）抗冻性。

混凝土中所含水的冻融循环作用是造成混凝土破坏的主要因素之一。因此，抗冻性是评定混凝土耐久性的重要指标。

混凝土试件成型后，经过标准养护或同条件养护，在规定的冻融循环制度下保持强度和外观的能力，称为混凝土的抗冻性。抗冻性用抗冻等级表示。混凝土的密实度、孔隙特征是决定抗冻性的重要因素。提高抗冻性的有效方法，可采用引气混凝土、高密实混凝土，选择适宜的水泥品种及水灰比等。

（2）抗渗性。

抗渗性是指混凝土抵抗液体渗透的性能，用抗渗等级表示。在混凝土抗渗试验中，以每组 6 个试件中，4 个试件所能承受的最大水压表示。

混凝土渗水的主要原因是混凝土中多余水分蒸发留下的孔道；混凝土拌和物由于泌水，在粗骨料颗粒与钢筋下，形成的水膜或由于泌水留下的孔道，在压力水作用下就形成连通渗水通道。另外因施工质量差，捣固不密实都容易形成渗水孔隙和通道。

（3）抗碳化性。

碳化是混凝土的一项重要长期性能，它直接影响对钢筋的保护作用。硬化后的混凝土，由于水泥水化形成氢氧化钙，故呈碱性。碱性物质使钢筋表面生成难溶的钝化膜，对钢筋有良好的保护作用。

当湿润的空气中的二氧化碳渗透到混凝土内，与氢氧化钙起化学反应，生成碳酸钙，使混凝土碱度降低的过程称为混凝土碳化。当碳化深度超过混凝土保护层时，在有水和空气存在的条件下，钢筋开始生锈。钢筋锈蚀会引起体积膨胀，使钢筋保护层遭受破坏，这又会进一步促进钢筋的锈蚀。另外，碳化还将显著地增加混凝土的收缩，使混凝土的抗拉、抗折强度降低。

处于水中的混凝土，由于水阻止了二氧化碳与混凝土的接触，所以混凝土不能被碳化；混凝土处于特别干燥的条件下，由于缺乏使二氧化碳与氢氧化钙反应所需的水分，故碳化也不能进行。

（4）混凝土的碱骨料反应。

碱骨料反应是指水泥、外加剂等混凝土组成物及环境中的碱与骨料中碱活性矿物（如活性 SiO_2、硅酸盐、碳酸盐等），在潮湿环境下缓慢发生导致混凝土开裂破坏的膨胀反应。

由此引起的膨胀破坏往往若干年之后才会逐渐显现。所以，对碱骨料反应必须给予足够的重视。

预防碱骨料反应的措施有：采用活性低的或非活性骨料；控制水泥或外加剂中游离碱的含量；掺粉煤灰、矿渣或其他活性混合材料；控制湿度，尽量避免产生碱骨料反应的所有条件同时出现。

综合以上几点，提高耐久性的措施有：

1）根据工程所处环境及使用条件，合理选择水泥品种。

2）掺外加剂，改善混凝土的性能。

3）加强浇捣及养护，提高混凝土的强度和密实度，避免出现裂缝、蜂窝、气孔等。

4）用涂料和其他措施，进行表面处理，防止混凝土碳化。

5）适当控制水灰比及水泥用量。

第 2 讲　预拌混凝土

混凝土是一种重要的建筑材料。目前，在建筑工程中采用预拌混凝土已成为我国建筑业中必然趋势，并已在全国范围内大、中城市甚至一些小城市中被广泛采用，成为一种不可替代的建筑材料。

根据国家标准《预拌混凝土》（GB/T 14902-2012）规定，水泥、骨料、水以及根据需要掺入的外加剂、矿物掺和料等组分按一定比例，在搅拌站经计量、拌制后出售的并采用运输车，在规定的时间内运至使用地点的混凝土拌和物称为预拌混凝土（旧称商品混凝土）。

一、分类

预拌混凝土根据其组成和性能要求分为通用品和特制品两类。

1.通用品

通用品是指强度等级不大于 C50、坍落度不大于 180mm、粗骨料最大公称粒径为 20、25、31.5、40mm，无其他特殊要求的预拌混凝土。根据其定义，通用品应在下列范围内规定混凝土强度等级、坍落度及粗骨料最大公称粒径。

强度等级：不大于 C50。

坍落度（mm）：25、50、80、100、120、150、180。

粗骨料最大公称粒径（mm）：20、25、31.5、40。

2.特制品

特制品是指任一项指标超出通用品规定范围或有特殊要求的预拌混凝土。根据其定义特制品应规定混凝土强度等级、坍落度、粗骨料最大公称粒径或其他特殊要求。混凝土强度等级、坍落度和粗骨料最大公称粒径除通用品规定的范围外，还可在下列范围内选取。

强度等级：C55、C60、C65、C70、C75、C80。

坍落度：大于 180mm。

粗骨料最大公称粒径：小于 20mm、大于 40mm。

二、标记

1.符号含义

用于预拌混凝土标记的符号，应根据其分类及使用材料不同按下列规定选用。

（1）通用品用 A 表示，特制品用 B 表示；

（2）混凝土强度等级用 C 和强度等级值表示；

（3）坍落度用所选定以毫米为单位的混凝土坍落度值表示；

（4）粗骨料最大公称粒径用 GD 和粗骨料最大公称粒径值表示；

（5）水泥品种用其代号表示；

（6）当有抗冻、抗渗及抗折强度要求时，应分别用 F 及抗冻强度值、P 及抗渗强度值、Z 及抗折强度等级值表示。抗冻、抗渗及抗折强度直接标记在强度等级之后。

2.预拌混凝土标记

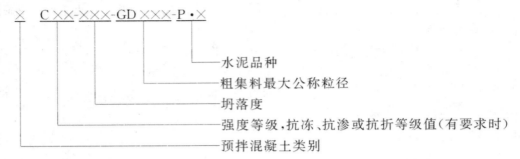

示例 1：预拌混凝土强度等级为 C35，坍落度为 120mm，粗骨料最大公称粒径为 31.5mm，采用矿渣硅酸盐水泥，无其他特殊要求，其标记为：

A C36-120-GD31.6-P·S

示例 2：预拌混凝土强度等级为 C35，坍落度为 180mm，粗骨料最大公称粒径为 20mm，采用普通硅酸盐水泥，抗渗等级为 P8，其标记为：

B C35P8-180-GD20-P·O

三、预拌混凝土质量要求

1.强度

预拌混凝土强度要求与普通混凝土相同，应满足结构设计要求。

2.和易性

预拌混凝土和易性要求与普通混凝土相同。为了适应施工条件的需要，要求混凝土拌和物必须具有与之相适应的和易性包含较高的流动性以及良好的黏聚性和保水性，以保证混凝土在运输、浇筑、捣固以及停放时不发生离析、泌水现象，并且能顺利方便地进行各种操作。由于预拌混凝土在施工时主要采用混凝土泵输送，因此还要求混凝土具有良好的可泵性。而且预拌混凝土还应考虑运送、等待浇筑时间的坍落度损失问题。

混凝土拌和物坍落度损失的大小与水泥的生产厂、品种、等级；与拌和物的坍落度；与环境温、湿度以及运送时间等有关。因此，混凝土拌和物的生产坍落度应比施工要求的坍落度高些，并应根据具体条件通过试验确定。

3.含气量

预拌混凝土的含气量除应满足混凝土技术要求外，还应满足使用单位的要求。而且与购销合同规定值之差不应超过±1.5%。

4.氯离子总含量

预拌混凝土的氯离子总含量应满足表 2—22 要求。

表 2—22　防水（抗渗）混凝土最大水灰比

抗渗等级	最大水灰比	
	C20～C30 混凝土	C30 以上混凝土
P6	0.60	0.55
P8～P12	0.55	0.50
>P12	0.50	0.45

5.放射性核素放射性比活度

预拌混凝土放射性核素放射性比活度应满足《建筑材料放射性核素限量》（GB 6566-2010）标准的规定。

6.其他要求

当需方对混凝土其他性能有要求时，应按国家现行有关标准规定进行试验，无相应标准时应按合同规定进行试验，其结果应符合标准及合同要求。

第3讲　防水混凝土

一、普通防水混凝土

普通防水混凝土是以调整配合比的方法来提高自身密实性和抗渗性的一种混凝土。它是通过采用较小的水灰比（供试配用最大水灰比应符合下表的规定），以减少毛细孔的数量和孔径;适当提高胶凝材料用量(不少于320kg/m³)、砂率(35%～40%)和灰砂比 [(1：2)～(1：2.5)]，在粗骨料周围形成品质良好的和足够数量的砂浆包裹层，使粗骨料彼此隔离，以隔断沿粗骨料与砂浆界面的互相连通的渗水孔网;采用较小的骨料粒径（不大于 40mm），以减小沉降孔隙;保证搅拌、浇筑、振捣和养护的施工质量，以防止和减少施工孔隙，达到防水目的。

由于普通防水混凝土的配制工艺简单，成本低廉，质量可靠，抗渗压力一般可达 0.6～2.5MPa，故已广泛应用于地上、地下防水工程。

二、外加剂防水混凝土

外加剂防水混凝土是通过掺加适当品种和数量的外加剂;隔断或堵塞混凝土中各种孔隙、裂缝和渗水通道，以改善混凝土内部结构，提高其抗渗性能。这种方法对原材料没有特殊要求，也不需要增加水泥用量，比较经济，效果良好，因而使用很广泛。常用的外加剂防水混凝土主要有以下几种。

1.引气剂防水混凝土

引气剂可以显著降低混凝土拌和用水的表面张力，通过搅拌，在混凝土拌和物中产生大量稳定、微小、均匀、密闭的气泡。这些气泡在拌和物中，可起类似滚珠的作用，从而改善拌和物的和易性，使混凝土更易于密实。同时这些气泡在混凝土中，填充了混凝土中的空隙，阻断了混凝土中毛细管通道，使外界水分不易渗入混凝土内部。而且引气剂分子在毛细管壁上，会形成一层憎水性薄膜，削弱了毛细管的引水作用，可提高混凝土的抗渗能力。

引气剂的掺量要严格控制，应保证混凝土既能满足抗渗性要求，同时又能满足强度要求。通常以控制混凝土的含气量在3%～6%为佳。

搅拌是生成气泡的必要条件，搅拌时间对混凝土含气量有明显影响。搅拌时间过短，不能形成均匀、分散的微小气泡；搅拌时间过长，则气泡壁愈来愈薄，易使微小气泡破坏而产生大气泡，搅拌时间过短或过长，都会降低抗渗性，一般搅拌时间以2～3min为宜。

2.三乙醇胺防水混凝土

这种混凝土是以掺入微量的早强防水剂三乙醇胺拌制而成的。三乙醇胺掺入混凝土中后，可加速水泥的水化，使早期生成的水化产物较多，相应地减少了毛细孔率，从而提高混凝土的抗渗性。如与氯化钠、亚硝酸钠等无机盐复合使用，这些无机盐在水泥水化过程中，会分别生成氯铝酸盐和亚硝酸铝酸盐类络合物，这些络合物生成时会发生体积膨胀，从而堵塞混凝土内部的孔隙，切断毛细管通道，有利于提高混凝土的密实度、抗渗性和早期强度。

3.密实剂防水混凝土

密实剂防水混凝土是在混凝土拌和物中加入一定数量的密实剂（氯化铁、氢氧化铁和氢氧化铝的溶液）拌制而成的。氯化铁与混凝土中的氢氧化钙反应会生成氢氧化铁胶体，堵塞于混凝土的孔隙中，从而提高混凝土的密实性。氢氧化铝或氢氧化铁溶液是不溶于水的胶状物质，能沉淀于毛细孔中，使毛细孔的孔径变小，或阻塞毛细孔，从而提高混凝土的密实度和抗渗性。密实剂防水混凝土不但大量用于水池、水塔、地下室以及一些水下工程。而且也广泛用于地下闭水工程的砂浆抹面及大面积的修补堵漏。密实剂防水混凝土还可代替金属作煤气管和油罐等。

4.减水剂防水混凝土

混凝土中掺入常用的普通减水剂或高效减水剂，在和易性相同的情况下，可大幅度地减少拌和用水量，从而降低水灰比，大大减少由于早期蒸发水和泌水而形成的毛细孔通道，并细化孔径、改善孔结构，提高混凝土密实性，增强混凝土抗渗性。如采用引气减水剂（如木钙），则防水效果更佳，是配制高抗渗性混凝土的有效途径。

三、特种水泥防水混凝土

采用膨胀水泥、收缩补偿水泥、硫铝酸盐水泥等特种水泥来配制防水混凝土其原理是依靠早期形成的大量钙矾石、氢氧化钙等晶体和大量凝胶，填充孔隙空间，形成致密结构，并改善混凝土的收缩变形性能，从而提高混凝土的抗裂和抗渗性能。

由于特种水泥生产量小，价格高，目前直接采用特种水泥配制防水混凝土的方法尚不普遍。施工现场常采用普通水泥加膨胀剂（如UEA）的方法来制备防水混凝土。掺膨胀剂的混凝土需适当延长搅拌时间，并加强混凝土 14d 内的湿养护。

防水（抗渗）混凝土的配合比设计应按《普通混凝土配合比设计规程》（JGJ55-2011）中抗渗混凝土的配合比设计规定进行。

第 4 讲　高强混凝土

高强混凝土的界定，因时代、地域等不同而异。我国将高强混凝土界定为≥C60，这与世界上用 φ150mm×300mm 的圆柱体试件测评，把具有特征强度高于 50MPa 的混凝土定义为高强混凝土相持平。

混凝土结构向大跨、高耸、重载等近代化方向迅速发展，对混凝土强度提出越来越高的要求。采用高强混凝土，能显著降低结构的自重，提高承载力，延长耐用年限，又能减少材料用量和改善使用功能。为此，混凝土的发展，高强化已成为一条重要途径。

一、高强混凝土的组成材料

1.水泥

由于高强混凝土需要加入高效外加剂和优质矿物掺和料，因此应选用硅酸盐水泥或普通硅酸盐水泥。水泥的强度等级，按混凝土的设计强度不同，应尽可能采用高的，一般不能低于 42.5 级。

所选水泥的质量要稳定，各项物理性能和化学成分应符合标准要求，并应避免有过大波动。

2.骨料

应选用质地坚硬、级配良好、粒型理想和有害物含量低的骨料。

粗骨料的最大粒径，对于 C60 级的混凝土不应大于 31.5mm，对于大于 C60 级的混凝土不应大于 25mm。粗骨料中，针片状颗粒含量不应大于 5.0％，含泥量不应大于 0.5％，泥块含量不应大于 0.2％。其他质量指标应符合现行标准规定。

细骨料的细度模数宜大于 2.6，含泥量不应大于 2.0％，泥块含量不应大于 0.5％。其他质量指标应符合现行标准规定。

3.外加剂

减水剂是高强混凝土的特征组分，宜采用减水率在 20％以上的高效减水剂，如聚羧酸盐类和氨基磺酸盐类新型高效减水剂。由于复合型减水剂发展很快，应根据工程环境、结构条件及施工方法等要求，选用适宜的品种，如缓凝高效减水剂，高强混凝土泵送剂等。

4.矿物掺和料

优质的矿物掺和料，已作为高强混凝土的必加组分。具有一定细度和活性的矿物类掺和料，在加入的新拌混凝土中，能调整水泥颗粒级配，起到增密、增塑、减水效果和火山灰效应,尤其是改善了凝胶体与骨料的界面相结构,提高界面的效能。这些都对混凝土的增强和改性起到重要作用。

优质矿物掺和料的资源丰富,目前已发布国家标准的产品有:磨细矿渣、磨细粉煤灰、磨细天然沸石和硅灰四种。这些专门加工、性能达标的产品,不同于一般用的掺和料,现已正名为矿物外加剂。

加入品种、成分或掺量不同的矿物掺和料,对混凝土的增强、改性会有较大差异,应按混凝土的强度等级和其他性能的要求慎重选择,并通过试验确定。许多研究成果表明,采用一种以上的矿物掺和料,比单一使用有更加明显的效能。

二、高强混凝土配合比特点

高强混凝土的配合比与普通混凝土相比,有以下主要特点。

1.水胶比低

水胶比是指混凝土的用水量与胶凝材料总用量的质量比;其中胶凝材料总用量,是指水泥用量与所加矿物掺和料用量之和。在一般情况下,高强混凝土的水胶比在0.25～0.40 之间,是按经验选用后通过试配确定。《普通混凝土配合比设计规程》(JGJ55-2011)中的水灰比公式,已不适合高强混凝土。

2.胶凝材料的用量大

高强混凝土的水泥用量一般为 340～450kg/m³,而矿物掺和料的用量,因品种和加入意图不同会有很大差异,若按加入上述水泥用量的 15% 估计,已达到 50～70kg/m³。为避免胶凝材料用量过大带来负面影响,高强混凝土的水泥用量不应大于 550kg/m³;胶凝材料的用量不应大于 600kg/m³。

3.用水量低

为防止高强混凝土的胶凝材料过量,多采用尽可能低的用水量,一般在 120～160kg/m³。应根据混凝土对流动性要求、原材料品种和配制强度等不同,通过试配确定低用水量。

4.要适度加大砂率

高强混凝土的胶凝材料用量大,砂率应相对加大,但过大时会降低混凝土的强度及弹性模量,以及加大干缩等。在一般情况下,高强混凝土的砂率在 36%～41%之间,应根据确定砂率的诸多要素选取,通过对比试验得出最佳值。

三、高强混凝土的特性

相对普通混凝土而言,高强混凝土具有下列明显特性。

1.早期强度增进快

由于高强混凝土的胶凝材料用量较多,水泥的强度等级较高,以及采用高效减水剂等缘故,其强度的增进率与普通混凝土相比,早期、中期都较快,而后期则较慢。

上述特性,许多对比试验的结果得以具体印证。在同样标准养护条件下,两种混凝土以各自的 28d 抗压强度为基准，测得 3d 抗压强度：普通混凝土达到 25％～30％，高强混凝土则可达 60％～80％；测得 7d 抗压强度：普通混凝土为 50％～70％，而高强混凝土可为 87％～93％。

2.拉压比和折压比降低

水泥混凝土的抗拉强度与其抗压强度之比，称为拉压比；而折压比则指其抗折强度与抗压强度的比值。本来这两个比值就很低，但越是提高混凝土的抗压强度，它们下降得越显著，详见表 2—23 的试验资料。

表 2—23　不同等级混凝土的拉压比和折压比

强度等级	抗拉强度		抗折强度	
	平均值/MPa	拉压比	平均值/MPa	折压比
C20	2.60	1/7.7	4.20	1/4.8
C40	3.73	1/10.7	5.90	1/6.8
C60	4.57	1/13.1	7.30	1/8.2
C80	5.28	1/15.1	8.40	1/9.0
C100	5.90	1/16.9	9.40	1/10.5

高强混凝土拉（折）压比下降的原因，是因高强化的措施使水泥石的强度提高，减小了它与骨料强度的差距，加之界面相的改善，使得混凝土的脆性加剧。

提高水泥混凝土的拉（折）压比，即增强它的韧性，已成为混凝土高强化必须突破的重大课题。

3.弹性模量略高

高强混凝土的弹性模量，比普通混凝土的略高，且随其强度等级的提高而加大高出量。例如：普通混凝土的弹性模量，C20 的取 2.55×10^4MPa、C40 的取 3.25×10^4MPa；实测高强混凝土的弹性模量，C60 的为 3.82×10^4MPa、C100 的为 5.56×10^4MPa。

用普通混凝土弹性模量计算公式去计算高强混凝土的弹性模量，比实测值过于偏低，不应如此简单地套用，应通过试验确定取值。

4.干缩与徐变

混凝土的干缩，是指其进入硬化阶段，因内部水分的散失产生的收缩。徐变则是混凝土受恒定荷载长期作用，产生的随时间延长而不断增加的塑性变形。干缩与徐变，都不利于混凝土的体积稳定性，且因胶凝材料的增多而加大，因此成为关注高强混凝土性能的又一要点。

在一般情况下，高强混凝土在早期的干缩与徐变，都比普通混凝土的大些，但随龄期的增加，可以与普通混凝土持平，甚或低些。这与高强混凝土的组成材料、配合比紧密相关，其中浆体体积和水胶比，是影响收缩与徐变的主因。

5.耐久性提高

由于高强混凝土采取了诸多增密措施，其抗渗性、抗冻性及抗侵蚀性等，都优于普通混凝土。

第 5 讲 轻混凝土

轻混凝土是指体积密度小于 1900kg/m³ 的混凝土。可分为轻骨料混凝土、多孔混凝土和无砂大孔混凝土三类。

一、轻骨料混凝土

《轻骨料混凝土技术规程》（JGJ 51-2002）中规定，用轻粗骨料、轻砂（或普通砂）、水泥和水配制而成的干表观密度不大于 1900kg/m³ 的混凝土，称为轻骨料混凝土。

轻骨料混凝土按细骨料不同，又分为全轻混凝土（粗、细骨料均为轻骨料）和砂轻混凝土（细骨料全部或部分为普通砂）。

1.轻骨料

轻骨料可分为轻粗骨料和轻细骨料。凡粒径大于 5mm，堆积密度小于 1000kg/m³ 的轻质骨料，称为轻粗骨料；凡粒径小于 5mm，堆积密度小于 1200kg/m³ 的轻质骨料，称为轻细骨料（或轻砂）。

轻骨料按其来源可分为工业废料轻骨料，如粉煤灰陶粒、自然煤矸石、膨胀矿渣珠、煤渣及其轻砂；天然轻骨料，如浮石、火山渣及其轻砂；人造轻骨料，如页岩陶粒、黏土陶粒、膨胀珍珠岩骨料及其轻砂。

轻粗骨料按其粒型可分为圆球型的，如粉煤灰陶粒和磨细成球的页岩陶粒等；普通型的，如页岩陶粒、膨胀珍珠岩等；碎石型的，如浮石、自然煤矸石和煤渣等。

轻骨料混凝土与普通混凝土在配制原理及性能等方面有很多共同之处，也有一些不同，其性能差异主要是由轻骨料的性能所决定。轻骨料的技术要求主要包括堆积密度、颗粒的粗细程度及级配、强度和吸水率等，此外还对耐久性、安定性、有害杂质含量等提出了要求。

（1）轻骨料的堆积密度。

轻骨料堆积密度的大小将影响轻骨料混凝土的表观密度和性能。轻粗骨料的堆积密度分为 200、300、400、500、600、700、800、900、1000、1100 十个等级；轻细骨料分为 500、600、700、800、900、1000、1100、1200 八个等级。

（2）粗细程度与颗粒级配。

保温及结构保温轻骨料混凝土用的轻粗骨料，其最大粒径不宜大于 40mm，结构轻骨料混凝土用的轻粗骨料，其最大粒径不宜大于 20mm。

轻骨料的级配应符合表 2—24 的要求。

表 2—24 轻骨料的颗料级配

种类	类别	公称粒级/mm	各筛号的累计筛余(按质量计)(%) 筛孔径/mm										
			40.0	31.5	20.0	16.0	10.0	5.00	2.50	1.25	0.630	0.315	0.160
细骨料	—	0~5					0	0~10	0~35	20~60	30~80	65~90	75~100
粗骨料	连续粒级	5~40	0~10	—	40~60	—	50~85	90~100	95~100				
		5~31.5	0~5	0~10	—	40~75	—	90~100	95~100				
		5~20	—	0~5	0~10	—	40~80	90~100	95~100				
		5~16	—		0~5	0~10	20~60	85~100	95~100				
		5~10	—	—		0	0~15	80~100	95~100				
	单粒级	10~16	—	—	0	0~15	85~100	90~100					

轻砂的细度模数宜在 2.3~4.0 范围内。

(3)强度。

轻粗骨料的强度采用"筒压法"测定。它是将轻骨料试样装入规定的承压圆筒内加压,取冲压模压入深度为 20mm 时的压力值,除以承压面积即为轻骨料的筒压强度值(MPa)。对不同密度等级的轻粗骨料,其筒压强度值应符合表 2—25~表 2—27 的规定。

表 2—25 超轻粗骨料筒压强度(单位:MPa)

超轻骨料品种	密度等级	筒压强度		
		优等品	一等品	合格品
黏土陶粒 页岩陶粒 粉煤灰陶粒	200	0.3	0.2	
	300	0.7	0.5	
	400	1.3	1.0	
	500	2.0	1.5	
其他超轻骨料	≤500	—		

表 2—26 普通轻粗骨料筒压强度(单位:MPa)

超轻骨料品种	密度等级	筒压强度		
		优等品	一等品	合格品
黏土陶粒 页岩陶粒 粉煤灰陶粒	600	3.0	2.0	
	700	4.0	3.0	
	800	5.0	4.0	
	900	6.0	5.0	

续表

超轻骨料品种	密度等级	筒压强度		
		优等品	一等品	合格品
浮 石 火山灰 烧 渣	600	—	1.0	0.8
	700	—	1.2	1.0
	800	—	1.5	1.2
	900	—	1.8	1.5
自燃煤矸石 膨胀矿渣珠	900	—	3.5	3.0
	1000	—	4.0	3.5
	1100	—	4.5	4.0

表 2—27　高强粗轻骨料的筒压强度及等级（单位：MPa）

密度等级	筒压强度	强度等级	密度等级	筒压强度	强度等级
600	4.0	25	800	6.0	35
700	5.0	30	900	6.5	40

筒压强度不能直接反映骨料的真实强度，是一项间接反映轻粗骨料颗粒强度的指标。因此，规程中还规定了采用强度等级来评定粗骨料的强度，轻粗骨料的强度越高，其强度等级也越高，适于配制较高强度的轻骨料混凝土。所谓强度等级即某种轻粗骨料配制混凝土的合理强度值，所配制的混凝土的强度不宜超过此值，高强度粗轻骨料的筒压强度及强度等级见表 2—27。

（4）吸水率。

轻骨料的吸水率很大，因此会显著地影响拌和物的和易性及强度。在设计轻骨料混凝土配合比时，必须考虑轻骨料的吸水问题，并根据 1h 的吸水率计算附加用水量。规程中对轻粗骨料的吸水率作了规定，轻砂和天然轻粗骨料的吸水率不作规定。

2.轻骨料混凝土的技术性能

（1）轻骨料混凝土的和易性。

轻骨料具有颗粒体积密度小，表面粗糙，吸水性强等特点，因此其拌和物的和易性与普通混凝土有明显的不同。轻骨料混凝土拌和物粘聚性和保水性好，但流动性较差。若加大流动性则骨料上浮、易离析。同普通混凝土一样，轻骨料混凝土的流动性主要决定于用水量。由于骨料吸水率大，因而拌和物的用水量应由两部分组成，一部分为使拌和物获得要求流动性的水量，称为净用水量；另一部分为轻骨料 1h 吸水量，称为附加水量。

（2）轻骨料混凝土的强度。

轻骨料混凝土的强度等级按其立方体抗压强度标准值划分，共分为 LC15、LC20、LC25、LC30、LC35、LC40、LC45、LC50、LC55、LC60 十个等级。

影响轻骨料混凝土强度的主要因素与普通混凝土基本相同，即水泥强度、水灰比与骨料特征。由于轻骨料强度较低，因此轻骨料混凝土的强度受骨料强度的限制。可见，选择适当强度等级的轻骨料来配制混凝土是最经济的。

（3）轻骨料混凝土的热工性能。

轻骨料混凝土有着良好的保温隔热性能。随体积密度增大，导热系数提高。轻骨料混凝土按干体积密度分为 600、700、800、900、1000、1100、1200、1300、1400、1500、1600、1700、1800、1900 十四个等级，它们的导热系数一般在 0.23～1.01W/（m·K）。由于轻骨料混凝土既有一定的强度，又有良好的保温性能，因此扩大了使用范围，轻骨料混凝土按其用途可分为保温、结构保温和结构三大类，见表 2—28。

表 2—28　轻骨料混凝土按用途分类

类别名称	混凝土强度等级的合理范围	混凝土密度级的合理范围（kg/m³）	用途
保温轻骨料混凝土	LC5.0	≤800	主要用于保温的围护结构或热工构筑物
结构保温轻骨料混凝土	LC5.0 LC7.5 LC10 LC15	500～1400	主要用于既承重又保温的围护结构
结构轻骨料混凝土	LC15 LC20 LC25 LC30 LC35 LC40 LC45 LC50 LC55 LC60	1400～1900	主要用于承重构件或构筑物

（4）轻骨料混凝土的变形性。

轻骨料混凝土的弹性模量小，比普通混凝土低约 25%～50%，因此受力变形较大，其结构有良好的抗震性能。若以普通砂代替轻砂，可使弹性模量提高。

试验证明，轻骨料混凝土的收缩及徐变也较大。

二、多孔混凝土

多孔混凝土是一种不用骨料，其内部充满大量细小封闭气孔的混凝土。

多孔混凝土具有孔隙率大、体积密度小，导热系数低等特点，是一种轻质材料，兼有结构及保温隔热等功能。易于施工可钉、可锯。可制成砌块、墙板、屋面板及保温制品，广泛应用于工业与民用建筑工程中。

根据气孔产生的方法不同，多孔混凝土有加气混凝土和泡沫混凝土两种，由于加气混凝土生产较稳定，因此加气混凝土生产和应用发展更为迅速。这里只对加气混凝土加以介绍。

加气混凝土是用含钙材料（水泥、石灰）、含硅材料（石英砂、粉煤灰、尾矿粉、粒化高炉矿渣等）和发气剂（铝粉等）等原料，经磨细、配料、搅拌、浇筑、发气、静停、切割、压蒸养护等工序生产而成。铝粉在料浆中与 $Ca(OH)_2$ 发生化学反应，放出 H_2 形成气泡使料浆中形成多孔结构。料浆在高压蒸汽养护下，含钙材料与含硅材料发生反应，生成水化硅酸钙，使坯体具有强度。

加气混凝土的质量指标包括体积密度和强度。一般，体积密度越大，孔隙率越小，强度越高，但保温性能越差。我国目前生产的加气混凝土体积密度范围在 $500\sim700kg/m^3$，相应的抗压强度为 $3.0\sim6.0MPa$。

目前，加气混凝土制品主要有砌块和条板两种。砌块可用作三层或三层以下房屋的承重墙，也可作为工业厂房、多层、高层框架结构的非承重填充墙及外墙保温。配有钢筋的加气混凝土条板可作为承重和保温合一的屋面板。加气混凝土还可以与普通混凝土预制成复合板，用于外墙兼有承重和保温作用。

由于加气混凝土能利用工业废料，产品成本较低，体积密度小降低了建筑物自重，保温效果好，因此具有较好的技术经济效果。

第 6 讲　混凝土质量检验

一、混凝土拌和物质量要求

1.抗压强度

混凝土的抗压强度是一个重要的技术指标，根据国家标准《混凝土强度检验评定标准》（GB 50107-2010）的规定，混凝土强度等级应按抗压强度标准值确定。立方体抗压强度标准值系指按照标准方法制作和养护的边长为 150mm 的立方体试件，在 28d 龄期，用标准试验方法测得的，具有大于 95%保证率的抗压强度。

由于混凝土是一种非均质材料，具有较大的不均匀性和强度的离散性，为了配制满足设计要求的混凝土强度等级，其配制强度应比设计强度增加一定的富裕量。这一富裕量的大小应根据原材料情况、生产控制水平、施工管理水平以及经济性等一系列情况综合考虑。

2.抗折强度

混凝土抗折强度同样也是一个重要的技术标准。在道路混凝土工程中，常以混凝土 28d 的抗折强度作为控制指标。混凝土的抗折强度与抗压强度之间存在一定的相关性，但并不是成线性关系，通常情况下抗压强度增长的同时抗折强度亦增长，但抗折强度增长速度较慢。

影响混凝土抗压强度的因素同样影响混凝土抗折强度，其中粗骨料类型对抗折强度有十分显著的影响。碎石表面粗糙，对提高抗折强度有利，而卵石表面光滑不利于表面粘结，对抗折强度不利。合理的粗骨料及细骨料的级配，对提高抗折强度有利。粗骨料最大粒径适中、针片状含量小的混凝土抗折强度较高。粗、细骨料表面含泥量偏高将严重影响抗折强度。另外，养护条件对混凝土抗折强度的影响比抗压强度更为敏感。

3.坍落度

为能满足施工要求，混凝土应具有一定的和易性（流动性、黏聚性和保水性）。如是泵送混凝土，还必须具有良好的可泵性，要求混凝土具有摩擦阻力小、不离析、不阻塞、黏聚适宜、能顺利泵送。水泥及掺和料、外加剂的品种、骨料级配、形状、粒径，以及配合比是影响可泵性的主要因素。

混凝土坍落度实测值与合同规定的坍落度值之差应符合表 2—29 的规定。

表 2—29　坍落度允许偏差

规定的坍落度/mm	允许偏差/mm	规定的坍落度/mm	允许偏差/mm
≤40	±10	≥100	±30
50~90	±20		

4.含气量

混凝土含气量与合同规定值之差不应超过±1.5%。

5.氯离子总含量限值

氯离子总含量限值见表 2—30。

表 2—30　氯离子总含量的最高限值

混凝土类型及其所处环境类别	最大氯离子含量（%）
素混凝土	2.0
室内正常环境下的钢筋混凝土	1.0
室内潮湿环境；非严寒和非寒冷地区的露天环境、与无侵蚀的水或土壤直接接触的环境下的钢筋混凝土	0.3
严寒和寒冷地区的露天环境、与无侵蚀的水或土壤直接接触的环境下的钢筋混凝土	0.2
使用除冰盐的环境；严寒和寒冷地区冬季水位变动的环境；滨海室外环境下的钢筋混凝土	0.1
预应力混凝土构件及设计使用年限为 100 年的室内正常环境下的钢筋混凝土	0.06

注：氯离子含量系指其占水泥（含替代水泥量的矿物掺和料）重量的百分比。

6.放射性核素放射性比活度

混凝土放射性核素放射性比活度应满足《建筑材料放射性核素限量》（GB 6566-2010）标准的规定。

7.其他

当需方对混凝土其他性能有要求时，应按国家现行有关标准规定进行试验，无相应标准要求时应按合同规定进行试验，其结果应符合标准及合同要求。

二、检验规则

1.一般规则

（1）预拌混凝土的检验分为出厂检验和交货检验。出厂检验的取样试验工作应由供方承担，交货检验的取样试验工作应由需方承担，当需方不具备试验条件时，供需双方可协商确定承担单位，其中包括委托供需双方认可的有试验资质的试验单位，并在合同中予以明确。

（2）当判断混凝土质量是否符合要求时，强度、坍落度及含气量应以交货检验结果为依据；氯离子总含量以供方提供的资料为依据；其他检验项目应按合同规定执行。

（3）交货检验的试验结果应在试验结束后15d内通知供方。

（4）进行预拌混凝土取样及试验的人员必须具有相应资格。

2.检验项目

（1）常规应检验混凝土强度和坍落度。

（2）如有特殊要求除检验混凝土强度和坍落度外，还应按合同规定检验其他项目。

（3）掺有引气型外加剂的混凝土应检验其含气量。

3.取样与组批

（1）用于出厂检验的混凝土试样应在搅拌地点采取，用于交货检验的混凝土试样应在交货地点采取。

（2）交货检验的混凝土试样的采取及坍落度试验应在混凝土运到交货地点时开始算起20min内完成，试样的制作应在40min内完成。

（3）交货检验的混凝土的试样应随机从同一运输车中抽取，混凝土试样应在卸料过程中卸料量的1/4至3/4之间采取。

（4）每个试样量应满足混凝土质量检验项目所需用量的1.5倍，且不宜少于$0.02m^3$。

（5）凝土强度检验的试样，其取样频率应按下列规定进行。

1）用于出厂检验的试样，每100盘相同配合比的混凝土取样不得少于1次；每一个工作班组相同配合比的混凝土不足100盘时，取样不得少于1次。

2）用于交货检验的试样应按如下规定进行。

①每拌制100盘且不超过$100m^3$的同配合比的混凝土取样不得少于1次。

②每工作班拌制的同一配合比的混凝土不足100盘时，取样不得少于1次。

③当连续浇筑超过$1000m^3$时，同一配合比的混凝土每$200m^3$取样不得少于1次。

④每一楼层、同一配合比的混凝土，取样不得少于1次。

⑤每次取样应至少留置1组标准养护试件，同条件养护试件的留置组数应根据

实际需要确定。

（6）混凝土拌和物坍落度检验试样的取样频率应与混凝土强度检验的取样频率一致。

（7）对有抗渗要求的混凝土进行抗渗检验的试样，用于出厂和交货检验的取样频率均应为同一工程、同一配合比的混凝土不得少于 1 次。留置组数可根据实际需要确定。

（8）对有抗冻要求的混凝土进行抗冻检验的试样，用于出厂和交货检验的取样频率均应为同一工程、同一配合比的混凝土不得少于 1 次。留置组数可根据实际需要确定。

4.合格判断

（1）强度的试样结果应满足《混凝土强度检验评定标准》（GB 50107-2010）的规定。

（2）坍落度应满足表 2—31 的要求。

表 2—31 普通轻粗骨料筒压强度（单位：MPa）

超轻骨料品种	密度等级	筒压强度		
		优等品	一等品	合格品
黏土陶粒 页岩陶粒 粉煤灰陶粒	600	3.0	2.0	
	700	4.0	3.0	
	800	5.0	4.0	
	900	6.0	5.0	
浮　石 火山灰 烧　渣	600	—	1.0	0.8
	700	—	1.2	1.0
	800	—	1.5	1.2
	900	—	1.8	1.5
自燃煤矸石 膨胀矿渣珠	900	—	3.5	3.0
	1000	—	4.0	3.5
	1100	—	4.5	4.0

（3）含气量应满足含气量与合同规定值之差不应超过±1.5％。

第 7 讲　混凝土试件的取样和制作

一、现场搅拌混凝土取样

根据现行国家标准《混凝土结构工程施工质量验收规范》（GB50204-2015）和《混凝土强度检验评定标准》（GB/T50107-2010）的规定，用于检查结构构件混凝土强度的试件，应在混凝土的浇筑堆点随机抽取。取样与试件留置应符合以下规定：

（1）每拌制 100 盘但不超过 100m³ 的同配合比的混凝土，取样次数不得少于一次；

（2）每工作班拌制的同一配合比的混凝土不足 100 盘时，其取样次数不得少于一次；

（3）当一次连续浇筑超过 1000m³ 时，同一配合比的混凝土每 200m³ 取样不得少于一次；

（4）同一楼层、同一配合比的混凝土，取样不得少于一次；

（5）每次取样应至少留置一组标准养护试件，同条件养护试件的留置组数应根据实际需要确定。

二、结构实体检验用同条件养护试件取样

根据《混凝土结构工程施工质量验收规范》的规定，结构实体检验用共同条件养护试件的留置方式和取样数量应符合以下规定：

（1）对涉及混凝土结构安全的重要部位应进行结构实体检验，其内容包括混凝土强度、钢筋保护层厚度及工程合同约定的项目等。

（2）同条件养护试件应由各方在混凝土浇筑入模处见证取样。

（3）同一强度等级的同条件养护试件的留置不宜少于 10 组，留置数量不应少于 3 组。

（4）当试件达到等效养护龄期时，方可对同条件养护试件进行强度试验。所谓等效养护龄期，就是逐日累计养护温度达到 600℃·d，且龄期宜取 14d～60d。一般情况，温度取当天的平均温度。

三、预拌（商品）混凝土取样

预拌（商品）混凝土，除应在预拌混凝土厂内按规定留置试块外，混凝土运到施工现场后，还应根据《预拌混凝土》（GB14902-2012）规定取样。

（1）用于交货检验的混凝土试样应在交货地点采取。每 100m³ 相同配合比的混凝土取样不少于一次；一个工作班拌制的相同配合比的混凝土不足 100m³ 时，取样也不得少于一次；当在一个分项工程中连续供应相同配合比的混凝土量大于 1000m³ 时，其交货检验的试样为每 200m³ 混凝土取样不得少于一次。

（2）用于出厂检验的混凝土试样应在搅拌地点采取，按每 100 盘相同配合比的混凝土取样不得少于一次；每一工作班组相同的配合比的混凝土不足 100 盘时，取样亦不得少于一次。

（3）对于预拌混凝土拌合物的质量，每车应目测检查；混凝土坍落度检验的试样，每 100m³ 相同配合比的混凝土取样检验不得少于一次；当一个工作班组相同配合比的混凝土不足 100m³ 时，也不得少于一次。

四、抗渗混凝土取样

根据《地下工程防水技术规范》（GB50108-2008），混凝土抗渗试块取样按下列规定：

（1）连续浇筑混凝土量 500m³ 以下时，应留置两组（12 块）抗渗试块。

（2）每增加 250～500m³ 混凝土，应增加留置两组（12 块）抗渗试块。

（3）如果使用材料、配合比或施工方法有变化时，均应另行仍按上述规定留置。

（4）抗渗试块应在浇筑地点制作，留置的两组试块其中一组（6 块）应在标准养护室养护，另一组（6 块）与现场相同条件下养护，养护期不得少于 28 天。

根据《混凝土结构工程施工质量验收规范》（GB50204-2015）的规定，混凝土抗渗试块取样按下列规定：对有抗渗要求的混凝土结构，其混凝土试件应在浇筑地点随机取样。同一工程、同一配合比的混凝土，取样不应少于一次，留置组数可根据实际需要确定。

五、粉煤灰混凝土取样

（1）粉煤灰混凝土的质量，应以坍落度（或工作度）、抗压强度进行检验。

（2）现场施工粉煤灰混凝土的坍落度的检验，每工作班至少测定两次，其测定值允许偏差为 ±20mm。

（3）对于非大体积粉煤灰混凝土每拌制 100m³，至少成型一组试块；大体积粉煤灰混凝土每拌制 500m³，至少成型一组试块。不足上述规定数量时，每工作组至少成型一组试块。

六、试件制作和养护

根据《普通混凝土力学性能试验方法标准》（GB/T50081-2002）的要求，混凝土试件的制作和养护按下列规定：

（1）试件的制作

1）混凝土试件的制作应符合下列规定：

①成型前，应检查试模尺寸并符合《普通混凝土力学性能试验方法标准》（GB/T50081-2002）的规定；试模内表面应涂一薄层矿物油或其他不与混凝土发生反应的脱模剂。

②在试验室拌制混凝土时，其材料用量应以质量计，称量的精度：水泥、掺合料、水和外加剂为 ±0.5%；骨料为 ±1%。

③取样或试验室拌制的混凝土应在拌制后尽可能短的时间内成型，一般不宜超过 15min。

④根据混凝土拌合物的稠度确定混凝土成型方法，坍落度不大于 70mm 的混凝土宜用振动振实；大于 70mm 的宜用捣棒人工捣实；检验现浇混凝土或预制构件的混凝土，试件成型方法宜与实际采用的方法相同。

3 圆柱体试件的制作按有关规定执行。

2）混凝土试件制作应按下列步骤进行：

第一步，取样或拌制好的混凝土拌合物应至少用铁锹再来回拌合三次。

第二步，根据混凝土拌合物的稠度，选择混凝土成型方法成型。

①用振动台振实制作试件应按下述方法进行：

a.将混凝土拌合物一次装入试模，装料时应用抹刀沿各试模壁插捣，并使混凝土拌合物高出试模口；

b.试模应附着或固定在符合有关要求的振动台上，振动时试模不得有任何跳动，振动应持续到表面出浆为止；不得过振。

②用人工插捣制作试件应按下述方法进行：

a.混凝土拌合物应分两层装入模内，每层的装料厚度大致相等；

b.插捣应按螺旋方向从边缘向中心均匀进行。在插捣底层混凝土时，捣棒应达到试模底部；插捣上层时，捣棒应贯穿上层后插入下层 20～30mm；插捣时捣棒应保持垂直，不得倾斜。然后应用抹刀沿试模内壁插拔数次；

c.每层插捣次数按在 10000mm^2 截面积内不得少于 12 次；

d.插捣后应用橡皮锤轻轻敲击试模四周，直至插捣棒留下的空洞消失为止。

③用插入式振捣棒振实制作试件应按下述方法进行：

a.将混凝土拌合物一次装入试模，装料时应用抹刀沿各试模壁插捣，并使混凝土拌合物高出试模口；

b.宜用直径为 ϕ25mm 的插入式振捣棒，插入试模振捣时，振捣棒距试模底板 10～20mm 且不得触及试模底板，振动应持续到表面出浆为止，且应避免过振，以防止混凝土离析；一般振捣时间为 20s。振捣棒拔出时要缓慢，拔出后不得留有孔洞；

c.刮除试模上口多余的混凝土，待混凝土临近初凝时，用抹刀抹平。

（2）试件的养护

1）试件成型后应立即用不透水的薄膜覆盖表面。

2）采用标准养护的试件，应在温度为 20±5℃的环境中静置一昼夜至二昼夜，然后编号、拆模。拆模后应立即放入温度为 20±2℃，相对湿度为 95%以上的标准养护室中养护，或在温度为 20±2℃的不流动的氢氧化钙饱和溶液中养护。标准养护室内的试件应放在支架上，彼此间隔 10～20mm，试件表面应保持潮湿，并不得被水直接冲淋。

3）同条件养护试件的拆模时间可与实际构件的拆模时间相同，拆模后，试件仍需保持同条件养护。

4）标准养护龄期为 28d（从搅拌加水开始计时）。

（3）试验记录

试件制作和养护的试验记录内容应符合《普通混凝土力学性能试验方法标准》（GB/T50081-2002）第 1.0.3 条第 2 款的规定。

第 4 单元　建筑砂浆及现场检验

砂浆是由胶凝材料、细骨料、掺加料和水配制而成的建筑工程材料。它与普通混凝土的主要区别是组成材料中没有粗骨料,因此,建筑砂浆也称为细骨料混凝土。建筑砂浆的作用主要有以下几个方面:在结构工程中,把单块的砖、石、砌块等胶结起来构成砌体,砖墙的勾缝、大型墙板和各种构件的接缝也离不开砂浆;在装饰工程中,墙面、地面及梁柱结构等表面的抹灰,镶贴天然石材、人造石材、瓷砖、马赛克等也都要使用砂浆。

根据用途不同,建筑砂浆可分为砌筑砂浆、抹面砂浆(普通抹面砂浆、装饰砂浆等)、特种砂浆(防水砂浆、隔热砂浆、耐腐蚀砂浆、吸声砂浆等)。

按所用的胶凝材料不同,建筑砂浆分为水泥砂浆、石灰砂浆、混合砂浆和聚合物水泥砂浆等。本节着重介绍砌筑砂浆和普通抹面砂浆。

第 1 讲　砌筑砂浆

一、砌筑砂浆的原材料

砌筑砂浆是将砖、石、砌块等块材粘结为砌体的砂浆。在工程中它起着粘结、衬垫和传递荷载的作用,其主要品种有水泥砂浆和水泥混合砂浆。

水泥砂浆是由水泥、细骨料和水配制的砂浆;水泥混合砂浆是由水泥、细骨料、掺加料和水配制的砂浆(如水泥石灰砂浆、水泥黏土砂浆等)。

砌筑砂浆组成材料的选择如下。

1.水泥

应根据砂浆用途、所处环境条件选择水泥的品种。砌筑砂浆宜采用砌筑水泥、普通水泥、矿渣水泥、火山灰水泥和粉煤灰水泥。对用于混凝土小型空心砌块的砌筑砂浆,一般宜采用普通水泥或矿渣水泥。

砌筑砂浆所用水泥的强度等级,应根据设计要求进行选择。水泥砂浆不宜采用强度等级大于 32.5 级的水泥;水泥混合砂浆不宜采用强度等级大于 42.5 级的水泥。严禁使用废品水泥和不合格水泥。

2.砂

砌筑砂浆宜采用中砂,其中毛石砌体宜选用粗砂。砂的含泥量不应超过 5%。强度等级为 M2.5 的水泥混合砂浆,砂的含泥量不应超过 10%。砂中含泥量过大,不但会增加砂浆的水泥用量,还会使砂浆的收缩值增大,耐久性降低,影响砌筑质量。M5 级及以上的水泥混合砂浆,如砂的含泥量过大,对强度会有明显的影响。

3.掺加料与外加剂

为改善砂浆的和易性,砂浆中可加入无机材料(如石灰膏、黏土膏等)或外加剂。

石灰膏应充分熟化，为了保证石灰膏的质量，要求石灰膏应防止干燥、冻结和污染。严禁使用脱水硬化的石灰膏，因为这种石灰膏不但起不到塑化作用，还会影响砂浆强度。

黏土膏应采用黏土或亚黏土制备，并应过筛（筛孔径 3mm×3mm），达到所需细度，从而起到塑化作用。黏土中有害物质主要是有机物质，其含量过高会降低砂浆质量。有机物质含量采用比色方法确定，低于规定的含量才可使用。

砌筑砂浆中掺入砂浆外加剂是发展方向。外加剂包括：微沫剂、减水剂、早强剂、促凝剂、缓凝剂、防冻剂等。

微沫剂是用松香与工业纯碱熬制成的一种憎水性有机表面活性物质，掺入砂浆中经强力搅拌，会形成许多微小气泡，能增强水泥的分散性，从而改善砂浆的和易性。砌筑砂浆中使用的外加剂，应具有法定检测机构出具的检测报告，并经砂浆性能试验合格后，方可使用。

二、砌筑砂浆的性质

砌筑砂浆应具有良好的和易性、足够的抗压强度、粘结强度和耐久性。

1.和易性

和易性良好的砂浆便于操作，能在砖、石表面上铺成均匀的薄层，并能很好地与底层粘结。和易性包括稠度和保水性两个方面。

（1）稠度。

砂浆稠度（又称流动性）表示砂浆在自重或外力作用下流动的性能，用沉入度表示。

沉入度值通过试验测定，以标准圆锥体在砂浆内自由下沉 10s 时，沉入量数值（mm）表示。其值愈大则砂浆流动性愈大，但此值过大会降低砂浆强度，过小又不便于施工操作。工程中砌筑砂浆适宜的稠度应按表 2—32 选用。

表 2—32　砌筑砂浆的稠度

砌体种类	砂浆稠度/mm
烧结普通砖砌体	70~90
轻骨料混凝土空心砌块砌体	60~90
烧结多孔砖、空心砖砌体	60~80
烧结普通砖平拱式过梁 空斗墙、筒拱 普通混凝土小型空心砌块砌体 加气混凝土砌块砌体	50~70
石砌体	30~50

（2）保水性。

保水性是指砂浆能够保持水分的性能，用分层度表示。

分层度通过分层度仪测定，将拌好的砂浆置于容器中，测其试锥沉入砂浆的深度，即沉入度 K_1，静止 30min 后，去掉上面一层 20cm 厚度的砂浆，将下面剩余 10cm 砂浆倒出拌和均匀，测其沉入度 K_2，两次沉入度差（$K_1- K_2$）称为分层度，以 mm 表示。砌筑砂浆分层度不应大于 30mm，其中混凝土小型砌块砌筑砂浆分层度应为 10～30mm。分层度过小的砂浆，因析水过慢，干燥时易产生裂缝；分层度过大的砂浆，易产生离析，不便于施工。

2.抗压强度

砂浆硬化后在砌体中主要传递压力，所以砌筑砂浆应具有足够的抗压强度。确定砌筑砂浆的强度，应按标准试验方法制成 7.07mm 的立方体标准试件，在标准条件下养护 28d 测其抗压强度，并以 28d 抗压强度值来划分砂浆的强度等级。

砌筑砂浆共分为 M20、M15、M10、M7.5、M5、M2.5 共 6 个强度等级。其中混凝土小型空心砌块砌筑砂浆强度等级用 Mb 表示，分为 Mb25、Mb20、Mb15、Mb10、Mb7.5、Mb5 共 6 个强度等级。各强度等级相应的强度指标见表 2—33。

表 2—33　砂浆强度指标

强度等级		抗压极限强度/MPa
砌筑砂浆	混凝土小型空心砌块砌筑砂浆	
	Mb25.0	25.0
M20.0	Mb20.0	20.0
M15.0	Mb15.0	15.0
M10.0	Mb10.0	10.0
M7.5	Mb7.5	7.5
M5.0	Mb5.0	5.0
M2.5		2.5

3.粘结强度与耐久性

砌筑砂浆必须有足够的粘结强度，以便将砖、石、砌块粘结成坚固的砌体。从砌体的整体性来看，砂浆的粘结强度较抗压强度更为重要。根据试验结果，凡保水性能优良的砂浆，粘结强度一般较好。砂浆强度等级越高，其粘结强度也越大。此外砂浆粘结强度还与砖石表面清洁度、润湿情况及养护条件有关。砌砖前砖要浇水湿润，其含水率控制在 10%～15% 为宜。其目的就是为了提高砖与砂浆之间的粘结强度。

考虑耐久性，对有冻融循环次数要求的砌筑砂浆，经冻融试验后，质量损失率不得大于 5%，抗压强度损失率不得大于 25%。

4.密度

水泥砂浆拌和物的堆积密度不宜小于 1900kg/m³；水泥混合砂浆拌和物的堆积密度不宜小于 1800kg/m³。

第 2 讲　抹面砂浆

普通抹面砂浆也称抹灰砂浆，以薄层抹在建筑物内外表面，保持建筑物不受风、雨、雪、大气等有害介质侵蚀，提高建筑物的耐久性，同时使表面平整、美观。

一、普通抹面砂浆的种类及选用

常用的抹面砂浆有石灰砂浆、水泥混合砂浆、水泥砂浆、麻刀石灰浆（简称麻刀灰）、纸筋石灰浆（简称纸筋灰）等。

为了保证砂浆层与基层粘结牢固，表面平整，防止灰层开裂，应采用分层薄涂的方法。通常分底层、中层和面层施工。各层抹面的作用和要求不同，所以每层所选用的砂浆也不一样。同时，基层材料的特性和工程部位不同，对砂浆技术性能要求也不同，这也是选择砂浆种类的主要依据。

底层抹灰的作用是使砂浆与基面能牢固地粘结。中层抹灰主要是为了找平，有时可省略。面层抹灰是为了获得平整光洁的表面效果。

用于砖墙的底层抹灰，多为石灰砂浆；有防水、防潮要求时用水泥砂浆；用于混凝土基层的底层抹灰，多为水泥混合砂浆；中层抹灰多用水泥混合砂浆或石灰砂浆；面层抹灰多用水泥混合砂浆、麻刀灰或纸筋灰。水泥砂浆不得涂抹在石灰砂浆层上。

在容易碰撞或潮湿部位，应采用水泥砂浆，如墙裙、踢脚板、地面、雨篷、窗台，以及水池、水井等处。在硅酸盐砌块墙面上做砂浆抹面或粘贴饰面材料时，最好在砂浆层内夹一层事先固定好的钢丝网，以免久后剥落。

二、抹面砂浆的配合比

确定抹面砂浆组成材料及配合比的主要依据是工程使用部位及基层材料的性质。下表为常用抹面砂浆参考配合比及应用范围。

表 2—34　常用抹面砂浆配合比及应用范围

抹面砂浆组成材料	配合比（体积比）	应用范围
石灰：砂	1：3	砖石墙面打底找平（干燥环境）
石灰：砂	1：1	墙面石灰砂浆面层
水泥：石灰：砂	1：1：6	内外墙面混合砂浆打底找平
水泥：石灰：砂	1：0.3：1	墙面混合砂浆面层
水泥：砂	1：2	地面、顶棚或墙面水泥砂浆面层
水泥：石膏：砂：锯末	1：1：3：5	吸声粉刷
石灰膏：麻刀	100：2.5（质量比）	木板条顶棚底层
石灰膏：麻刀	100：1.3（质量比）	木板条顶棚底层
石灰膏：纸筋	100：3.8（质量比）	木板条顶棚底层
石灰膏：纸筋	1m³ 石灰膏掺 3.6kg 纸筋	封面及顶棚

第 3 讲 预拌砂浆

一、基本特点

预拌砂浆，也称干混（拌）砂浆、干粉砂浆，是由专业生产厂家生产、经干燥筛分处理的细骨料与无机胶结料、矿物掺和料和外加剂按一定比例混合而成的一种颗粒状或粉状混合物，在施工现场按使用说明加水搅拌即成为砂浆拌和物。所以，干混砂浆又称为建筑业的"方便面"。产品的包装形式可分为散装或袋装。

干混砂浆品种主要有：砌筑砂浆（普通砌筑砂浆、混凝土砌块专用薄床砌筑砂浆、保温砌筑砂浆等），抹灰砂浆（包括内外墙打底抹灰、腻子、内外墙彩色装饰、隔热砂浆等），地平砂浆（普通地平砂浆、自流平砂浆），粘结砂浆（瓷板胶粘剂、勾缝、隔热复合系统专用粘结砂浆），特殊砂浆（修补砂浆、防水砂浆、硬化粉等）。

干混砂浆原材料由胶凝材料（水泥、石膏、石灰等）、细骨料（普通砂、石英砂、白云石、膨胀珍珠岩等）、矿物掺和物（矿渣、粉煤灰、火山灰、细硅石粉等）、外加剂（纤维素醚、淀粉醚、可再分散聚合物胶粉、减水剂、调凝剂、防水剂、消泡剂等）、纤维（抗碱玻璃纤维、聚丙烯纤维、高强高模聚乙烯醇纤维等）组成。

干混砂浆以 70.7mm×70.7mm×70.7mm 立方体试件 28d 标准养护的抗压强度划分等级。普通干混砂浆强度等级与传统砂浆的对应关系见表 2—35。

表 2—35 普通干混砂浆强度等级与传统砂浆的对应关系

种 类	强度等级	传统砂浆
砌筑砂浆 DM	2.5	M2.5 混合砂浆、M2.5 水泥砂浆
	5.0	M5.0 混合砂浆、M5.0 水泥砂浆
	7.5	M7.5 混合砂浆、M7.5 水泥砂浆
	10	M10 混合砂浆、M10 水泥砂浆
	15	M15 混合砂浆、M15 水泥砂浆
抹灰砂浆 DP	2.5	—
	5.0	1∶1∶6 混合砂浆
	7.5	—
	10	1∶1∶4 混合砂浆
地平砂浆 DS	15	—
	20	1∶2 水泥砂浆
	25	—

二、技术要点

普通干混砂浆技术要求见表 2—36。

表 2—36 普通干混砂浆技术要求

种类	砌筑砂浆	抹砂砂浆	地平砂浆
强度等级	DM2.5 DM5.0 DM7.5 DM10 DM15	DP2.5 DP5.0 DP7.5 DP10	DS15 DS20 DS25
稠度/mm	≤90	≤100	≤50
分层度/mm	≤20	≤20	≤20
保水性（%）	≥80	≥80	—
28d 抗压强度/MPa	≥其强度等级	≥其强度等级	≥其强度等级
凝结时间/h 初凝	≥2	≥2	≥2
凝结时间/h 终凝	≤10	≤10	≤10
抗冻性	满足设计要求		
收缩率（%）	≤0.5	≤0.5	≤0.5

第4讲　砌筑砂浆试件的取样与制作

一、抽样频率

每一楼层或 250m³ 砌体中的各种强度等级的砂浆，每台搅拌机应至少检查一次，每次至少应制作一组试块。如果砂浆强度等级或配合比变更时，还应制作试块。基础砌体可按一个楼层计。

二、试件制作

（1）砂浆试验用料可以从同一盘搅拌或同一车运送的砂浆中取出。施工中取样，应在使用地点的砂浆槽、砂浆运送车或搅拌机出料口，至少从三个不同部位采取。所取试样的数量应多于试验用量的 1～2 倍。砂浆拌合物取样后，应尽快进行试验。现场取来的试样，在试验前应经人工再翻拌，以保证其质量均匀。

（2）砂浆立方体抗压试件每组三块。其尺寸为 70.7mm×70.7mm×70.7mm。试模用铸铁或钢制成。试模应具有足够的刚度、拆装方便。试模内表面应机械加工，其不平度为每 100mm 不超过 0.05mm，组装后各相邻面的不垂直度不应超过 ±0.5°。制作试件的捣棒为直径 10mm，长 350mm 的钢棒，其端头应磨圆。

（3）砂浆立方体抗压试块的制作：

1）将有底试模放在预先铺有吸水较好的纸的普通黏土砖上（砖的吸水率不小于 10%，含水率不大于 20%），试模内壁事先涂刷薄层机油或脱模剂。

2）放于砖上的湿纸，应用新闻纸（或其他未粘过胶凝材料的纸）。纸的大小要以能盖过砖的四边为准，砖的使用面要求平整，凡砖的四个垂直面粘过水泥或其他胶结材料后，不允许再使用。

3）向试模内一次注满砂浆，用捣棒均匀地由外向里按螺旋方向插捣 25 次，为了防止低度砂浆插捣后，可能留下孔洞，允许用油灰刀沿模壁插捣数次。插捣完后砂浆应高出试模顶面 6～8mm；当砂浆表面开始出现麻斑状态时（约 15～30min），将高出部分的砂浆沿试模顶面削去抹平。

三、试件养护

（1）试件制作后应在 20±5℃温度环境下停置一昼夜（24h±2h），当气温较低时，可适当延长时间，但不应超过两昼夜，然后对试件进行编号并拆模。试件拆模后，应在标准养护条件下继续养护至 28d，然后进行试压。

（2）标准养护的条件是：

1）水泥混合砂浆应为：温度（20±3）℃，相对湿度 60%～80%。

2）水泥砂浆和微沫砂浆应为：温度（20±3）℃，相对湿度 90% 以上。

3）养护期间，试件彼此间隔不少于 10mm。

（3）当无标准养护条件时，可采用自然养护。

1）水泥混合砂浆应在正温度、相对湿度为 60%～80% 的条件下（如养护箱中或不通风的室内）养护。

2）水泥砂浆和微沫砂浆应在正温度并保持试块表面湿润的状态下（如湿砂堆中）养护。

3）养护期间必须作好温度记录。在有争议时，以标准养护为准。

第3部分

建筑钢筋及钢材

第1单元　钢材的分类与性质

第1讲　钢材的分类

一、按冶炼方法分类

炼钢的过程是把熔融的生铁进行氧化，使碳的含量降低到预定的范围，其他杂质降低到允许范围。在炼钢的过程中，采用的炼钢方法不同，除掉杂质的程度就不同，所得钢的质量也有差别。建筑钢材一般分转炉钢、平炉钢和电炉钢三种。

二、按脱氧程度分类

钢在熔炼过程中不可避免地产生部分氧化铁并残留在钢水中，降低了钢的质量。因此，在铸锭过程中要进行脱氧处理，脱氧程度不同，钢材的性能就不同。因此，钢材又可分为沸腾钢、镇静钢、半镇静钢和特殊镇静钢。

1.沸腾钢

沸腾钢是指炼钢过程中仅用弱脱氧剂锰铁进行脱氧，脱氧不完全的钢。由于钢水中残存的 FeO 与 C 化合生成 CO，在铸锭时有大量的气泡外逸，状似沸腾，因此得名。其组织不够致密，有气泡夹杂，所以质量较差，但成品率高，成本低。

2.镇静钢

镇静钢是指炼钢过程中用必要数量的硅、锰和铝等脱氧剂进行彻底脱氧。由于脱氧充分，在铸锭时钢水平静地凝固，因此得名。其组织致密，化学成分均匀，性能稳定，是质量较好的钢种。由于产率较低，因此成本较高，适用于承受振动冲击荷载或重要的焊接钢结构中。

3.半镇静钢

半镇静钢脱氧程度、质量及成本均介于沸腾钢和镇静钢之间。

4.特殊镇静钢

特殊镇静钢质量和性能均高于镇静钢，成本也高于镇静钢。

建筑工程中，主要使用沸腾钢、半镇静钢和镇静钢。

三、按化学成分分类

按合金元素含量将钢分为非合金钢（碳素钢）、低合金钢（合金元素总含量≤5%）和合金钢三类，主要合金元素的含量应满足表 3—1 的规定。

表 3—1　非合金钢、低合金钢和合金钢主要合金元素规定含量界限值

项目 合金元素		Cr	Co	Cu	Mn	Mo	Ni	Nb	Si	Ti	V	Zr	La 系（第一种元素）
合金元素规定含量界限值（%）	非合金钢<	0.30	0.10	0.10	1.00	0.05	0.30	0.02	0.50	0.05	0.04	0.05	0.02
	低合金钢	0.30~0.50	—	0.10~0.50	1.00~1.40	0.05~0.10	0.30~0.05	0.02~0.06	0.50~0.90	0.05~0.13	0.04~0.12	0.05~0.12	0.02~0.05
	合金刚≥	0.50	0.10	0.50	1.40	0.10	0.50	0.06	0.90	0.13	0.12	0.12	0.05

注：1.当 Cr、Co、Mo、Ni 四种元素，有其中两种、三种或四种元素同时规定在钢中时，对于低合金钢，应同时考虑这些元素中每种元素的规定含量，所有这些元素的规定含量总和，应不大于规定的两种、三种或四种元素中每种元素最高界限值总和的 70%。如果这些元素的规定含量总和大于规定的元素中每种元素最高界限值总和的 70%，即使这些元素每种元素的规定含量低于规定的最高界限值，也应划入合金钢。

2.上述原则也适用于 Nb、Ti、V、Zr 四种元素。

非合金钢中的合金元素往往是在炼钢过程中残留在钢中的，其含量较低，对钢性能影响大的是碳的含量，故称非合金钢为碳素钢。按含碳量不同，非合金钢（碳素钢）可分为低碳钢（碳含量≤0.25%）、中碳钢（碳含量为 0.25%~0.6%）和高碳钢（碳含量>0.6%）。建筑工程中，钢结构和钢筋混凝土结构用钢，主要使用碳素钢和低合金钢加工成的产品，合金钢亦有少量应用。

四、按品质分类

根据钢材中硫、磷的含量，分成普通钢 [$w(P)$≤0.045%，$w(S)$=0.050%]、优质钢（磷和硫的含量均不大于 0.035%）、高级优质钢 [$w(P)$≤0.035%，$w(S)$≤0.030%]。建筑工程主要应用的是普通质量和优质的碳素钢及低合金钢，部分热轧钢筋则是用优质合金钢轧制而成。

五、按用途分类

按主要用途，将钢分为建筑及工程用钢（普通碳素结构钢、低合金结构钢、钢筋）、结构钢、工具钢和特殊性能钢等。

六、按成型方法分类

按成型方法分为锻钢、铸钢、热轧钢、冷轧钢、冷拔钢。

第2讲 钢材的性质

一、钢材基本性质

钢材的性质包括强度、弹性、塑性、韧性以及硬度等内容。

1.抗拉强度

建筑钢材的抗拉强度包括屈服强度、极限抗拉强度、疲劳强度。

（1）屈服强度（或称为屈服极限）。

钢材在静载作用下，开始丧失对变形的抵抗能力，并产生大量塑性变形时的应力。如图3—1所示，在屈服阶段，锯齿形的最高点所对应的应力称为上屈服点（$B_上$）；最低点对应的应力称为下屈服点（$B_下$）。因上屈服点不稳定，所以国标规定以下屈服点的应力作为钢材的屈服强度，用σ_s表示。中、高碳钢没有明显的屈服点，通常以残余变形为0.2%的应力作为屈服强度，用$\sigma_{0.2}$表示，如图3—2所示。

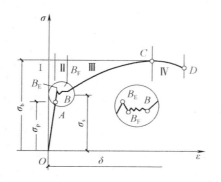

图3—1 低碳钢拉伸$\sigma - \varepsilon$图

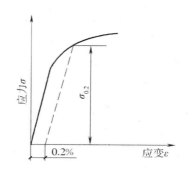

图3—2 中、高碳钢的条件屈服点

屈服强度对钢材的使用有着重要的意义，当构件的实际应力达到屈服点时，将产生不可恢复的永久变形，这在结构中是不允许的，因此屈服强度是确定钢材容许应力的主要依据。

（2）极限抗拉强度（简称抗拉强度）。

钢材在拉力作用下能承受的最大拉应力，如图3—2所示第Ⅲ阶段的最高点。抗拉强度虽然不能直接作为计算的依据，但屈服强度和抗拉强度的比值即屈强比，用$\dfrac{\sigma_s}{\sigma_b}$表示，在工程上很有意义。屈强比越小，结构的可靠性越高，即防止结构破坏的潜力越大；但此值太小时，钢材强度的有效利用率太低，合理的屈强比一般在0.6~0.75之间。因此屈服强度和抗拉强度是钢材力学性质的主要检验指标。

（3）疲劳强度。

钢材承受交变荷载的反复作用时，可能在远低于屈服强度时突然发生破坏，这种破坏称为疲劳破坏。钢材疲劳破坏的指标即疲劳强度，或称疲劳极限。疲劳强度是试件在交变应力作用下，不发生疲劳破坏的最大主应力值，一般把钢材承受交变荷载 106～107 次时不发生破坏的最大应力作为疲劳强度。

2.弹性

从图 3—1 可以看出，钢材在静荷载作用下，受拉的 OA 阶段，应力和应变成正比，这一阶段称为弹性阶段，具有这种变形特征的性质称为弹性。在此阶段中应力和应变的比值称为弹性模量，即 $E=\dfrac{\sigma}{\varepsilon}$，单位 MPa。

弹性模量是衡量钢材抵抗变形能力的指标，E 越大，使其产生一定量弹性变形的应力值也越大；在一定应力下，产生的弹性变形越小。在工程上，弹性模量反映了钢材的刚度，是钢材在受力条件下计算结构变形的重要指标。建筑常用碳素结构钢 Q235 的弹性模量 $E=$（2.0～2.1）$\times 10^5$MPa。

3.塑性

建筑钢材应具有很好的塑性，在工程中，钢材的塑性通常用伸长率（或断面收缩率）和冷弯来表示。

（1）伸长率。是指试件拉断后，标距长度的增量与原标距长度之比，符号 δ，常用％表示，如图 3—3 所示。

$$\delta=\frac{l_1-l_0}{l_0}\cdot 100\%$$

（3—1）

（2）断面收缩率。是指试件拉断后，颈缩处横截面积的减缩量占原横截面积的百分率，符号 φ，常以％表示。

为了测量方便，常用伸长率表征钢材的塑性。伸长率是衡量钢材塑性的重要指标，δ 越大，说明钢材塑性越好。伸长率与标距有关，对于同种钢材 $\delta_5 > \delta_{10}$。

（3）冷弯。是指钢材在常温下承受弯曲变形的能力。冷弯是通过检验试件经规定的弯曲程度后，弯曲处外面及侧面有无裂纹、起层、鳞落和断裂等情况进行评定的。一般用弯曲角度 a 以及弯心直径 d 与钢材厚度或直径 a 的比值来表示。如图 3—4 所示，弯曲角度越大，而 d 与 a 的比值越小，表明冷弯性能越好。

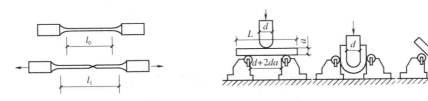

图 3—3 钢材的伸长率　　　　图 3—4 钢材冷弯试验

d-弯心直径；a-试件厚度或直径；a-冷弯角（90°）

冷弯也是检验钢材塑性的一种方法，并与伸长率存在有机的联系，伸长率大的钢材，其冷弯性能必然好，但冷弯试验对钢材塑性的评定比拉伸试验更严格、更敏感。冷弯有助于暴露钢材的某些缺陷，如气孔、杂质和裂纹等。在焊接时，局部脆性及接头缺陷都可通过冷弯而发现，所以钢材的冷弯不仅是评定塑性、加工性能的要求，而且也是评定焊接质量的重要指标之一。对于重要结构和弯曲成型的钢材，冷弯必须合格。

塑性是钢材的重要技术性质，尽管结构是在弹性阶段使用的，但其应力集中处，应力可能超过屈服强度，一定的塑性变形能力，可保证应力重新分配，从而避免结构的破坏。

4.冲击韧性

冲击韧性是指钢材抵抗冲击荷载而不破坏的能力。规范规定是以刻槽的标准试件，在冲击试验的摆锤冲击下，以破坏后缺口处单位面积上所消耗的功来表示，符号 ak，单位 J，如图 3—5 所示。a_k 越大，冲断试件消耗的能量越多，或者说钢材断裂前吸收的能量越多，说明钢材的韧性越好。

钢材的冲击韧性与钢的化学成分，冶炼与加工有关。一般来说，钢中的 P、S 含量较高，夹杂物以及焊接中形成的微裂纹等都会降低冲击韧性。

此外，钢的冲击韧性还受温度和时间的影响。常温下，随温度的下降，冲击韧性降低很小，此时破坏的钢件断口呈韧性断裂状；当温度降至某一温度范围时，a_k 突然发生明显下降，如图 3—6 所示，钢材开始呈脆性断裂，这种性质称为冷脆性，发生冷脆性时的温度（范围）称为脆性临界温度（范围）。低于这一温度时，a_k 降低趋势又缓和，但此时 a_k 值很小。在北方严寒地区选用钢材时，必须对钢材的冷脆性进行评定，此时选用的钢材的脆性临界温度应比环境最低温度低些。由于脆性临界温度的测定工作复杂，规范中通常是根据气温条件规定-20℃或-40℃的负温冲击值指标。

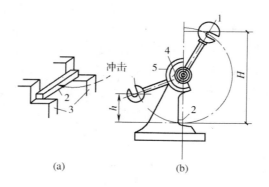

图 3—5 冲击韧性试验原理图

（a）试件装置；（b）摆冲式试验机工作原理图

1-摆锤；2-试件；3-试验台；4-刻度盘；5-指针

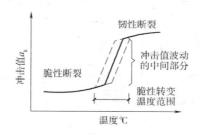

图 3—6　温度对冲击韧性的影响

5.硬度

硬度是在表面局部体积内，抵抗其他较硬物体压入产生塑性变形的能力，通常与抗拉强度有一定的关系。目前测定钢材硬度的方法很多，最常用的有布氏硬度，以 HB 表示。

建筑钢材常以屈服强度、抗拉强度、伸长率、冷弯、冲击韧性等性质作为评定牌号的依据。

二、钢材的组成对其性能影响

1.钢材的组成

钢是铁碳合金，除铁、碳外，由于原料、燃料、冶炼过程等因素使钢材中存在大量的其他元素，如硅、氧、硫、磷、氮等，合金钢是为了改性而有意加入一些元素，如锰、硅、钒、钛等。

钢材中铁和碳原子结合有三种基本形式：固溶体、化合物和机械混合物。固溶体是以铁为溶剂，碳为溶质所形成的固体溶液，铁保持原来的晶格，碳溶解其中；化合物是 Fe、C 化合成化合物（Fe_3C），其晶格与原来的晶格不同；机械混合物是由上述固溶体与化合物混合而成。所谓钢的组织就是由上述的单一结合形式或多种形式构成的，具有一定形态的聚合体。钢材的基本组织有铁素体、渗碳体和珠光体三种。

（1）铁素体是碳在铁中的固溶体，由于原子之间的空隙很小，对 C 的溶解度也很小，接近于纯铁，因此它赋予钢材以良好的延展性、塑性和韧性，但强度、硬度很低。

（2）渗碳体是铁和碳组成的化合物 Fe_3C，含碳量达 6.67%，性质硬而脆，是碳钢的主要强度组分。

（3）珠光体是铁素体和渗碳体的机械混合物，其强度较高，塑性和韧性介于上述二者之间。

三种基本组织的力学性质见表 3—2。

表 3—2　基本组织成分及力学性质

名称	组织成分	抗拉强度 /MPa	延伸率 /(%)	布氏硬度 HB
铁素体	钢的晶体组织中溶有少量碳的纯铁	343	40	80
珠光体	由一定比例的铁素体和渗碳体所组成(含碳量为 0.80%)	833	10	200
渗碳体	钢的晶体组织中的碳化铁(Fe_3C)晶粒	343 以下	0	600

当 C=0.8% 时全部具有珠光体的钢称为共析钢；当 C 含量低于 0.8% 时的钢称为亚共析钢；当 C 含量高于 0.8% 时的钢称为过共析钢。建筑钢材都是亚共析钢。钢材共析、含碳量与组织成分的关系见表 3—3。

表 3—3　共析与含碳量的关系

名称	含碳量	组织成分
亚共析钢	<0.80	珠光体＋铁素体
共析钢	0.80	珠光体
过共析钢	>0.80	珠光体＋渗碳体

2.化学成分对钢材性质的影响

（1）碳。

碳是决定钢材性质的主要元素。

碳对钢材力学性质影响如图 3—7 所示。随着含碳量的增加，钢材的强度和硬度相应提高，而塑性和韧性相应降低。当含碳量超过 1% 时，钢材的极限强度开始下降。此外，含碳量过高还会增加钢的冷脆性和时效敏感性，降低抗大气腐蚀性和可焊性。

（2）磷、硫。

磷与碳相似，能使钢的屈服点和抗拉强度提高，塑性和韧性下降，显著增加钢的冷脆性，磷的偏析较严重，焊接时焊缝容易产生冷裂纹，所以磷是降低钢材可焊性的元素之一。因此在碳钢中，磷的含量有严格的限制，但在合金钢中，磷可改善钢材的抗大气腐蚀性，也可作为合金元素。

硫在钢材中以 FeS 形式存在，FeS 是一种低熔点化合物，当钢材在红热状态下进行加工或焊接时，FeS 已熔化，使钢的内部产生裂纹，这种在高温下产生裂纹的特性称为热脆性。热脆性大大降低了钢的热加工性和可焊性。此外，硫偏析较严重，降低了冲击韧性、疲劳强度和抗腐蚀性，因此在碳钢中，硫也要严格限制其含量。

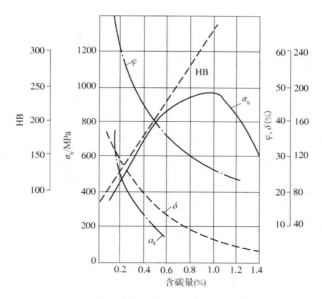

图 3—7　含碳量对热轧碳素钢性质的影响

σ_b-抗拉强度；a_k-冲击韧性；HB-硬度；δ-伸长率；φ-断面收缩率

（3）氧、氮。

氧和氮都能部分溶于铁素体中，大部分以化合物形式存在，这些非金属夹杂物，降低了钢材的力学性质，特别是严重降低了钢的韧性，并能促进时效，降低可焊性，所以在钢材中氧和氮都有严格的限制。

（4）硅、锰。

硅和锰是在炼钢时为了脱氧去硫而有意加入的元素。由于硅与氧的结合能力很大，因而能夺取氧化铁中的氧形成二氧化硅进入钢渣中，其余大部分硅溶于铁素体中，当含量较低时（<1%），可提高钢的强度，对塑性、韧性影响不大。锰对氧和硫的结合力分别大于铁对氧和硫的结合力，因此锰能使有害的 FeO、FeS 分别形成 MnO、MnS 而进入钢渣中，其余的锰溶于铁素体中，使晶格歪扭阻止滑移变形，显著地提高了钢的强度。

总之，化学元素对钢材性能有着显著的影响，因此在钢材标准中都对主要元素的含量加以规定。化学元素对钢材性能的影响见表 3—4。

表 3—4　化学元素对钢材性能的影响

化学元素	对钢材性能的影响
碳(C)	C↑强度、硬度↑,塑性、韧性↓,可焊性、耐蚀性↓,冷脆性、时效敏感性↑;C 含量>1%,C↑强度↑
硅(Si)	Si 含量<1%,Si↑强度↑;Si 含量>1%,Si↑塑性韧性↓↓,可焊性↓,冷脆性
锰(Mn)	Mn↑强度、硬度、韧性↑,耐磨、耐蚀性↑,热脆性↓,Si、Mn 为主加合金元素
钛(Ti)	Ti↑强度↑↑,韧性↑,塑性、时效↓
钒(V)	V↑强度↑,时效↓
铌(Nb)	Nb↑强度↑,塑性、韧性↑,Ti、V、Nb 为常用合金元素
磷(P)	P↑强度↑,塑性、韧性、可焊性↓↓,偏析、冷脆性↑↑,耐蚀性↓
氮(N)	与 C、P 相似,在其他元素配合下 P、N 可作合金元素
硫(S)	偏析↑力学性能、耐蚀性、可焊性↓↓
氧(O)	力学性能、可焊性↓,时效↑,S、O 属杂质

注：本表中↑表示提高，↑↑表示显著提高。

第 2 单元　建筑用钢筋

　　钢筋是由轧钢厂将炼钢厂生产的钢锭经专用设备和工艺制成的条状材料。在钢筋混凝土和预应力钢筋混凝土中,钢筋属于隐蔽材料,其品质优劣对工程影响较大。钢筋抗拉能力强,在混凝土中加钢筋,使钢筋和混凝土粘结成一整体,构成钢筋混凝土构件,就能弥补混凝土的不足。

　　我国的钢筋用量非常大,虽然政府已采取了多项管理措施,但是钢筋方面的制劣、售劣、用劣行为并未得到根本性的遏制。全国目前仍有数百家无生产许可证而生产带肋钢筋的小企业,其中有一些企业还在用"地条钢坯"轧制带肋钢筋,每年有上百万吨不合格钢筋流入市场,假冒伪劣钢筋会给工程质量带来重大安全隐患,轻者建筑工程寿命缩短,重者桥梁断裂、房屋倒塌,而且由于劣质钢筋不讲工艺、质量,低价抛售,严重扰乱了正常的市场经营秩序,给国家钢铁总量控制、调整产品结构、促进产品质量提高带来了严重的冲击。所以从事建筑施工管理的人员均应加强防范,防止假冒伪劣的不合格钢筋混入建筑工地。

第 1 讲　钢筋牌号

　　钢筋的牌号是人们给钢筋所取的名字,牌号不仅表明了钢筋的品种,而且还可以大致判断其质量。

　　按钢筋的牌号分类,钢筋主要可分为以下几种：

钢筋的牌号为 HRB335；HRBF335；HRB400；HRBF400；HRB500；HRBF500；HPB235；CRB550 等。

牌号中的 HRB 分别为热轧、带肋、钢筋三个词的英文首位字母，后面的数字是表示钢筋的屈服强度最小值。

牌号中 HRBF 分别为热轧、带肋、钢筋、细晶粒四个词的英文首位字母，后面数字是表示钢筋屈服强度最小值。

牌号中的 HPB 分别为热轧、光圆、钢筋三个词的英文首位字母，后面的数字是表示钢筋的屈服强度最小值。

牌号中的 CRB 分别为冷轧、带肋、钢筋三个词的英文首位字母，后面的数字是表示钢筋的抗拉强度最小值。

工程图纸中，用牌号为 Q235 碳素结构钢制成的热轧光圆钢筋（包括盘圆）常用符号"Φ"表示；牌号为 HRB335 的钢筋混凝土用热轧带肋钢筋常用符号"Φ"表示；牌号为 HRB400 的钢筋混凝土用热轧带肋钢筋常用符号"Φ"表示。

第 2 讲　工程中常用的钢筋

工程中经常使用的钢筋品种有：钢筋混凝土用热轧带肋钢筋、钢筋混凝土用热轧光圆钢筋、低碳钢热轧圆盘条、冷轧带肋钢筋、钢筋混凝土用余热处理钢筋等。建筑施工所用钢筋必须与设计相符，并且满足产品标准要求。

1.钢筋混凝土用热轧带肋钢筋

钢筋混凝土用热轧带肋钢筋（俗称螺纹钢）是最常用的一种钢筋，它是用低合金高强度结构钢轧制成的条形钢筋，通常带有 2 道纵肋和沿长度方向均匀分布的横肋，按肋纹的形状又分为月牙肋和等高肋。由于表面肋的作用，钢筋和混凝土有较大的粘结能力，因而能更好地承受外力的作用，适用于作为非预应力钢筋、箍筋、构造钢筋。热轧带肋钢筋经冷拉后还可作为预应力钢筋。热轧带肋钢筋牌号的构成及含义见表 3—5。热轧带肋钢筋直径范围为 6～50mm。推荐的公称直径（与该钢筋横截面面积相等的圆所对应的直径）为 6、8、10、12、16、20、25、32、40、50mm。月牙肋钢筋表面及截面形状如图 3—8 所示；等高肋钢筋表面及截面形状如图 3—9 所示。

表 3—5　热轧带肋钢筋牌号的构成和含义

类别	牌号	牌 号 构 成	英文字母含义
普通 热轧钢筋	HRB335	由 HRB＋屈服强度 特征值构成	HRB—热轧带肋钢筋的英文 (Hot rolled Ribbed Bars)缩写。
	HRB400		
	HRB500		
细晶粒 热轧钢筋	HRBF335	由 HRBF＋屈服强 度特征值构成	HRBF—在热轧带肋钢筋的英 文缩写后加"细"的英文(Fine)首 位字母。
	HRBF400		
	HRBF500		

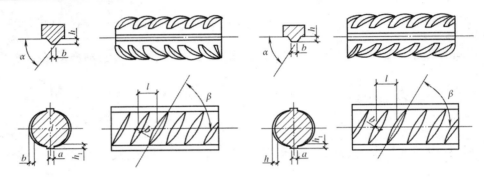

图 3—8　月牙肋钢筋表面及截面形状

d-钢筋内径；a-横肋斜角；h-横肋高；β-横肋与轴线夹角；h_1-纵肋高度；a-纵肋顶宽；l-横肋间距；b-横肋顶宽

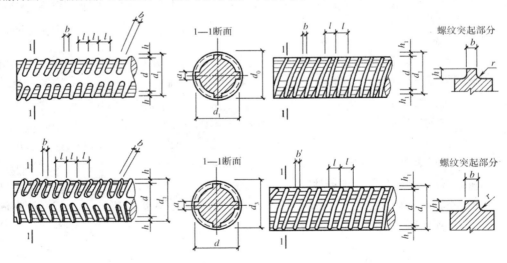

图 3—9　等高肋钢筋表面及截面形状

d-钢筋内径；a-纵肋宽度；h-横肋高度；b-横肋顶宽；h_1-纵肋高度；l-横肋间距；r-横肋根部圆弧半径

2.钢筋混凝土用热轧光圆钢筋

热轧光圆钢筋是经热轧成型并自然冷却而成的横截面为圆形，且表面为光滑的钢筋混凝土配筋用钢材，其钢种为碳素结构钢，其牌号为 HPB235 和 HPB300。适用于作为非预应力钢筋、箍筋、构造钢筋、吊钩等。热轧光圆钢筋的直径范围为 8～22mm。推荐的公称直径为 8、10、12、16、20mm。

3.低碳钢热轧圆盘条

热轧盘条是热轧型钢中截面尺寸最小的一种，大多通过卷线机卷成盘卷供应，故称盘条或盘圆。低碳钢热轧圆盘条由屈服强度较低的碳素结构钢轧制，是目前用量最大、使用最广的线材，适用于非预应力钢筋、箍筋、构造钢筋、吊钩等。热轧圆盘条又是冷拔低碳钢丝的主要原材料，用热轧圆盘条冷拔而成的冷拔低碳钢丝可作为预应力钢丝，用于小型预应力构件（如多孔板等）或其他构造钢筋、网片等。热轧盘条的直径范围为 5.5～14.0mm。常用的公称直径为 5.5、6.0、6.5、7.0、8.0、9.0、10.0、11.0、12.0、13.0、14.0mm。

4.冷轧带肋钢筋

冷轧带肋钢筋是以碳素结构钢或低合金热轧圆盘条为母材，经冷轧（通过轧钢机轧成表面有规律变形的钢筋）或冷拔（通过冷拔机上的孔模，拔成一定截面尺寸的细钢筋）减径后在其表面冷轧成三面（或二面）有肋的钢筋，提高了钢筋和混凝土之间的粘结力。冷轧带肋钢筋分为 CRB550、CRB650、CRB800、CRB970 四个牌号。CRB550 为普通混凝土用钢筋，其他牌号适用于作为小型预应力构件的预应力钢筋、箍筋、构造钢筋、网片等。与热轧圆盘条相比较，冷轧带肋钢筋的强度提高了 17%左右。冷轧带肋钢筋的直径范围为 4～12mm。三面肋钢筋表面及截面形状如图 3—10 所示。

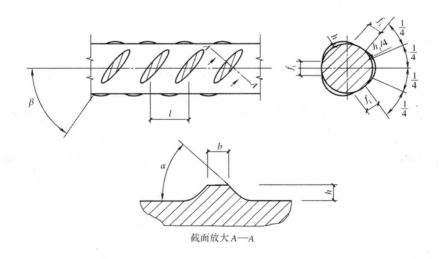

图 3—10 三面肋钢筋表面及截面形状

a-横肋斜角；β-横肋与钢筋轴线夹角；h-横肋中点高；l-横肋间距；b-横肋顶宽；f_i-横肋间隙

5.钢筋混凝土用余热处理钢筋

钢筋混凝土用余热处理钢筋是指低合金高强度结构钢经热轧后立即穿水，进行表面控制冷却,然后利用芯部余热自身完成回火处理所得的成品钢筋。其性能均匀,晶粒细小,在保证良好塑性、焊接性能的条件下,屈服点约提高10%,用作钢筋混凝土结构的非预应力钢筋、箍筋、构造钢筋,可节约材料并提高构件的安全可靠性。余热处理月牙肋钢筋的级别为Ⅲ级,强度等级代号为KL400(其中"K"表示"控制")。余热处理钢筋的直径范围为8~40mm。推荐的公称直径为8、10、12、16、20、25、32、40mm。

第 3 单元　型钢、钢板及钢管

第 1 讲　型钢

建筑中的主要承重结构,常使用各种规格的型钢,来组成各种形式的钢结构。钢结构常用的型钢有圆钢、方钢、扁钢、工字钢、槽钢、角钢等。型钢由于截面形式合理,材料在截面上的分布对受力有利,且构件间的连接方便。所以,型钢是钢结构中采用的主要钢材。钢结构用钢的钢种和牌号,主要根据结构的重要性、荷载特征、结构形式、应力状态、连接方法、钢材厚度和工作环境等因素选择。对于承受动力荷载或振动荷载的结构、处于低温环境的结构,应选择韧性好,脆性临界温度低的钢材。对于焊接结构应选择焊接性能好的钢材。我国钢结构用热轧型钢主要采用的是碳素结构钢和低合金高强度结构钢。

一、热轧扁钢

热轧扁钢是截面为矩形并稍带钝边的长条钢材,主要由碳素结构钢或低合金高强度结构钢制成。

其规格以厚度×宽度的毫米数表示,如"4×25",即表示厚度为4mm,宽度为25mm的扁钢。在建筑工程中多用作一般结构构件,如连接板、栅栏、楼梯扶手等。

扁钢的截面为矩形,其厚度为3~60mm,宽度为10~150mm。截面图及标注符号如图3—11所示。

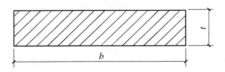

图 3—11　热轧扁钢规格

t-扁钢厚度;*b*-扁钢宽度

扁钢的截面尺寸、允许偏差应符合表3—6的规定。

表3—6 扁钢尺寸允许偏差（单位：mm）

宽 度			厚 度		
尺 寸	允许偏差		尺寸	允许偏差	
	普通级	较高级		普通级	较高级
10～50	+0.5 −1.0	+0.3 −0.9	3～16	+0.3 −0.5	+0.2 −0.4
>50～75	+0.6 −1.3	+0.4 −1.2			
>75～100	+0.9 −1.8	+0.7 −1.7	>16～60	+1.5% −3.0%	+1.0% −2.5%
>100～150	+1.0% −2.0%	+0.8% −1.8%			

二、热轧工字钢

热轧工字钢也称钢梁，是截面为工字形的长条钢材，主要由碳素结构钢轧制而成。其规格以腰高（h）×腿宽（b）×腰厚（d）的毫米数表示，如"工 160×88×6"，即表示腰高为 160mm，腿宽为 88mm，腰厚为 6mm 的工字钢。工字钢规格也可用型号表示，型号表示腰高的厘米数，如工 16 号。腰高相同的工字钢，如有几种不同的腿宽和腰厚，需在型号右边加 a 或 b 或 c 予以区别，如32a、32b、32c 等。热轧工字钢的规格范围为10 号～63 号。工字钢广泛应用于各种建筑钢结构和桥梁，主要用在承受横向弯曲的杆件。

热轧工字钢的截面图形及标注符号如图 3—12 所示。

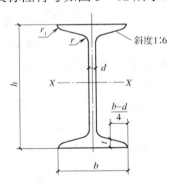

图 3—12 热轧工字钢截面

h-高度；b-腿宽度；d-腰厚度；t-平均腿厚度；r-内圆弧半径；r_1-腿端圆弧半径

热轧工字钢的高度h、腿宽度b、腰厚度d尺寸允许偏差应符合表3—7的规定。

表3—7 热轧工字钢截面尺寸允许偏差

型 号	允许偏差/mm		
	高度 h	腿宽度 b	腰厚度 d
≤14	±2.0	±2.0	±0.5
>14~18		±2.5	
>18~30	±3.0	±3.0	±0.7
>30~40		±3.5	±0.8
>40~63	±4.0	±4.0	±0.9

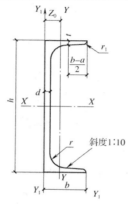

图3—13 热轧槽钢截面

h-高度；b-腿宽度；d-腰厚度；t-平均腿厚度；r-内圆弧半径；r₁-腿端圆弧半径

三、热轧槽钢

热轧槽钢是截面为凹槽形的长条钢材，主要由碳素结构钢轧制而成。其规格表示方法同工字钢。如 120×53×5,表示腰高为 120mm、腿宽为 53mm、腰厚为 5mm 的槽钢，或称 12 号槽钢。腰高相同的槽钢,如有几种不同的腿宽和腰厚,也需在型号右边加上 a 或 b 或 c 予以区别,如 25a、25b、25c 等。热轧槽钢的规格范围为 5 号~40 号。

槽钢主要用于建筑钢结构和车辆制造等，30 号以上可用于桥梁结构作受拉力的杆件,也可用作工业厂房的梁、柱等构件。槽钢常常和工字钢配合使用。

热轧槽钢的截面图示及标注符号如图 3—14 所示。

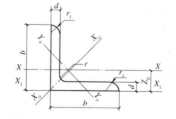

图3—14 热轧等边角钢截面

b-边宽度；d-边厚度；r-内圆弧半径；r₁-边端内圆弧半径

热轧槽钢的高度 h、腿宽度 b、腰厚度 d 尺寸允许偏差应符合表 3—8 的规定。

表 3—8　热轧槽钢截面尺寸允许偏差

型　号	允许偏差/mm		
	高度 h	腿宽度 b	腰厚度 d
5～8	±1.5	±1.5	±0.4
>8～14	±2.5	±2.0	±0.5
>14～18		±2.5	±0.6
>18～30	±3.0	±3.0	±0.7
>30～40		±3.5	±0.8

四、热轧等边角钢

热轧等边角钢（俗称角铁），是两边互相垂直成角形的长条钢材，主要由碳素结构钢轧制而成。其规格以边宽×边宽×边厚的毫米数表示。如 30×30×3，即表示边宽为 30mm、边厚为 3mm 的等边角钢。也可用型号表示，型号是边宽的厘米数，如 3 号。型号不表示同一型号中不同边厚的尺寸，因而在合同等单据上应将角钢的边宽、边厚尺寸填写齐全，避免单独用型号表示。热轧等边角钢热轧等边角钢可按结构的不同需要组成各种不同的受力构件，也可作构件之间的连接件。其广泛应用于各种建筑结构和工程结构上。

热轧等边角钢的截面图示及标注符号如图 3—14 所示。

等边角钢的边宽度 b、边厚度 d 尺寸允许偏差应符合表 3—9 的规定。

表 3—9　等边角钢截面尺寸允许偏差

型　号	允许偏差/mm	
	边宽度 b	边厚度 d
2～5.6	±0.8	±0.4
6.3～9	±1.2	±0.6
10～14	±1.8	±0.7
16～20	±2.5	±1.0

第 2 讲　钢板

钢板是用轧制方法生产的，宽厚比很大的矩形板状钢材。按工艺不同，钢板有热轧和冷轧两大类。按钢板的公称厚度划分，钢板有薄板（0.1mm 至 4mm）；中板（大于 4mm 至 20mm）；厚板（大于 20mm 至 60mm）；特厚板（大于 60mm）。

一、热轧钢板

热轧钢板按边缘状态分为切边和不切边两类；按精度又有普通精度和较高精度之分。热轧钢板的厚度自 0.35mm 至 200mm，宽度大于等于 600mm，按不同的厚度和宽度，规定了定尺的长度。钢板也可供应宽度为 10mm 至 50mm 倍数的任何尺寸、长度为 100mm 或 50mm 倍数的任何尺寸。但厚度小于等于 4mm 的钢板，最小长度不得小于 1.2m；厚度大于 4mm 的钢板，最小长度不得小于 2m。

热轧钢板按所用的钢种，通常有碳素结构钢、优质碳素结构钢和低合金高强度结构钢三类，热轧合金结构钢钢板也有多种产品供应。钢板所用钢的牌号和材质要求，均应满足相关标准的规定。

二、冷轧钢板

冷轧钢板是以热轧钢板或钢带为原料，在常温下经冷轧机轧制而成。冷轧钢板的公称厚度，一般为 0.2mm 至 5mm，宽度大于等于 600mm。按边缘状态，分为切边和不切边冷轧钢板；按轧制精度，分为普通精度和较高精度。

冷轧钢板所用的钢种，除碳素结构钢和低合金高强度结构钢之外，还有硅钢、不锈钢等。

三、钢带

厚度较薄、宽度较窄，以卷状供应的钢板，称为钢带。钢带的厚度，一般为 0.1mm 至 4mm；0.02mm 至 0.1mm 厚的称薄钢带，0.02mm 以下的称超薄钢带。按钢带的宽度，≤600mm 的为窄钢带，超过 600mm 的为宽钢带。

按轧制工艺不同，钢带分为热轧和冷轧两类。按边缘状态，分为切边和不切边钢带；按精度又有普通精度和较高精度之分。

四、镀层薄钢板

镀层薄钢板，是为提高钢板的耐腐蚀性，以满足某些使用的特殊要求，在具有良好深冲性能的低碳钢钢板表面，施以有电化学保护作用的金属或合金的镀层产品。

（1）镀锡薄板，旧称马口铁，是在 0.1mm 至 0.32mm 的钢板上热镀或电镀纯锡。镀锡薄板的表面光亮，耐腐蚀性高，锡焊性良好，能在表面进行精美印刷。

（2）镀锌薄板，俗称白铁皮，是一种经济而有效的防腐蚀措施产品。镀锌薄板的一般厚度为 0.35mm 至 3mm，有热镀法和电镀法之分。热镀法的镀锌薄板，每面用锌量一般为 $60\sim300g/m^2$，抗蚀性较强；电镀法薄板，每面用锌量 $10\sim50g/m^2$，多用于涂漆的部件。

（3）镀铝钢板，是镀纯铝或含硅 5%～10% 的铝合金的钢板。镀铝钢板，能抗 SO_2、H_2S 和 NO_2 等气体的腐蚀，抗氧化性和热反射性也很好。

（4）镀铅-锡合金钢板，主要是指镀有含锡 5%～20% 的铅-锡合金镀层的钢板。这种钢板具有优越的耐蚀性，特别是能抗石油制品的腐蚀，还具有深冲成形的润滑性及可焊性等。

第 3 讲　钢管

钢管按制造方法不同，分为无缝钢管和焊接钢管两大类。钢管的制造工艺更新很快，采用的钢种和成品的规格都在不断增多。这不仅满足各类输送管道结构需要，也拓宽了建筑结构用管材的选择范围。

一、焊接钢管

焊接钢管，是以带钢经过弯曲成型、连续焊接和精整三个基本工序制成。随着优质带钢连轧工艺的进步，焊接及检验技术的提高，焊接钢管得到较快的发展与提高。

（1）焊管用钢的牌号。标准对制管用钢的规定，碳素结构钢为 Q195、Q215A、Q215B、Q235A、Q235B 五个牌号；低合金高强度结构钢为 Q295A、Q295B、Q345A、Q345B 四个牌号；还可用经供需双方议定的适合制管工艺的其他钢材。

（2）焊管的种类。焊管按壁厚分为普通钢管和加厚钢管两种。焊管采用电阻焊或埋弧焊的方法制造。公称外径不大于 323.9mm 的管，可提供镀锌钢管。根据需方要求，经供需双方议定，钢管端部可加工螺纹。

（3）焊管的规格尺寸。应以管的公称外径及公称壁厚表示其规格；对公称外径 168.3mm 及以下的管，可用公称口径来表示。按《低压流体输送用焊接钢管》（GB/T 3091-2008）中定型的尺寸，公称直径由 6mm 至 1626mm，共 41 种；公称壁厚由 2mm 至 25mm，计 26 个。按公称外径大小，从同一的厚度系列中选定一个或几个值。焊管的通常长度，电阻焊钢管为 4mm 至 12m，埋弧焊钢管为 3mm 至 12m。

（4）焊管的标记。标准中规定了焊管的统一标记，应依次写出下列内容的代号或数值："用钢的牌号·是否镀锌公称外径×公称壁厚×长度焊接方法执行标准号"。其中镀锌管写 Zn，不镀锌管则空白；焊接方法的代号，电阻焊代号为 ERW，埋弧焊用 SAW。

（5）对焊管的技术要求。焊管应保证尺寸允许偏差、椭圆度和弯曲度的限值、理论质量、表面质量、力学性能和工艺性能符合标准规定。其中工艺性能，要求弯曲试验和压扁试验；力学性能的项目和指标，应符合表 3—10 的规定。此外，要求焊管应逐根进行液压试验，在规定的时间和压力下不发生渗漏。制造厂可用涡流探伤和超声波探伤代替液压试验。

表 3—10　焊接钢管的力学性能

牌号	抗拉强度 σ_b/MPa，≥	屈服点 σ_s/MPa，≥		伸长率 δ_5(%)，≥	
		$t \leqslant 16$ mm	$t > 16$ mm	$D \leqslant 168.3$	$D > 168.3$
Q195	315	195	185		
Q215A、Q215B	335	215	205	15	20
Q235A、Q235B	370	235	225		
Q295A、Q295B	390	295	275	13	18
Q345A、Q345B	470	345	325		

注：1.表中 D 为公称外径，单位为 mm。对于 $D \leqslant 114.3$ 的管，不测 σ_s；对于 $D > 114.3$ 的管，σ_s 的测值供参考，不作交货条件。t 为钢管壁厚。

2.采用其他牌号钢制造的管，力学性能指标由供需双方商定。

二、无缝钢管

无缝钢管，是将管坯加热、穿孔、轧薄、均整、定径等工序制成。由于采用近代化的制管设备和工艺，增强了无缝管与焊接管竞争的能力，正以其组织均匀、尺寸精确、品种规格多样化等优势，与焊接钢管产品并驾齐驱。

结构用无缝钢管的现行标准为《结构用无缝钢管》（GB/T 8162-2008），现将其中的要项简介如下。

（1）无缝管的品种。结构用无缝钢管，按生产工艺不同分为热轧和冷轧两大类，热轧管包括热挤压和热扩，冷轧管包括冷轧和冷拔。按采用的钢种和牌号的不同，结构用无缝钢管有：优质碳素结构钢 10、15、20、25、35、45、20Mn、25Mn 八个牌号，低合金高强度结构钢，合金结构钢的 33 个牌号［详见《结构用无缝钢管》（GB/T 8162-2008）中所列］。按对外径和壁厚的精度要求，此类管又分为普通级和高级两类。

（2）无缝管的规格尺寸。管的外径和壁厚符合《无缝钢管尺寸、外形、重量及允许偏差》（GB/T 17395-2008）的规定，即外径分为标准化、非标准化为主和特殊用途钢管三大系列，壁厚则确立了同一的系列。具体的外径和壁厚，选用时应详查《无缝钢管尺寸、外形、重量及允许偏差》（GB/T 17395-2008）。无缝管的通常长度，热轧（挤、扩）管为 3～12m，冷拔（轧）管为 2～10.5m。

（3）对无缝管的技术要求。包括尺寸偏差、弯曲度、质量偏差、用钢的冶炼及制坯方法、交货状态、化学成分和力学性能等，《结构用无缝钢管》（GB/T 8162-2008）均作出规定。其中，钢的化学成分应符合所属钢种的标准，钢管的化学成分在允许偏差之内。关于力学性能，热轧状态或热处理（正火或回火）状态交货的优碳钢、低合金钢管的纵向力学性能，见表 3—11；合金结构钢用热处理毛坯制成试样测出的纵向力学性能，以及钢管退火或高温回火供应状态布氏硬度，详见《结构用无缝钢管》（GB/T 8162-2008）。

表 3—11　优碳钢、低合金钢无缝管力学性能

牌号	抗拉强度 σ_b/MPa，≥	屈服点 σ_s/MPa，≥			伸长率 δ_5/(%)，≥	压扁试验平板间距 H/mm
		S≤16	16<S<30	S>30		
10	335	205	195	185	24	2/3D
20	390	245	235	225	20	2/3D
35	510	305	295	285	17	—
45	590	335	325	315	14	—
Q345	490	325	315	305	21	7/8D

注：1.D 为无缝钢管外径，S 为管的壁厚，单位均为 mm。

2.压扁试验的 H 值应同时不小于 5S。

第 4 单元　钢材进场验收及取样

第 1 讲　钢材进场验收、储运与保管

一、建筑钢材验收的基本要求

建筑钢材从钢厂到施工现场经过了商品流通的多道环节，建筑钢材的检验验收是质量管理中必不可少的环节。建筑钢材必须按批进行验收，并达到下述四项基本要求，下面将以工程中常用的带肋钢筋为主要对象予以叙述。

1.订货和发货资料应与实物一致

检查发货码单和质量证明书内容是否与建筑钢材标牌标志上的内容相符。对于钢筋混凝土用热轧带肋钢筋、冷轧带肋钢筋和预应力混凝土用钢材（钢丝、钢棒和钢绞线）必须检查其是否有《全国工业产品生产许可证》，该证由国家质量监督检验检疫总局颁发，证书上带有国徽，一般有效期不超过 5 年。对符合生产许可证申报条件的企业，由各省或直辖市的工业产品生产许可证办公室先发放《行政许可申请受理决定书》，并自受理企业申请之日起 60 日内，作出是否准予许可的决定。为了打假治劣，保证重点建筑钢材的质量，国家将热轧带肋钢筋、冷轧带肋钢筋和预应力混凝土用钢材（钢丝、钢棒和钢绞线）划为重要工业产品，实行了生产许可证管理制度。其他类型的建筑钢材国家目前未发放《全国工业产品生产许可证》。

（1）热轧带肋钢筋生产许可证编号。

例：XK05-205-×××××

XK——代表许可；

05——冶金行业编号；

205——热轧带肋钢筋产品编号；

×××××为某一特定企业生产许可证编号。

（2）冷轧带肋钢筋生产许可证编号。

例：XK05-322-×××××

XK——代表许可；

05——冶金行业编号；

322——冷轧带肋钢筋产品编号；

×××××为某一特定企业生产许可证编号。

（3）预应力混凝土用钢材（钢丝、钢棒和钢绞线）生产许可证编号。

例：XK05-114-×××××

XK——代表许可；

05——冶金行业编号；

114——预应力混凝土用钢材（钢丝、钢棒和钢绞线）产品编号；

×××××为某一特定企业生产许可证编号。

为防止施工现场带肋钢筋等产品《全国工业产品生产许可证》和产品质量证明书的造假现象。施工单位、监理单位可通过国家质量监督检验检疫总局网站（www.aqsiq.gov.cn）进行带肋钢筋等产品生产许可证获证企业的查询。

2.检查包装

除大中型型钢外，不论是钢筋还是型钢，都必须成捆交货，每捆必须用钢带、盘条或铁丝均匀捆扎结实，端面要求平齐，不得有异类钢材混装现象。

每一捆扎件上一般都拴有两个标牌，上面注明生产企业名称或厂标、牌号、规格、炉罐号、生产日期、带肋钢筋生产许可证标志和编号等内容。按照《钢筋混凝土用钢第 2 部分：热轧带肋钢筋》（GB 1499.2-2007）规定，带肋钢筋生产企业都应在自己生产的热轧带肋钢筋表面轧上明显的牌号标志，并依次轧上厂名（或商标）和直径（mm）数字。钢筋牌号以阿拉伯数字表示，HRB335、HRB400、HRB500对应的阿拉伯数字分别为 2、3、4。厂名以汉语拼音字头表示。直径（mm）数以阿拉伯数字表示。

直径不大于 10mm 的钢筋，可不轧制标志，可采用挂标牌方法。

施工和监理单位应加强施工现场热轧带肋钢筋生产许可证、产品质量证明书、产品表面标志和产品标牌一致性的检查。对所购热轧带肋钢筋委托复检时，必须截取带有产品表面标志的试件送检（例如：2SD16），并在委托检验单上如实填写生产企业名称、产品表面标志等内容，建材检验机构应对产品表面标志及送检单位出示的生产许可证复印件和质量证明书进行复核。不合格热轧带肋钢筋加倍复检所抽检的产品，其表面标志必须与企业先前送检的产品一致。

3.对建筑钢材质量证明书内容进行审核

质量证明书必须字迹清楚、证明书中应注明：供方名称或厂标；需方名称；发货日期；合同号；标准号及水平等级；牌号；炉罐（批）号、交货状态、加工用途、重量、支数或件数；品种名称、规格尺寸（型号）和级别；标准中所规定的各项试验结果（包括参考性指标）；技术监督部门印记等。

钢筋混凝土用热轧带肋钢筋的产品质量证明书上应印有生产许可证编号和该企业产品表面标志；冷轧带肋钢筋的产品质量证明书上应印有生产许可证编号。质量证明书应加盖生产单位公章或质检部门检验专用章。若建筑钢材是通过中间供应商购买的，则质量证明书复印件上应注明购买时间、供应数量、买受人名称、质量证明书原件存放单位，在建筑钢材质量证明书复印件上必须加盖中间供应商的红色印章，并有送交人的签名。

4.建立材料台账

建筑钢材进场后，施工单位应及时建立"建设工程材料采购验收检验使用综合台账"。监理单位可设立"建设工程材料监理监督台账"。内容包括：材料名称、规格品种、生产单位、供应单位、进货日期、送货单编号、实收数量、生产许可证编号、质量证明书编号、产品标志、外观质量情况、材料检验日期、检验报告编号、材料检测结果、工程材料报审表签认日期、使用部位、审核人员签名等。

二、实物质量的验收

建筑钢材的实物质量主要是看所送检的钢材是否满足规范及相关标准要求，现场所检测的建筑钢材尺寸偏差是否符合产品标准规定，外观缺陷是否在标准规定的范围内。对于建筑钢材的锈蚀现象验收方也应引起足够的重视。

1.钢筋混凝土用热轧带肋钢筋

钢筋混凝土用热轧带肋钢筋的力学和冷弯性能应符合表 3—11 的规定。

（1）钢筋的屈服强度 R_{eL}、抗拉强度 R_m、断后伸长率 A、最大力总伸长率 A_{gt} 等力学性能特征值应符合表 3—12 的规定。表 3—12 所列各力学性能特征值，可作为交货检验的最小保证值。

表 3—11　热轧带肋钢筋力学性能

牌号	R_{eL}/MPa	R_m/MPa	$A/(\%)$	$A_{gt}/(\%)$
	不小于			
HRB335 HRBF335	335	455	17	
HRB400 HRBF400	400	540	16	7.5
HRB500 HRBF500	500	630	15	

（2）直径 28～40mm 各牌号钢筋的断后伸长率 A 可降低 1%；直径大于 40mm 各牌号钢筋的断后伸长率 A 可降低 2%。

（3）弯曲性能。

按表 3—12 规定的弯芯直径弯曲 180° 后，钢筋受弯部位表面不得产生裂纹。

表 3—12 热轧带肋钢筋弯曲性能（单位：mm）

牌　　号	公称直径 d	弯芯直径
HRB335 HRBF335	6～25	3 d
	28～40	4 d
	>40～50	5 d
HRB400 HRBF400	6～25	4 d
	28～40	5 d
	>40～50	6 d
HRB500 HRBF500	6～25	6 d
	28～40	7 d
	>40～50	8 d

热轧带肋钢筋的力学和冷弯性能检验应按批进行。每批应由同牌号、同一炉罐号、同一规格的钢筋组成，每批重量不大于 60t。力学性能检验的项目有拉伸试验和冷弯试验等两项，需要时还应进行反复弯曲试验。

①拉伸试验：每批任取 2 支切取 2 件试样进行拉伸试验。拉伸试验包括屈服点、抗拉强度和伸长率等三项。

②冷弯试验：每批任取 2 支切取 2 件试样进行 180° 冷弯试验。冷弯试验时，受弯部位外表面不得产生裂纹。

③反复弯曲：需要时，每批任取 1 件试样进行反复弯曲试验。

④取样规格：拉伸试样：500～600mm；弯曲试样：200～250mm。（其他钢筋产品的试样亦可参照此尺寸截取）

各项试验检验的结果符合上述规定时，该批热轧带肋钢筋为合格。如果有一项不合格，则从同一批中再任取双倍数量的试样进行该不合格项目的复检。如仍有一项不合格，则该批为不合格。

根据规定应按批检查热轧带肋钢筋的外观质量。钢筋表面不得有裂纹、结疤和折叠。钢筋表面允许有凸块，但不得超过横肋的高度，钢筋表面上其他缺陷的深度和高度不得大于所在部位尺寸的允许偏差。

根据规定应按批检查热轧带肋钢筋的尺寸偏差。钢筋的内径尺寸及其允许偏差应符合表 3—13 的规定。测量精确到 0.1mm。

表 3—13 热轧带肋钢筋内径尺寸及其允许偏差（单位：mm）

公称直径	6	8	10	12	14	16	18	20	22	25	28	32	36	40	50
内径尺寸	5.8	7.7	9.6	11.5	13.4	15.4	17.3	19.3	21.3	24.2	27.2	31.0	35.0	38.7	48.5
允许偏差	±0.3	±0.4						±0.5			±0.6			±0.7	±0.8

2.钢筋混凝土用热轧光圆钢筋

钢筋混凝土用热轧光圆钢筋的力学和冷弯性能应符合表 3—14 的规定。

表 3—14　热轧光圆钢筋力学性能特征值

牌号	R_{eL}/MPa	R_m/MPa	A/（%）	A_{gt}/（%）	冷弯试验 180° d—弯芯直径 a—钢筋公称直径
	不小于				
HPB235	235	370	25.0	10.0	$d=a$
HPB300	300	420			

热轧光圆钢筋的力学和冷弯性能检验应按批进行。每批应由同一牌号、同一炉罐号、同一规格、同一交货状态的钢筋组成，每批重量不大于 60t。力学和冷弯性能检验的项目有拉伸试验和冷弯试验等两项。

（1）拉伸试验:每批任选 2 支切取 2 件试样,进行拉伸试验。拉伸试验包括屈服点、抗拉强度和伸长率等三项。

（2）冷弯试验：每批任选 2 支切取 2 件试样进行 180° 冷弯试验。冷弯试验时，受弯部位外表面不得产生裂纹。

各项试验检验的结果符合上述规定时，该批热轧光圆钢筋为合格。如果有一项不合格，则从同一批中再任取双倍数量的试样进行该不合格项目的复检。如仍有一项不合格，则该批为不合格。

根据规定应按批检查热轧光圆钢筋的外观质量。钢筋表面不得有裂纹、结疤和折叠。钢筋表面的凸块和其他缺陷的深度和高度不得大于所在部位尺寸的允许偏差。

根据规定应按批检查热轧光圆钢筋的尺寸偏差。钢筋的直径允许偏差不大于±0.4mm，不圆度不大于 0.4mm。钢筋的弯曲度每米不大于 4mm,总弯曲度不大于钢筋总长度的 0.4%。测量精确到 0.1mm。

3.低碳钢热轧圆盘条

建筑用低碳钢热轧圆盘条的力学和冷弯性能应符合表 3—15 的规定。直径大于12mm 的盘条，冷弯性能指标由供需双方协商确定。

表 3—15　建筑用低碳钢热轧圆盘条力学和冷弯性能

牌号	抗拉强度 σ_b/MPa 不大于	伸长率 δ_{10}/（%） 不小于	冷弯试验 180° d—弯心直径 a—钢筋直径
Q195	410	30	$d=0$
Q215	435	28	$d=0$
Q235	500	23	$d=0.5a$
Q275	540	21	$d=1.5a$

盘条的力学和冷弯性能检验应按批进行。每批应由同一牌号、同一炉罐号、同一尺寸的盘条组成，每批重量不大于 60t。力学和冷弯性能检验的项目有拉伸试验和冷弯试验等两项。

（1）拉伸试验：每批取 1 件试样进行拉伸试验。拉伸试验包括屈服点、抗拉强度、伸长率等三项。

（2）冷弯试验：每批在不同盘上取 2 件试样进行 180° 冷弯试验。冷弯试验时受弯部位外表面不得产生裂纹。

各项试验检验的结果符合上述规定时，该批低碳钢热轧圆盘条为合格。如果有一项不合格，则从同一批中再任取双倍数量的试样进行该不合格项目的复检。如仍有一项不合格，则该批为不合格。

根据规定应逐盘检查低碳钢热轧圆盘条的外观质量。盘条表面应光滑，不得有裂纹、折叠、耳子、结疤等。盘条不得有夹杂及其他有害缺陷。

根据规定应逐盘检查低碳钢热轧圆盘条的尺寸偏差。钢筋的直径允许偏差不大于 ±0.45mm，不圆度（同一截面上最大值和最小直径之差）不大于 0.45mm。

4.冷轧带肋钢筋

钢筋的力学性能和工艺性能应符合表 3—16 的规定。当进行弯曲试验时，受弯曲部位表面不得产生裂纹。反复弯曲试验的弯曲半径应符合表 3—17 的规定。

表 3—16　力学性能和工艺性能

牌号	$R_{p0.2}/MPa$ 不小于	R_m/MPa 不小于	伸长度/（%） 不小于		弯曲试验 180°	反复弯曲次数	应力松弛 初始应力相当于公称抗拉强度的 70% 1000 h 松弛率/（%） 不大于
			$A_{11.3}$	A_{100}			
CRB550	500	550	8.0	—	$D=3d$	—	—
CRB650	585	650	—	4.0	—	3	8
CRB800	720	800	—	4.0	—	3	8
CRB970	875	970	—	4.0	—	3	8

注：表中 D 为弯心直径，d 为钢筋公称直径。

表 3—17　反复弯曲试验的弯曲半径

钢筋公称直径/mm	4	5	6
弯曲半径/mm	10	15	15

冷轧带肋钢筋的力学和冷弯性能检验应按批进行。每批应由同一牌号、同一规格和同一级别的钢筋组成。每批重量不大于 50t。力学和冷弯性能检验的项目有拉

伸试验和冷弯试验等两项。

（1）拉伸试验：每盘任意端截取 500mm 后切取 1 件试样进行拉伸试验。拉伸试验包括屈服点、抗拉强度和伸长率三项。

（2）冷弯试验：每批任取 2 盘切取 2 件试样进行 180°冷弯试验。冷弯试验时，受弯部位外表面不得产生裂纹。

各项试验检验的结果符合上述规定时，该批冷轧带肋钢筋为合格。如果有一项不合格，则从同一批中再任取双倍数量的试样进行该不合格项目的复检。如仍有一项不合格，则该批为不合格。

根据规定应按批检查冷轧带肋钢筋的外观质量。钢筋表面不得有裂纹、结疤、折叠、油污及其他影响使用的缺陷，钢筋表面可有浮锈，但不得有锈皮及肉眼可见的麻坑等腐蚀现象。

根据规定应按批检查冷轧带肋钢筋的尺寸偏差。冷轧带肋钢筋尺寸、重量的允许偏差应符合标准规定。

5.钢筋混凝土用余热处理钢筋

钢筋混凝土用余热处理钢筋的力学和冷弯性能应符合表 3—18 的规定。

表 3—18　余热处理钢筋力学和冷弯性能

表面形状	钢筋级别	强度等级代号	公称直径/mm	屈服点 σ_s /MPa 不小于	抗拉强度 σ_b /MPa 不小于	伸长率 δ_5 /(%) 不小于	冷弯 d—弯心直径 a—钢筋直径
月牙肋	Ⅲ	KL400	8～25 28～40	440	600	14	90° $d=3a$ 90° $d=4a$

余热处理钢筋的力学和冷弯性能检验应按批进行。每批应由同一牌号、同一炉罐号、同一规格的钢筋组成，每批重量不大于 60t。力学性能检验的项目有拉伸试验和冷弯试验等两项。

（1）拉伸试验：每批任取 2 支切取 2 件试样进行拉伸试验。拉伸试验包括屈服点、抗拉强度和伸长率等三项。

（2）冷弯试验：每批任取 2 支切取 2 件试样进行 90°冷弯试验。冷弯试验时受弯部位外表面不得产生裂纹。

各项试验检验的结果符合上述规定时，该批余热处理钢筋为合格。如果有一项不合格，则从同一批中再任取双倍数量的试样进行该不合格项目的复检。如仍有一项不合格，则该批为不合格。

根据规定应按批检查余热处理钢筋的外观质量。钢筋表面不得有裂纹、结疤和折叠。钢筋表面允许有凸块，但不得超过横肋的高度，钢筋表面上其他缺陷的深度和高度不得大于所在部位尺寸的允许偏差。

根据规定应按批检查余热处理钢筋的尺寸偏差。钢筋混凝土用余热处理钢筋的内径尺寸及其允许偏差应符合表 3—19 的规定。测量精确到 0.1mm。

表 3—19　余热处理钢筋内径尺寸及其允许偏差（单位：mm）

公称直径	8	10	12	14	16	18	20	22	25	28	32	36	40
内径尺寸	7.7	9.6	11.5	13.4	15.4	17.3	19.3	21.3	24.2	27.2	31.0	35.0	38.7
允许偏差	±0.4						±0.5			±0.6			±0.7

6.常用型钢

型钢的规格尺寸及允许偏差应符合其产品标准的要求。

检查数量：每一品种、同一规格的型钢抽查 5 处。

检验方法：用钢尺或游标卡尺测量。

如设计单位有要求，用于建设工程的型钢产品也应进行力学性能和冷弯性能的检验。

三、建筑钢材的运输、储存

建筑钢材由于质量大、长度长，运输前必须了解所运建筑钢材的长度和单捆重量，以便安排运输车辆和起重机。

建筑钢材应按不同的品种、规格分别堆放。在条件允许的情况下，建筑钢材应尽可能存放在库房或料棚内（特别是有精度要求的冷拉、冷拔等钢材），若采用露天存放，则料场应选择地势较高而又平坦的地面，经平整、夯实、预设排水沟道、安排好垛底后方能使用。为避免因潮湿环境而引起的钢材表面锈蚀现象，雨、雪季节建筑钢材要用防雨材料覆盖。

施工现场堆放的建筑钢材应注明"合格"、"不合格"、"在检"、"待检"等产品质量状态，注明钢材生产企业名称、品种规格、进场日期及数量等内容，并以醒目标志标明，工地应由专人负责建筑钢材收货和发料。

第 2 讲　钢筋、焊接件及连接件的取样

一、热轧钢筋

（1）组批规则

以同一牌号、同一炉罐号、同一规格、同一交货状态，不超过 60t 为一批。

（2）取样方法

拉伸检验：任选两根钢筋切取。两个试样，试样长 500mm。

冷弯检验：任选两根钢筋切取两个试样，试样长度按下式计算：

$$L = 1.55 \times (a + d) + 140\text{mm}$$

式中　L——试样长度；

a——钢筋公称直径；

d——弯曲试验的弯心直径；按表 3—20 取用。

表 3—20　钢筋弯曲试验的弯心直径表

钢筋牌号（强度等级）	HPB235（Ⅰ级）	HRB335		HRB400		HRB500	
公称直径（mm）	8～20	6～25	28～50	6～25	28～50	6～25	28～50
弯心直径 d	1a	3a	4a	4a	5a	6a	7a

在切取试样时，应将钢筋端头的 500mm 去掉后再切取。

二、低碳钢热轧圆盘条

（1）组批规则

以同一牌号、同一炉罐号、同一品种、同一尺寸、同一交货状态，不超过 60t 为一批。

（2）取样方法

拉伸检验：任选一盘，从该盘的任一端切取一个试样，试样长 500mm。

弯曲检验：任选两盘，从每盘的任一端各切取一个试样，试样长 200mm。

在切取试样时，应将端头的 500mm 去掉后再切取。

（3）冷拔低碳钢丝

1）组批规则

甲级钢丝逐盘检验。乙级钢丝以同直径 5t 为一批任选三盘检验。

2）取样方法

从每盘上任一端截去不少于 500mm 后，再取两个试样一个拉伸，一个反复弯曲，拉伸试样长 500mm，反复弯曲试样长 200mm。

三、冷轧带肋钢筋

（1）冷乳带肋钢筋的力学性能和工艺性能应逐盘检验，从每盘任一端截去 500mm 以后，取两个试样，拉伸试样长 500mm，冷弯试样长 200mm。

（2）对成捆供应的 550 级冷轧带肋钢筋应逐捆检验。从每捆中同一根钢筋上截取两个试样，其中，拉伸试样长 500mm，冷弯试样长 250mm。如果，检验结果有一项达不到标准规定，应从该捆钢筋中取双倍试样进行复验。

四、钢筋焊接接头的取样

（1）钢筋闪光对焊接头取样规定

1）在同一台班内，由同一焊工完成的 300 个同牌号、同直径钢筋焊接接头应作为一批。当同一台班内焊接的接头数量较少，可在一周之内累计计算；累计仍不足 300 个接头，应按一批计算。

2）力学性能检验时，应从每批接头中随机切取 6 个试件，其中 3 个做拉伸试验，3 个做弯曲试验。

3）焊接等长的预应力钢筋（包括螺丝端杆与钢筋）时，可按生产时同等条件制作模拟试件

4）螺丝端杆接头可只做拉伸试验。

5）封闭环式箍筋闪光对焊接头，以 600 个同牌号、同规格的接头为一批，只做拉伸试验。

6）当模拟试件试验结果不符合要求时，应进行复验。复验应从现场焊接接头中切取，其数量和要求与初始试验相同。

（2）钢筋电弧焊接头取样规定

1）在现浇混凝土结构中，应以 300 个同牌号、同型式接头作为一批；在房屋结构中，应在不超过二楼层中 300 个同牌号、同型式接头作为一批。每批随机切取 3 个接头，做拉伸试验。

2）在装配式结构中，可按生产条件制作模拟试件，每批 3 个，做拉伸试验。

3）钢筋与钢板电弧搭接焊接头可只进行外观检查。

4）模拟试件的数量和要求应与从成品中切取时相同。当模拟试件试验结果不符合要求时，复验应再从成品中切取，其数量和要求与初始试验时相同。

注：在同一批中若有几种不同直径的钢筋焊接接头，应在最大直径接头中切取 3 个试件。

（3）钢筋电渣压力焊接头取样规定

在现浇混凝土结构中，应以 300 个同牌号钢筋接头作为一批；在房屋结构中，应在不超过二楼层中 300 个同牌号钢筋接头作为一批；当不足 300 个接头时，仍应作为一批。每批接头中随机切取 3 个试件做拉伸试验。

注：在同一批中若有几种不同直径的钢筋焊接接头，应在最大直径接头中切取 3 个试件。

（4）钢筋气压焊接头取样规定

1）在现浇混凝土结构中，应以 300 个同牌号钢筋接头作为一批；在房屋结构中，应在不超过二楼层中 300 个同牌号钢筋接头作为一批；当不足 300 个接头时，仍应作为-^批。

2）在柱、墙的竖向钢筋连接中，应从每批接头中随机切取 3 个接头做拉伸试验；在梁、板的水平钢筋连接中，应另切取 3 个接头做弯曲试验。

注：在同一批中若有几种不同直径的钢筋焊接接头，应在最大直径接头中切取 3 个试件。

（5）钢筋焊接接头的取样

1）拉伸试件的最小长度

表 3—21 拉伸试件的最小长度表

接头型式	试件最小长度（mm）
电弧焊、双面搭接、双面帮条	$8d+L_h+240$
单面搭接、单面帮条	$8d+L_h+240$
闪光对焊、电渣压力焊、气压焊	$8d+240$

注：L_h——帮条长度或搭接长度，钢筋帮条或搭接长度应符合相关要求。

　　d——钢筋直径（mm）。

　　2）弯曲试件的最小长度

　　弯曲试件的最小长度计算公式为：

$$L=D+2.5d+150mm$$

式中　L——试件长度；

　　　D——弯心直径（mm），按表 3—22 规定；

　　　d——钢筋直径（mm）。

　　切取试件时，焊缝应处于试件长度的中央。

表 3—22 钢筋焊接接头弯曲试验弯心直径表

钢筋直径	≤25mm	>25mm
钢筋级别	弯心直径 D（mm）	
Ⅰ级	$2d$	$3d$
Ⅱ级	$4d$	$5d$
Ⅲ级	$5d$	$6d$
Ⅳ级	$7d$	$8d$

　　（6）机械连接接头

　　1）钢筋连接工程开始前及施工过程中,应对每批进场钢筋进行接头工艺检验,取样按以下进行：

　　　a.每种规格钢筋的接头试件不应少于 3 根；

　　　b.钢筋母材抗拉强度试件不应少于 3 根，且应取接头试件的同一根钢筋。

　　2）接头的现场检验按验收批进行。同一施工条件下采用同一批材料的同等级、同型式、同规格接头，以 500 个为一个验收批进行检验与验收，不足 500 个也作为一个验收枇。对接头的每一验收批，必须在工程结构中随机截取 3 个试件作单向拉伸试验。

　　3）接头试件尺寸

　　构件长度计算公式为：

$$L_1=L+8d+2h$$

式中　　L——接头试件连件长度；

　　　　d——钢筋直径；

　　　　h——试验机夹具长度，当 $d<20mm$ 时，h 取 70mm，当 $d\geqslant20mm$ 时，h 取 100mm。

　　　　L_1——试件长度。

　　在取用于工艺检验的接头试件时，每个试件尚应取一根与其母材处于同一根钢筋的原材料试件做力学性能试验。

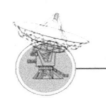

第4部分

墙体材料及检验

第1单元　砌墙砖

砌墙砖按规格、孔洞率及孔的大小，分为普通砖、多孔砖和空心砖；按工艺不同，又分为烧结砖和非烧结砖。

第1讲　烧结普通砖

烧结普通砖，是指公称尺寸为240mm×115mm×53mm、无孔洞或孔洞率小于15%、经焙烧而成的砖。

烧结普通砖按所用主要原料，分为黏土砖、页岩砖、煤矸石砖和粉煤灰砖。

1.强度等级

烧结普通砖，根据抗压强度分为MU30、MU25、MU20、MU15和MU10五个强度等级。各强度等级的抗压强度应符合表4—1的规定。表中的抗压强度平均值 $\overline{f}$，为10块试样测得抗压强度的算术平均值；单块最小抗压强度值 f_{min}，为10块试样中抗压强度最小的单值；强度标准值 f_k 按下式计算：

表4—1　烧结普通砖强度等级指标　　　（单位：MPa）

强度等级	抗压强度平均值 $\overline{f}$, ≥	变异系数 $\delta \leqslant 0.21$	变异系数 $\delta > 0.21$
		强度标准值 f_k, ≥	单块最小抗压强度值 f_{min}, ≥
MU30	30.0	22.0	25.0
MU25	25.0	18.0	22.0
MU20	20.0	14.0	16.0
MU15	15.0	10.0	12.0
MU10	10.0	6.5	7.5

$$f_k = \overline{f} - 1.8S \qquad\qquad (4—1)$$

式中　f_k——抗压强度标准值，MPa；

$\overline{f}$——10 块试样的抗压强度平均值，MPa；

S——10 块试样的抗压强度标准差，MPa。

标准差 S 按下式计算：

$$S=\sqrt{\frac{1}{9}\sum_{i=1}^{10}(f_i-\overline{f})^2}$$

（4—2）

式中 f_i——单块试样抗压强度测定值，MPa。

　　注：以上各项计算取值的精度，f_k 为 0.1MPa，f、S、f_i 均为 0.01MPa。

按表 4—1 中的三个指标评定强度等级时，当变异系数 $\delta\leqslant0.21$ 时，采用抗压强度平均值和强度标准值；当变异系数>0.21 时，采用抗压强度平均值和单块最小抗压强度值。变异系数 $\delta=S\sqrt{f}$，精确至 0.01。

2.质量等级

强度、抗风化性能和放射性物质合格的烧结普通砖,根据尺寸偏差、外观质量、泛霜和石灰爆裂，分为优等品、一等品和合格品三个质量等级。尺寸偏差按长度、宽度和高度的公称尺寸，以样本的平均偏差和极差提出限定指标，详见表 4—2。外观质量的项目和指标，详见表 4—3，同时规定产品中不允许有欠火砖、酥砖和螺旋纹砖。

表 4—2 　烧结普通砖的尺寸允许偏差 （单位：mm）

公称尺寸	优 等 品		一 等 品		合 格 品	
	样本平均偏差	样本极差,≤	样本平均偏差	样本极差,≤	样本平均偏差	样本极差,≤
240	±2.0	6	±2.5	7	±3.0	8
115	±1.5	5	±2.0	6	±2.5	7
53	±1.5	4	±1.6	5	±2.0	6

泛霜是指可溶性盐类在砖表面的盐析现象。经规定方法检验，每块砖样应符合下列规定；优等品-无泛霜；一等品-不允许出现中等泛霜；合格品-不允许出现严重泛霜。

石灰爆裂是指砖的原料或内燃物质中夹杂着石灰质，焙烧时被烧成生石灰，砖吸水后体积膨胀而发生的爆裂现象。对石灰爆裂的限定是：优等砖--不允许出现最大破坏尺寸大于 2mm 的爆裂区域；一等品——a.最大破坏尺寸大于 2mm，且小于等于 10mm 的爆裂区域，每组砖样不得多于 15 处；b.不允许出现最大破坏尺寸大于 10mm 的爆裂区域；合格品_a.最大破坏尺寸大于 2mm，且小于等于 15mm 的爆裂区域，每组砖样不得多于 15 处，其中大于 10mm 的不得多于 7 处；b.不允许出现最大破坏尺寸大于 15mm 的爆裂区域。

表 4—3　烧结普通砖的外观质量　　　　　　　（单位：mm）

项　　目		优等品	一等品	合格品
两条面高度差,不大于		2	3	4
弯曲,不大于		2	3	4
杂质凸出高度,不大于		2	3	4
缺棱掉角的三个破坏尺寸,不得同时大于		5	20	30
裂纹长度,不大于	a. 大面上宽度方向及其延伸至条面的长度	30	60	80
	b. 大面上长度方向及其延伸至顶面的长度或条顶面上水平裂纹的长度	50	80	100
完整面,不得少于		二条面和二顶面	一条面和一顶面	—
颜色		基本一致	—	—

注：凡有下列缺陷之一者,不得称为完整面：a.缺损在条面或顶面上造成的破坏尺寸同时大于 10mm×10mm；b.条面或顶面上裂纹宽度大于 1mm,其长度超过 30mm；c.压陷、粘底、焦花在条面或顶面上的凹陷或凸出超过 2mm,区域尺寸同时大于 10mm×10mm。

3.抗风化性能

烧结普通砖的抗风化性能，按划分的风化区不同，作出是否经抗冻性检验的规定。风化区的划分，见表 4—4。风化区用风化指数进行划分。风化指数是指日气温从正温降至负温，或从负温升至正温的每年平均天数，与每年从霜冻之日起至消失霜冻之日止，这一期间降雨总量（以 mm 计）的平均值的乘积。风化指数大于等于 12700 为严重风化区，风化指数小于 12700 为非严重风化区。各地如有可靠数据，也可按计算的风化指数划分本地区的风化区。

表 4—4　烧结普通砖抗风化性能的风化区划分

严重风化区		非严重风化区	
1. 黑龙江省	11. 河北省	1. 山东省	11. 福建省
2. 吉林省	12. 北京市	2. 河南省	12. 台湾省
3. 辽宁省	13. 天津市	3. 安徽省	13. 广东省
4. 内蒙古自治区		4. 江苏省	14. 广西壮族自治区
5. 新疆维吾尔自治区		5. 湖北省	15. 海南省
6. 宁夏回族自治区		6. 江西省	16. 云南省
7. 甘肃省		7. 浙江省	17. 西藏自治区
8. 青海省		8. 四川省	18. 上海市
9. 陕西省		9. 贵州省	19. 重庆市
10. 山西省		10. 湖南省	

是否经抗冻性检验来评定砖的抗风化性能,其规定是:严重风化区中的 1、2、3、4、5 地区的砖,必须进行冻融试验;其他地区砖的抗风化性能,若符合表 4—5 的规定时,可不做冻融试验,否则必须进行冻融试验。须进行抗冻检验的砖,砖样经冻融试验后,每块砖样不允许出现裂纹、分层、掉皮、缺棱、掉角等冻坏现象;质量损失不得大于 2%。

表 4—5　烧结普通砖抗风化性能指标

项目 指标 砖的种类	严重风化区				非严重风化区			
	5 h 沸煮吸水率/(%),≤		饱和系数,≤		5 h 沸煮吸水率/(%),≤		饱和系数,≤	
	平均值	单块最大值	平均值	单块最大值	平均值	单块最大值	平均值	单块最大值
黏土砖	18	20	0.85	0.87	19	20	0.88	0.90
粉煤灰砖*	21	23	0.85	0.87	23	25	0.88	0.90
页岩砖	16	18	0.74	0.77	18	20	0.78	0.80
煤矸石砖	16	18	0.74	0.77	18	20	0.78	0.80

注:粉煤灰掺入量(体积比)小于 30% 时,按黏土砖规定判定。

4. 放射性物质

烧结普通砖的放射性物质应符合《建筑材料放射性核素限量》(GB 6566-2010) 的规定。否则,判为不合格,并停止该产品的生产和销售。

5. 检验规则

按《烧结普通砖》(GB/T 5101-2003)规定的技术要求、试验方法、检验规则进行检验。产品检验分出厂检验和型式检验。出厂检验项目包括尺寸偏差、外观质量和强度等级。型式检验项目包括《烧结普通砖》(GB/T 5101-2003)技术要求的全部项目。

每一批出厂产品的质量等级,按出厂检验项目的检验结果和在时效范围的最近一次型式检验中的抗风化性能、石灰爆裂及泛霜项目中最低质量等级判定。其中有一项不合格,则判为不合格。

每一型式检验的质量等级判定中,强度、抗风化性能和放射性物质合格,按尺寸偏差、外观质量、石灰爆裂、泛霜检验中最低质量等级判定。其中有一项不合格,则判该批产品质量为不合格。

外观质量检验,限在生产厂内进行;若有欠火砖、酥砖和螺旋纹砖,则判该批产品为不合格。

第 2 讲 烧结多孔砖和砌块

1.分类

烧结多孔砖和砌块是以黏土、页岩、煤矸石、粉煤灰、淤泥（江河湖淤泥）及其他固体废弃物等为主要原料，经焙烧制成主要用于建筑物承重部位的多孔砖和多孔砌块。烧结多孔砌块是孔洞率大于或等于 33%，孔的尺寸小而数量多的砌块。主要用于承重部位。

（1）按原料分类。

按主要原料分为黏土砖和黏土砌块（N）、页岩砖和页岩砌块（Y）、煤矸石砖和煤矸石砌块（M）、粉煤灰砖和粉煤灰砌块（F）、淤泥砖和淤泥砌块（U）、固体废弃物砖和固体废弃物砌块（G）。

（2）按强度等级分类。

根据抗压强度分为 MU30、MU25、MU20、MU15、MU10 五个强度等级。

（3）按密度等级分类。

砖的密度等级分为 1000、1100、1200、1300 四个等级。

砌块的密度等级分为 900、1000、1100、1200 四个等级。

2.多孔砖和砌块结构及规格尺寸

（1）烧结多孔砖和砌块结构：

烧结多孔砖和多孔砌块结构示意，如图 4—1~图 4—6 所示。

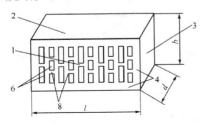

图 4—1 砖各部位名称

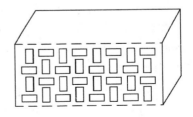

图 4—2 砖孔洞排列示意图

1-大面（坐浆面）；2-条面；3-顶面；4-外壁；5-肋；6-孔洞；
l-长度；b-宽度；d 高度

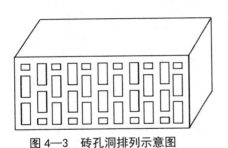

图 4—3 砖孔洞排列示意图

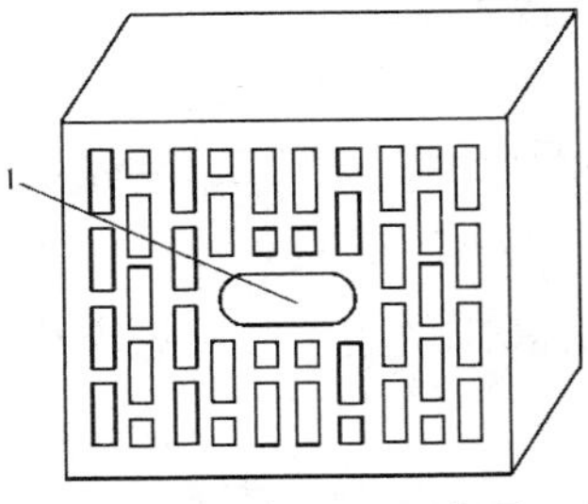

图 4—4 砖孔洞排列示意图

1-手抓孔

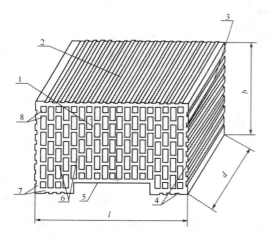

图 4—5 砌块各部位名称

1-大面（坐浆面）；2-条面；3-顶面；4-粉刷沟槽；5-砂浆槽；

6-肋；7-外壁；8-孔洞；l-长度；b-宽度；d 高度

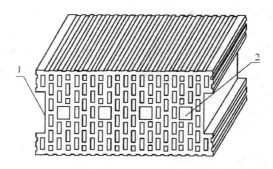

图 4—6 砌块孔洞排列示意图

1-砂浆槽；2-手抓孔

（2）规格尺寸。

1）砖和砌块的外型一般为直角六面体，在与砂浆的接合面上应设有增加结合力的粉刷槽和砌筑砂浆槽（图 4—5、图 4—6），并符合下列要求：

①粉刷槽：混水墙用砖和砌块，应在条面和顶面上没有均匀分布的粉刷槽或类似结构，深度不小于 2mm。

②砌筑砂浆槽：砌块至少应在一个条面或顶面上设立砌筑砂浆槽。两个条面或顶面都有砌筑砂浆槽时，砌筑砂浆槽深应大于 15mm 且小于 25mm；只有一个条面或顶面有砌筑砂浆槽时，砌筑砂浆槽深应大于 30mm 且小于 40mm。砌筑砂浆槽宽应超过砂浆槽所在砌块面宽度的 50%。

2）砖和砌块的长度、宽度、高度尺寸应符合下列要求：

砖规格尺寸（mm）：290、240、190、180、140、115、90。

砌块规格尺寸（mm）：490、440、390、340、290、240、190、180、140、115、90。

其他规格尺寸由供需双方协商确定。

3.技术要求

（1）尺寸允许偏差。

尺寸允许偏差应符合表 4—6 的规定。

（2）外观质量。

砖和砌块的外观质量应符合表 4—7 的规定。

表 4—6　尺寸允许偏差（单位：mm）

尺寸	样本平均偏差	样本极差≤
>400	±3.0	10.0
300~400	±2.5	9.0
200~300	±2.5	8.0
100~200	±2.0	7.0
<100	±1.5	6.0

表 4—7　外观质量（单位：mm）

项目		指标
1.完整面	不得少于	一条面和一顶面
2.缺棱掉角的三个破坏尺寸	不得同时大于	30
3.裂纹长度		
a）大面（有孔面）上深入孔壁 15mm 以上宽度方向及其延伸到条面的长度	不大于	80
b）大面（有孔面）上深入孔壁 15mm 以上长度方向及其延伸到顶面的长度	不大于	100
c）条顶面上的水平裂纹	不大于	100
4.杂质在砖或砌块面上造成的凸出高度	不大于	5

注：凡有下列缺陷之一者，不能称为完整面：

　　1.缺损在条面或顶面上造成的破坏面尺寸同时大于 20mm×30mm。

　　2.条面或顶面上裂纹宽度大于 1mm，其长度超过 70mm。

　　3.压陷、焦花、粘底在条面或顶面上的凹陷或凸出超过 2mm，区域最大投影尺寸同时大于 20mm×30mm。

（3）密度等级。

密度等级应符合表 4—8 的规定。

表 4—8　密度等级　　　　　　　　　（单位：kg/m³）

密度等级		3 块砖或砌块干燥表观密度平均值
砖	砌块	
—	900	≤900
1000	1000	900~1000
1100	1100	1000~1100
1200	1200	1100~1200
1300	—	1200~1300

（4）强度等级。

强度应符合表 4—9 的规定。

表4—9　强度等级　　　　　　　　　　　　　　（单位：MPa）

强度等级	抗压强度平均值 ≥	强度标准值f_k≥
MU30	30.0	22.0
MU25	25.0	18.0
MU20	20.0	14.0
MU15	15.0	10.0
MU10	10.0	6.5

（5）孔型孔结构及孔洞率。

孔型孔结构及孔洞率应符合表4—10的规定。

表4—10　孔型孔结构及孔洞率

孔型	孔洞尺寸/mm		最小外壁厚/mm	最小肋厚/mm	孔洞率（%）		孔洞排列
	孔宽度尺寸b	孔长度尺寸L			砖	砌块	
矩型条孔或矩型孔	≤13	≤40	≥12	≥5	≥28	≥33	1.所有孔宽应相等。孔采用单向或双向交错排列； 2.孔洞排列上下、左右应对称，分布均匀，手抓孔的长度方向尺寸必须平行于砖的条面

注：1.矩型孔的孔长L、孔宽b满足式$L≥3b$时，为矩型条孔。

2.孔四个角应做成过渡调角，不得做成直尖角。

3.如设有砌筑砂浆槽，则砌筑砂浆槽不计算在孔洞率内。

4.规格大的砖和砌块应设置手抓孔，手抓孔尺寸为（30~40）mm×（75~85）mm。

（6）泛霜。

每块砖或砌块不允许出现严重泛霜。

（7）石灰爆裂。

1）破坏尺寸大于2mm且小于或等于15mm的爆裂区域，每组砖和砌块不得多于15处。其中大于10mm的不得多于7处。

2）不允许出现破坏尺寸大于15mm的爆裂区域。

（8）抗风化性能。

1）严重风化区中的1、2、3、4、5地区的砖、砌块和其他地区以淤泥、固体废弃物为主要原料生产的砖和砌块必须进行冻融试验；其他地区以黏土、粉煤灰、页岩、煤矸石为主要原料生产的砖和砌块的抗风化性能符合表4—11的规定时可不做冻融试验，否则必须进行冻融试验。

表 4—11 抗风化性能

项目\砖种类	严重风化区				非严重风化区			
	5 h 沸煮吸水率/(%)≤		饱和系数≤		5 h 沸煮吸水率/(%)≤		饱和系数≤	
	平均值	单块最大值	平均值	单块最大值	平均值	单块最大值	平均值	单块最大值
黏土砖	21	23	0.85	0.87	23	25	0.88	0.90
粉煤灰砖	23	25			30	32		
页岩砖	16	18	0.74	0.77	18	20	0.78	0.80
煤矸石砖	19	21			21	23		

注：粉煤灰掺入量（质量比）小于 30%时按黏土砖和砌块规定判定。

2）15 次冻融循环试验后，每块砖和砌块不允许出现裂纹、分层、掉皮、缺棱掉角等冻坏现象。

（9）产品中不允许有欠火砖（砌块）、酥砖（砌块）。

（10）放射性核素限量。

砖和砌块的放射性核素限量应符合《建筑材料放射性核素限量》GB 6566-2010 的规定。

4.产品进场检验

（1）产品质量文件及贮存运输。

1）产品合格证。产品质量合格证主要内容包括生产厂名、产品标记、批量及编号、证书编号、本批产品实测技术性能和生产日期等，并由检验员和单位签章。

2）贮存。产品存放时，应按品种、规格、颜色分类整齐存放，不得混杂。

3）运输。在运输装卸时，要轻拿轻放，严禁碰撞、扔掉，禁止翻斗倾卸。

（2）产品抽样原则。

1）批量。

检验批的构成原则和批量大小按《砌墙砖检验规则》[JC/T 466-1992(96)]规定。3.5 万~15 万块为一批，不足 3.5 万块按一批计。

2）抽样。

①外观质量检验的试样采用随机抽样法，在每一检验批的产品堆垛中抽取。

②其他检验项目的样品用随机抽样法从外观质量检验合格的样品中抽取。

③抽样数量按表 4—12 进行。

表 4—12　抽样数量

序号	检验项目	抽样数量/块
1	外观质量	50（$n_1=n_2=50$）
2	尺寸允许偏差	20
3	密度等级	3
4	强度等级	10
5	孔型孔结构及孔洞率	3
6	泛霜	5
7	石灰爆裂	5
8	吸水率和饱和系数	5
9	冻融	5
10	放射性核素限量	3

（3）产品检验判定。

1）尺寸允许偏差。尺寸允许偏差应符合表 4—6 规定。否则，判为不合格。

2）外观质量。外观质量采用《砌墙砖检验规则》[JC/T 466-1992(96)]二次抽样方案，根据表 4—7 规定的质量指标，检查出其中不合格品数 d_1，按下列规则判定：

①$d_1 \leqslant 7$ 时，外观质量合格。

②$d_1 \geqslant 11$ 时，外观质量不合格。

③$d_1 > 7$，且 $d_1 < 11$ 时，需再次从该产品批中抽样 50 块检验，检查出不合格品数 d_2，按下列规则判定。

④（$d_1 + d_2$）$\leqslant 18$ 时，外观质量合格。

⑤（$d_1 + d_2$）$\geqslant 19$ 时，外观质量不合格。

3）密度等级。密度的试验结果应符合表 4—8 的规定。否则，判为不合格。

4）强度等级。强度的试验结果应符合表 4—9 的规定。否则，判为不合格。

5）孔型孔结构及孔洞率。孔型孔结构及孔洞率应符合表 4—10 的规定。否则，判为不合格。

6）泛霜和石灰爆裂。泛霜和石灰爆裂试验结果应分别符合第 3 条第（6）款和第（7）款的规定。否则，判为不合格。

7）抗风化性能。抗风化性能应符合表 4—11 的规定。否则，判为不合格。

8）放射性核素限量。放射性核素限量应符合规定。

9）总判定。

①外观检验的样品中有欠火砖（砌块）、酥砖（砌块），则判该批产品不合格。

②出厂检验的判定。

按出厂检验项目和在时效范围内最近一次型式检验中的石灰爆裂、泛霜、抗风化性能等项目的技术指标进行判定。其中有一项不合格，则判为不合格。

第3讲　烧结空心砖

烧结空心砖，是以黏土、页岩、煤矸石、粉煤灰为主要原料，经焙烧而成的孔洞率≥40%、孔的尺寸大而数量少的砖。

烧结空心砖多以横孔使用，砌筑非承重墙体。按制砖的主要原料不同，烧结空心砖分为黏土砖、页岩砖、煤矸石砖和粉煤灰砖四类。

1.规格及孔洞

烧结空心砖的外形为直角六面体，其长度、宽度、高度尺寸，应在以下要求的数值中选取（单位：mm）：390，290，240，190，180（175），140，115，90；其他规格尺寸由供需双方协商确定。应该指出的是，上述尺寸系列是《烧结空心砖和空心砌块》（GB 13545-2014）为同时适用于烧结空心砌块而一并规定的。烧结空心砖在选取上列尺寸时，尚应遵守长度≤365mm、宽度≤240mm、高度≤115mm 的规则，若有一项或一项以上超值，即属于烧结空心砌块。

烧结空心砖的孔洞排列及其结构，应符合表4—13的规定。其典型孔洞排列与结构如图4—7所示。

表4—13　烧结空心砖的孔洞排列及其结构

等级	孔洞排列	孔洞排数/排		孔洞率（%）
		宽度方向	高度方向	
优等品	有序交错排列	$b \leqslant 200mm$　≥7 $b \leqslant 200mm$　≥5	≥2	≥40
一等品	有序排列	$b \leqslant 200mm$　≥5 $b \leqslant 200mm$　≥4	≥2	
合格品	有序排列	≥3	—	

注：b 为宽度尺寸。

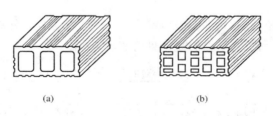

(a)　　　　　　　　　　(b)

图4—7 烧结空心砖的孔洞排列与结构示例

（a）方形孔有序排列；（b）长形、方形孔有序交错排列

2.强度等级

根据抗压强度，烧结空心砖分为 MU10.0、MU7.5、MU5.0、MU3.5、MU2.5五个强度等级，各项指标见表4—14。

表4—14 烧结空心砖的强度等级

强度等级	抗压强度/MPa				密度等级范围/（kg/m³）
	抗压强度平均值，≥	变异系数 $\delta \leq 0.21$		变异系数 $\delta > 0.21$	
		强度标准值，$f_k \geq$		单块最小抗压强度值 f_{min}，≥	
MU10.0	10.0	7.5		8.0	≤1100
MU7.5	7.5	5.0		5.8	
MU5.0	5.0	3.5		4.0	
MU3.5	3.5	2.5		2.8	
MU2.5	2.5	1.6		1.8	≤800

烧结空心砖强度等级的评定，是以每组为10块砖样的抗压强度测值，计算其平均值 $\overline{f}$、标准差 S、标准值 f_k 和变异系数 δ，并找出单块最小值。各项计算方法，以及按 $\delta \leq 0.21$ 时用 f 和 f_k，$\delta > 0.21$ 时用 f 和 f_{min}。评定的规则，均与前文中烧结普通砖的强度等级所述相同。

3.密度等级

根据体积密度，烧结空心砖分为800级、900级、1000级、1100级四个密度等级，见表4—15。

表4—15　烧结空心砖的密度等级（单位：kg/m³）

密度等级	五块试样密度平均值	密度等级	五块试样密度平均值
800	≤800	1000	901~1000
900	801~900	1100	1001~1100

4.质量等级

强度、密度、抗风化性能和放射性物质合格的烧结空心砖，根据尺寸偏差、外观质量、孔洞排列及其结构、泛霜、石灰爆裂、吸水率分为优等品、一等品、合格品三个质量等级。

烧结空心砖的尺寸允许偏差应符合表4—16的规定，外观质量应符合表4—17的规定，孔洞排列及其结构的规定见前述表4—13。

表4—16　烧结空心砖的尺寸允许偏差（单位：mm）

尺寸	优等品		一等品		合格品	
	样本平均偏差	样本极差，≤	样本平均偏差	样本极差，≤	样本平均偏差	样本极差，≤
>300	±2.5	6.0	±3.0	7.0	±3.5	8.0
>200~300	±2.0	5.0	±2.5	6.0	±3.0	7.0
100~200	±1.5	4.0	±2.0	5.0	±2.5	6.0
<100	±1.5	3.0	±1.7	4.0	±2.0	5.0

表 4—17　烧结空心砖的外观质量（单位：mm）

项目		优等品	一等品	合格品
弯曲　　　　　　　　　　　　　　　　≤		3	4	5
缺棱掉角的三个破坏尺寸，不得同时　＞		15	30	40
垂直度差　　　　　　　　　　　　　　≤		3	4	5
未贯穿裂纹长度	大面上宽度方向及其延伸到条面的长度　　　　　　　　　　≤	不允许	100	120
	大面上长度方向或条面上水平面方向的长度　　　　　　　≤	不允许	120	140
贯穿裂纹长度	大面上宽度方向及其延伸到条面的长度　　　　　　　　　　≤	不允许	40	60
	壁、肋沿长度方向、宽度方向及其水平方向的长度　　　　　≤	不允许	40	60
肋、壁内残缺长度　　　　　　　　　　≤		不允许	40	60
完整面①	不少于	一条面和一大面	一条面和一大面	—

①凡有下列缺陷之一者，不能称为完整面：a.缺损在大面、条面上造成的破坏面尺寸同时大于 20mm×30mm；b.大面、条面上裂纹宽度大于 1mm，其长度超过 70mm；c.压陷、粘底、焦花在大面、条面上的凹陷或凸出超过 2mm，区域尺寸同时大于 20mm×30mm。

　　烧结空心砖对泛霜、石灰爆裂的要求与前述烧结普通砖的规定相同；对吸水率的要求，见表 4—18。

表 4—18　烧结空心砖的吸水率　　　　　　　　　（单位：%）

砖的种类	吸水率，≤		
	优等品	一等品	合格品
黏土砖 页岩砖 煤矸石砖	16.0	18.0	20.0
粉煤灰砖①	20.0	22.0	24.0

①粉煤灰掺入量（体积比）小于 30％时，按黏土砖规定判定。

5.抗风化性能

　　烧结空心砖的抗风化性能，仍按表 4—19 划分的风化区不同，作出是否经抗冻性检验的规定：对于严重风化区中的 1、2、3、4、5 地区的砖，必须做冻融试验；其他地区砖的抗风化性能，若能符合表 4—19 的规定时，可不做冻融试验，否则必须做冻融试验。

表4—19　烧结空心砖的抗风化性能　　　（单位：mm）

砖的种类	饱和系数，≤			
	严重风化区		非严重风化区	
	平均值	单块最大值	平均值	单块最大值
黏土砖 粉煤灰砖	0.85	0.87	0.88	0.90
页岩砖 煤矸石砖	0.74	0.77	0.78	0.80

进行抗冻性检验的砖，经冻融试验后，每块砖样不允许出现分层、掉皮、缺棱掉角等冻坏现象；冻后裂纹长度，不应超过表4—17中对于裂纹长度的限定。

6.放射性物质

原料中掺入煤矸石、粉煤灰及其他工业废渣的烧结空心砖，应进行放射性物质检测，放射性物质应符合《建筑材料放射性核素限量》（GB 6566-2010）的规定。

7.检验规则

烧结空心砖产品的检验，按《烧结空心砖和空心砌块》（GB 13545-2014）规定的技术要求、试验方法和检验规则进行，分为出厂检验和型式检验两种。出厂检验项目，包括尺寸偏差、外观质量、强度等级和密度等级。型式检验项目，包括《烧结空心砖和空心砌块》（GB 13545-2014）技术要求的全部项目。

出厂检验质量等级的判定，按出厂检验项目和在时效范围内最近一次型式检验中的孔洞排列及其结构、石灰爆裂、泛霜、抗风化性能等项目中最低质量等级进行判定。其中有一项不符合标准要求，则判该批产品不合格。

型式检验质量等级的判定，按尺寸偏差、外观质量、孔洞排列及其结构、泛霜、石灰爆裂、吸水率检验中最低质量等级判定。其中有一项不符合标准要求，则判该批产品不合格。

外观检验的样品中有欠火砖、酥砖，则判该批产品不合格。

第4讲　蒸压灰砂砖

利用天然粉砂和石灰加水混拌，压制成型，在高压蒸汽的作用下硬化而成的砖，称作蒸压灰砂砖，常简称为灰砂砖。

灰砂砖所用天然粉砂的有效成分是石英，靠高温水热的介质条件，与石灰起反应，生成水化硅酸钙，硬结后产生强度。这种反应只在砂粒表面进行，因而砂子又起着填充和骨料作用。

灰砂砖是压力成型又不经焙烧，因此其组织均匀密实，无干缩或烧缩现象，外形光洁、整齐，可以轻易制成各种颜色。

灰砂砖的缺点是表观密度大、吸湿性强，对于碳化稳定性、抗冻性及耐侵蚀性等，均有待进一步改进。

灰砂砖根据浸水 24h 后的抗压和抗折强度分为 MU25、MU20、MU15、MU10 四个强度级别，各项强度指标，见表 4—20。MU15 级以上的灰砂砖，可用于基础及其他建筑部位。MU10 级灰砂砖，可用于防潮层以上的建筑部位。长期受高于 200℃温度、急冷急热或有酸性介质侵蚀的建筑部位，不得使用灰砂砖。

表 4—20　蒸压灰砂砖的强度指标　　　（单位：MPa）

强度级别	抗压强度		抗折强度	
	平均值不小于	单块值不小于	平均值不小于	单块值不小于
MU25	25.0	20.0	5.0	4.0
MU20	20.0	16.0	4.0	3.2
MU15	15.0	12.0	3.3	2.6
MU10	10.0	8.0	2.5	2.0

注：优等品的强度级别不得小于 MU15。

蒸压灰砂砖的外形为直角六面体，公称尺寸为 240mm×115mm×53mm；按产品尺寸偏差、外观质量、强度及抗冻性，分为优等品、一等品、合格品三个产品等级。外观质量指标，见表 4—21。

表 4—21　蒸压灰砂砖的外观指标　　　（单位：mm）

项　目		指　标		
		优等品	一等品	合格品
尺寸允许偏差：				
长度 L		±2		
宽度 B		±2	±2	±3
高度 H		±1		
对应高度差	≤	1	2	3
缺棱掉角：				
个数，个	≤	1	1	2
最大尺寸	≤	10	15	25
最小尺寸	≤	5	10	10
裂缝长度：				
条数，条	≤	1	1	2
大面上宽度方向及其延伸到条面上的长度	≤	20	50	70
大面上长度方向及其延伸到顶面上的长度或条、顶面水平裂纹的长度	≤	30	70	100

蒸压灰砂砖的抗冻性指标，是在规定的 15 次冻融循环试验后，单块砖样的干质量损失不得大于 2.0%；同时，要求冻后砖样的抗压强度平均值：MU25 级砖不小于 20.0MPa，MU20 级砖不小于 16.0MPa，MU15 级砖不小于 12.0MPa，MU10 级砖不小于 8.0MPa。

蒸压灰砂砖产品检验，按《蒸压灰砂砖》（GB 11945-1999）规定的技术要求、试验方法和检验规则进行。

蒸压灰砂砖实现多孔化，应符合行业标准《蒸压灰砂多孔（砖）》（JC/T 637-2009）规定，蒸压灰砂多孔砖是在垂直于大面的方向，布有圆形或其他形状的孔洞，总的孔洞率大于 15%。该砖的规格，公称长度 240mm，公称宽度 115mm，公称高度有 53mm、90mm、115mm 和 175mm 四种。该砖按抗压强度划分五个强度等级，按强度等级、尺寸偏差和外观质量划分为三个产品等级。

第 5 讲　粉煤灰砖

粉煤灰砖是以粉煤灰、石灰为主要原料，掺加适量石膏和骨料，经坯料制备、压制成型、高压或常压蒸汽养护而成。以高压蒸汽养护制成的蒸压粉煤灰砖，因处在饱和蒸汽压的境遇下，粉煤灰中的活性成分与石灰的反应充分，强度及其他性能，均优于以常压蒸汽养护的蒸养粉煤灰砖。

粉煤灰砖，可用于一般的工业与民用建筑的墙体和基础。但用于基础或用于易受冻融作用和干湿交替作用的建筑部位，必须使用一等砖和优等砖。长期受热高于 200℃，受急冷急热交替作用或有酸性侵蚀的部位，不得使用粉煤灰砖。

粉煤灰砖，按抗压强度和抗折强度指标，划分为 MU30，MU25，MU20，MU15，MU10 五个强度等级，见表 4—22。粉煤灰砖按外观质量、强度、抗冻性和干燥收缩，分为优等品、一等品、合格品三个产品等级。外观质量指标，见表 4—23。

表 4—22　粉煤灰砖强度指标　　　　　　　　（单位：MPa）

强度级别	抗压强度		抗折强度	
	10 块平均值不小于	单块值不小于	10 块平均值不小于	单块值不小于
MU30	30.0	24.0	6.2	5.0
MU25	25.0	20.0	5.0	4.0
MU20	20.0	16.0	4.0	3.2
MU15	15.0	12.0	3.3	2.6
MU10	10.0	8.0	2.5	2.0

注：强度级别以蒸压养护后 1d 的强度为准。

表 4—23　粉煤灰砖的外观质量　　　　　　　　（单位：mm）

项　目	指　标		
	优等品	一等品	合格品
尺寸允许偏差： 长 宽 高	±2 ±2 ±1	±3 ±3 ±2	±4 ±4 ±3
对应高度差，不大于	1	2	3
第一块棱掉角的最小破坏尺寸，不大于	10	15	25
完整面，不少于	二条面和一顶面或二顶面和一条面	一条面和一顶面	一条面和一顶面
裂纹长度，不大于 a.大面上宽度方向的裂纹（包括延伸到条面上的长度） b.其他裂纹	30 50	50 70	70 100
层裂	不允许		

注：在条面或顶面上破坏面的两个尺寸，同时大于 10mm 和 20mm 者，为非完整面。

　　粉煤灰砖的抗冻性，经规定的冻融试验后，各级砖的抗压强度平均值，不低于：MU30 级为 24.0MPa，MU25 级为 20.0MPa，MU20 级为 16.0MPa，MU15 级为 12.0MPa，MU10 级为 8.0MPa；同时，各级砖的干质量损失以单块值计，不大于 20%。

　　粉煤灰砖的干燥收缩值，按规定方法检验，优等品和一等品应不大于 0.60mm/m；合格品应不大于 0.75mm/m。粉煤灰砖的碳化系数按规定方法检验，应大于等于 0.8。

　　煤煤灰砖按《粉煤灰砖》（JC 239-2001）规定进行检验，按表 4—22、表 4—23 及抗冻性和干燥收缩的指标，判定每批砖。

第 2 单元　砌块

　　砌块是比砖大的砖用人造块材，外形多为直角六面体，也有各种异形的。砌块系列中主规整的长度、宽度或高度，有一顶或一顶以上分别大于 365mm、240mm 或 115mm，但高度不大于长度或宽度的 6 倍，长度不超过高度的 3 倍。按砌块系列中主规格高度划分，150～380mm 的为小型砌块，380～980mm 的为中型砌块，大于 980mm 的为大型砌块。按砌块的孔洞率划分，大于 25% 的为空心砌块，25% 以下为实心砌块。

　　区别砌块的品种，除名称中注明大、中、小型和空心、实心外，尤其要冠以所用原材料和工艺类别。

第1讲　混凝土小型空心砌块

混凝土小型空心砌块，是指以水泥混凝土、硅酸盐混凝土制造，主规格高度大于 115mm 且小于 380mm，空心率大于或等于 25%的砌块。

发展空心砌块，可以减轻墙体自重，改善建筑功能，提高工效和降低造价。以粉煤灰、煤渣、煤矸石等工业废渣加少量石灰、石膏磨细做胶结料，以浮石、火山渣、煤渣做骨料制成的砌块，可进一步降低自重，改善热工性能，并对合理利用地方资源及工业废料有重要意义。而混凝土小型空心砌块，又具有原料普遍、制造简捷、结构形式灵活多样和经济适用等诸多优点，已成为我国建筑砌块中重点发展的主要品种。

供墙体用的混凝土小型空心砌块，按其形状和用途的不同，可分为结构型砌块、构造型砌块、装饰砌块和功能砌块等。列举其典型者，如图 4—8 所示。

1.普通混凝土小型空心砌块

普通混凝土小型空心砌块，是将水泥、砂、石、水拌和，经成型、养护，以近代的工艺和设备制成，属承重的结构型砌块。

在现行标准《普通混凝土小型空心砌块》（GB 8239-2014）中，规定普通混凝土小型空心砌块的主规格为 390mm×190mm×190mm；空心率应不小于 25%；最小外壁厚应不小于 30mm，最小肋厚应不小于 25mm；尺寸允许偏差及外观质量见表 4—24。

普通混凝土小型空心砌块的强度等级，是按表 4—25 规定的指标划分为六级。表中砌块抗压强度，是按《混凝土砌块和砖试验方法》（GB/T 4111-2013）规定的试验方法，测定一组五块试件的抗压强度，其值是以试块的毛面积计。

表 4—24　普通混凝土小型空心砌块的尺寸偏差及外观质量

项　目		指　标		
		优等品	一等品	合格品
尺寸允许偏差：				
长度/mm		±2	±3	±3
宽度/mm		±2	±3	±3
高度/mm		±2	±3	+3，-4
外观质量：				
弯曲/mm	≤	2	2	3
缺棱掉角：				
按三个方向投影尺寸的最小值/mm，	≤	0	20	30
缺棱掉角的个数/个，	≤	0	2	2
裂纹延伸的投影尺寸累积/mm	≤	0	20	30

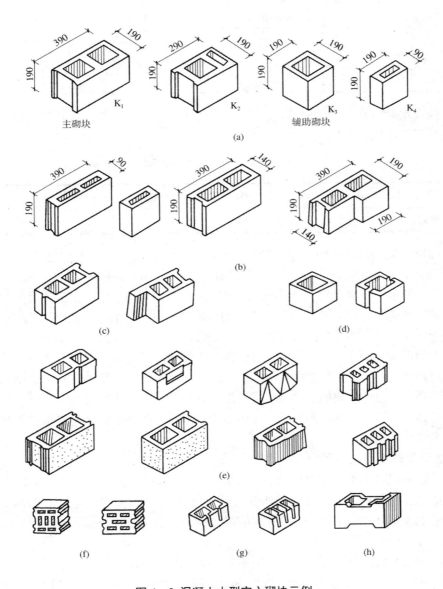

图 4—8　混凝土小型空心砌块示例

（a）承重墙用砌块；（b）非承重墙用砌块；（c）门窗框用砌块；（d）柱用砌块；

（e）装饰砌块；（f）绝热砌块；（g）吸声砌块；（h）抗震砌块

表 4—25 普通混凝土小型空心砌块的强度等级

强度等级	砌块抗压强度/MPa		强度等级	砌块抗压强度/MPa	
	平均值不小于	单块最小值不小于		平均值不小于	单块最小值不小于
MU3.5	3.5	2.8	MU10.0	10.0	8.0
MU5.0	5.0	4.0	MU15.0	15.0	12.0
MU7.5	7.5	6.0	MU20.0	20.0	16.0

因砌块对含水率变化敏感,致使其体积变化显著,产品标准中按使用地区所处环境的湿度不同,提出试块出厂的相对含水率指标,见表 4—26。

表 4—26 普通混凝土小型空心砌块的相对含水率

使用地区(年平均相对湿度)	潮湿(>75%)	中等(50%~75%)	干燥(<50%)
相对含水率/(%) 不大于	45	40	35

标准对砌块抗渗性和抗冻性的规定为:用于清水墙时砌块应保证的抗渗性,是按《混凝土砌块和砖试验方法》(GB/T 4111-2013)中规定的方法,对一组三块试样检测,其水面下降高度,均不得大于 10mm。对于采暖地区,指最冷月份的平均气温低于或等于-5℃的地区,保证砌块的抗冻性指标:若处于一般环境为 F15,若处于干湿交替环境为 F25,其强度损失≤25%,质量损失≤5%。

普通混凝土小型空心砌块,适用于各种工业与民用建筑的单层及多层砌体结构的房屋建筑。18 层以下住宅可采用的配筋混凝土小型空心砌块体系,已确立并列为推广项目。由于砌块的绝热性较差,用于外围护墙时,应采用与保温材料构成的复合墙体。砌块墙体的隔声性能,可满足一般要求。为保证砌块建筑的抗震性,需采取多种结构措施。

2.轻骨料混凝土小型空心砌块

轻骨料混凝土小型空心砌块是用轻骨料混凝土制成的小型空心砌块。轻骨料混凝土是由轻粗骨料、轻砂(或普通砂)、水泥和水等原材料配制而成的干表观密度不大于 1950kg/m³ 的混凝土。轻骨料的最大粒径不宜大于 9.5mm。

(1)分类。

1)按砌块孔的排数分类为:单排孔、双排孔、三排孔、四排孔等。

2)砌块密度等级分为八级:700、800、900、1000、1100、1200、1300、1400。

注:除自燃煤矸石掺量不小于砌块质量 35%的砌块外,其他砌块的最大密度等级为 1200。

3)砌块强度等级分为五级:MU2.5、MU3.5、MU5.0、MU7.5、MU10.0。

(2)技术要求。

1)尺寸偏差和外观质量

尺寸偏差和外观质量应符合表 4—27 的要求。

表 4—27　尺寸偏差和外观质量

项目		指标
尺寸偏差/mm	长度	±3
	宽度	±3
	高度	±3
最小外壁厚/mm	用于承重墙体　≥	30
	用于非承重墙体　≥	20
肋厚/mm	用于承重墙体　≥	25
	用于非承重墙体　≥	20
缺棱掉角	个数/块　≤	2
	三个方向投影的最大值/mm　≤	20
裂缝延伸的累计尺寸/mm	≤	30

2）密度等级。

密度等级应符合表 4—28 要求。

表 4—28　密度等级（单位：kg/m³）

密度等级	干表观密度范围
700	≤610，≥700
800	≤710，≥800
900	≤810，≥900
1000	≤910，≥1000
1100	≤1010，≥1100
1200	≤1110，≥1200
1300	≤1210，≥1300
1400	≤1310，≥1400

3）强度等级

强度等级应符合表 4—29 的规定；同一强度等级砌块的抗压强度和密度等级范围应同时满足表 4—29 的要求。

表 4—29　强度等级

强度等级	抗压强度/MPa		密度等级范围 kg/m³
	平均值	最小值	
MU2.5	≥2.5	≥2.0	≤800
MU3.5	≥2.5	≥2.8	≤1000
MU5.0	≥5.0	≥4.0	≤1200
MU7.5	≥7.5	≥6.0	≤1200* ≤1300**
MU10.0	≥10.0	≥8.0	≤1200* ≤1400**

**注:当砌块的抗压强度同时满足 2 个强度等级或 2 个以上强度等级要求时,应以满足要求的最高强度等级为准。

* 除自燃煤矸石掺量不小于砌块质量 35% 以外的其他砌块。

** 自燃煤矸石掺量不小于砌块质量 35% 的砌块。

4)吸水率、干缩率和相对含水率。

①吸水率应不大于 18%。

②干燥收缩率应不大于 0.065%。

③相对含水率应符合表 4—30 的规定。

表 4—30　相对含水率

干燥收缩率 (%)	相对含水率(%)		
	潮湿地区	中等湿度地区	干燥地区
<0.03	≤45	≤40	≤35
≥0.03,≤0.045	≤40	≤35	≤30
>0.045,≤0.065	≤35	≤30	≤25

注:1.相对含水率为砌块出厂含水率与吸水率之比。

$$W = \frac{\omega_1}{\omega_2} \times 100$$

式中　W——砌块的相对含水率,用百分数表示(%);

　　　ω_1——砌块出厂时的含水率,用百分数表示(%);

　　　ω_2——砌块的吸水率,用百分数表示(%);

注:2.使用地区的湿度条件:

潮湿地区--年平均相对湿度大于 75% 的地区;

中等湿度地区--年平均相对湿度 50%~75% 的地区;

干燥地区--年平均相对湿度小于 50% 的地区。

5)碳化系数和软化系数。

碳化系数应不小于 0.8;软化系数应不小于 0.8。

6)抗冻性。

抗冻性应符合表 4—31 的要求。

表 4—31　抗冻性

环境条件	抗冻标号	质量损失率(%)	强度损失率(%)
温和与夏热冬暖地区	D15		
夏热冬冷地区	D25	≤5	≤25
寒冷地区	D35		
严寒地区	D50		

注:环境条件应符合 GB 50176 的规定。

7）放射性核素限量。

砌块的放射性核素限量应符合《建筑材料放射性核素限量》（GB 6566-2010）的规定。

（3）产品进场与运输贮存

1）砌块应在厂内养护 28d 龄期后方可出厂。

2）产品质量证明文件。

砌块出厂时，生产厂应提供产品质量合格证书，其内容包括：

①厂名与商标。

②合格证编号及生产日期。

③产品标记。

④性能检验结果。

⑤批次编号与砌块数量（块）。

⑥检验部门与检验人员签字盖章。

3）运输与贮存。

①砌块应按类别、密度等级和强度等级分批堆放。

②砌块装卸时，严禁碰撞、扔摔，应轻码轻放，不许用翻斗车倾卸。

③砌块堆放和运输时应有防雨、防潮和排水措施。

（4）产品检验。

1）组批规则。

砌块按密度等级和强度等级分批验收。以同一品种轻骨料和水泥按同一生产工艺制成的相同密度等级和强度等级的 300m³ 砌块为一批；不足 300m³ 者亦按一批计。

2）抽样规则。

①出厂检验时，每批随机抽取 32 块做尺寸偏差和外观质量检验；再从尺寸偏差和外观质量检验合格的砌块中，随机抽取如下数量进行以下项目的检验：

a.强度：5 块。

b.密度、吸水率和相对含水率：3 块。

②型式检验时，每批随机抽取 64 块，并在其中随机抽取 32 块进行尺寸偏差、外观质量检验；如尺寸偏差和外观质量合格，则在 64 块中抽取尺寸偏差和外观质量合格的下述块数进行其他项目检验。

a.强度：5 块。

b.密度、吸水率、相对含水率：3 块。

c.干燥收缩率：3 块。

d.抗冻性：10 块。

e.软化系数：10 块。

f.碳化系数：12 块。

g.放射性：2 块。

3）判定规则。

①尺寸偏差和外观质量检验的 32 个砌块中不合格品数少于 7 块，判定该批产品尺寸偏差和外观质量合格。

②当所有结果均符合上述第（2）款各项技术要求时，则判定该批产品合格。

3.粉煤灰混凝土小型空心砌块

粉煤灰混凝土小型空心砌块，是以水泥和高掺量粉煤灰为胶凝材料，采用轻质或重质的骨料，有时加入外加剂，经计量配料、加水搅拌、压力成型、蒸汽养护制成。根据砌块所用胶凝材料及其凝结硬化反应机理而言，是具有水泥混凝土和硅酸盐混凝土双重属性的制品。

行业标准《粉煤灰混凝土小型空心砌块》（JC/T 862-2008）对粉煤灰混凝土小型空心砌块产品作出全面规定。其中各项主要性能指标的规定，体现出向普通混凝土小型空心砌块的质量要求看齐。

《粉煤灰混凝土小型空心砌块》（JC/T 862-2008）提出，砌块的主规格为 390mm×190mm×190mm；最小外壁厚不应小于 20mm，肋厚不应小于 15mm。这与普通混凝土小型空心砌块相比，主规格相同，肋、壁的厚度各减薄 10mm。

粉煤灰混凝土小型空心砌块，按尺寸偏差和外观质量分为优等品、一等品和合格品三个等级。所提出的项目和指标，除砌块的弯曲：一等品小于等于 3mm、优等品小于等于 4mm 不同外，其他与普通混凝土小型空心砌块的要求相同。可参见表 4—32 进行对照和查用。

粉煤灰混凝土小型空心砌块的强度等级与普通混凝土小型空心砌砖在强度等级相同，按表 4—33 规定的抗压强度指标划分为六级。

表 4—32　蒸压灰砂砖的外观指标　（单位：mm）

项　目		指　标		
		优等品	一等品	合格品
尺寸允许偏差：				
长度 L		±2		
宽度 B		±2	±2	±3
高度 H		±1		
对应高度差	≤	1	2	3
缺棱掉角：				
个数，个	≤	1	1	2
最大尺寸	≤	10	15	25
最小尺寸	≤	5	10	10
裂缝长度：				
条数，条	≤	1	1	2
大面上宽度方向及其延伸到条面上的长度	≤	20	50	70
大面上长度方向及其延伸到顶面上的长度或条、顶面水平裂纹的长度	≤	30	70	100

表4—33 粉煤灰砖强度指标 （单位：MPa）

强度级别	抗压强度		抗折强度	
	10块平均值不小于	单块值不小于	10块平均值不小于	单块值不小于
MU30	30.0	24.0	6.2	5.0
MU25	25.0	20.0	5.0	4.0
MU20	20.0	16.0	4.0	3.2
MU15	15.0	12.0	3.3	2.6
MU10	10.0	8.0	2.5	2.0

注：强度级别以蒸压养护后1d的强度为准。

产品标准对粉煤灰混凝土小型空心砌块的其他技术要求有：碳化系数应不小于0.80；干燥收缩率，应小于等于 0.60mm/m；抗冻性，对采暖地区处于一般环境为F15、处于干湿交替环境为 F25，强度损失应小于等于 25%、质量损失应小于等于5%；软化系数应大于等于 0.80；放射性应符合《建筑材料放射性核素限量》（GB 6566-2010）的规定。

粉煤灰混凝土小型空心砌块可用于承重、非承重和保温三大方面，要根据其材质和各项性能的不同合理选用。采用重质骨料，如砂、石子、重矿渣等制造的砌块，表观密度一般在 $1000 \sim 1250 kg/m^3$ 之间，其强度等级大于等于 MU5.0 时，适用于单层或多层建筑的承重墙。以陶粒、浮石、自燃煤矸石等轻质骨料制造的砌块，其表观密度在 $750 \sim 900 kg/m^3$ 之间，强度等级达到 MU2.5、MU3.5 或 MU5.0 时，适用于框架结构填充墙或自承重的隔墙。以超轻骨料，如膨胀胘珠岩、聚苯乙烯颗粒等制造的砌块，其表观密度在 $750 kg/m^3$ 以下，强度等级达 MU2.5 和 MU3.5，被称为保温砌块，适合外墙、屋面等围护结构的绝热层使用。

第2讲 蒸压加气混凝土砌块

蒸压加气混凝土砌块，是表观密度 $800 kg/m^3$ 以下、最高公称强度 10MPa 的多孔轻质混凝土制品，可砌筑墙体及绝热使用。现行国家标准《蒸压加气混凝土砌块》（GB 11968-2006），对蒸压加气混凝土砌块产品作出全面规定。

蒸压加气混凝土砌块的公称尺寸，长度为 600mm，高度为 200mm、240mm、250mm 和 300mm，宽度有：100mm、120mm、125mm、150mm、180mm、200mm、240mm、250mm、300mm。但该砌块的制作尺寸，宽度按公称宽度，高度和长度都按各自的公称尺度减10mm。购货单位需要其他规格的砌块，可与生产厂协商确定。

蒸压加气混凝土砌块，强度级别有 A1.0、A2.0、A2.5、A3.5、A5.0、A7.5、A10.0 七个；干密度级别有 B03、B04、B05、B06、B07、B08 六个；产品等级有优等品（A）、合格品（B）两个等级。蒸压加气混凝土砌块的抗压强度，应符合表4—34 的规定；强度级别，应符合表4—35 的规定；干体积密度应符合表4—36 的规定；尺寸偏差和外观质量应符合表4—37 的规定；干燥收缩、抗冻性和导热系数，应符合表4—38 的规定。

表 4—34　蒸压加气混凝土砌块的抗压强度　　　　（单位：MPa）

强度级别	立方体抗压强度	
	平均值不小于	单组最小值不小于
A1.0	1.0	0.8
A2.0	2.0	1.6
A2.5	2.5	2.0
A3.5	3.5	2.8
A5.0	5.0	4.0
A7.5	7.5	6.0
A10.0	10.0	8.0

表 4—35　蒸压加气混凝土砌块的强度级别

体积密度级别		B03	B04	B05	B06	B07	B08
强度级别	优等品（A）	A1.0	A2.0	A3.5	A5.0	A7.5	A10.0
	合格品（B）			A2.5	A3.5	A5.0	A7.5

表 4—36　蒸压加气混凝土砌块的干密度（单位：kg/m³）

干密度级别		B03	B04	B05	B06	B07	B08
干密度	优等品（A），≤	300	400	500	600	700	800
	合格品（B），≤	325	425	525	625	725	825

表 4—37　蒸压加气混凝土砌块的尺寸允许偏差和外观

项目			指标		
			优等品	一等品	合格品
尺寸允许偏差/mm	长度	L1	±3	±4	±5
	厚度	B1	±3	±3	+3，−4
	高度	H1	±2	±3	+3，−4
缺棱掉角	个数/个		≤0	≤1	≤2
	最大尺寸/mm		≤0	≤70	≤70
	最小尺寸/mm		≤0	≤30	≤30
平面弯曲/mm			≤0	≤3	≤5
裂纹	条数/条		≤0	≤1	≤2
	在任何一面上的裂纹长度不得大于裂纹方向尺寸的		0	1/3	1/2
	贯穿一棱两面的裂纹长度不得大于裂纹所在面的裂纹方向尺寸总和的		0	1/3	1/3
爆裂、黏膜和损坏深度不得大于/mm			10	20	30
表面疏松、层裂			不允许		
表面油污			不允许		

表 4—38　蒸压加气混凝土砌块的三项性能指标

干密度级别		B03	B04	B05	B06	B07	B08
干燥收缩值[①]	标准法 mm/m，≤	0.50					
	快速法 mm/m，≤	0.80					
抗冻性	质量损失（%），≤	5.0					
	冻后强度 /MPa，≤　优等品（A）	0.8	1.6	2.8	4.0	6.0	8.0
	合格品（B）	0.8	1.6	2.0	2.8	4.0	6.0
导热系数（干态）/ [W/(m·K)]，≤		0.10	0.12	0.14	0.16	0.18	0.20

①规定采用标准法、快速法测定砌块干燥收缩值，若测定结果发生矛盾不能判定时，则以标准法测定的结果为准。

干表观密度 500kg/m³、强度 3.5 级的蒸压加气混凝土砌块，可用于三层以下、总高度不超过 10m 的横墙承重房屋；干表观密度 700kg/m³、强度 5.0 级的砌块，可用于五层以下、总高度不超过 16m 的横墙承重房屋。采用横墙承重的结构方案，横墙间距不宜超过 4.2m，尽可能使横墙对正贯通，每层应设置现浇钢筋混凝土圈梁，以保证房屋有较好的空间整体刚度。

建筑物的基础，处于浸水、高湿和化学侵蚀环境，承重制品表面温度高于 80℃ 的部位，均不得采用加气混凝土砌块。加气混凝土外墙面，应做饰面防护措施。

第 3 讲　粉煤灰砌块

粉煤灰砌块，是以粉煤灰、石灰、石膏和骨料等为原料，加水搅拌、振动成型、蒸汽养护而制成的密实砌块。

粉煤灰块的主规格外形尺寸为：880mm×380mm×240mm 和 880mm×430mm ×240mm。砌块端面应加灌浆槽，坐浆面宜设抗剪槽。砌块的强度等级，按其立方体试件的抗压强度，分为 10 级和 13 级。砌块按外观质量、尺寸偏差和干缩性能，分为一等品（B）及合格品（C）。

粉煤灰砌块的抗压强度、碳化后强度、抗冻性能和密度，应符合表 4—39 的规定；外观质量和尺寸允许偏差，应符合表 4—40 的规定。砌块的干缩性能，以干缩值为指标，一等品≤0.75mm/m；合格品≤0.90mm/m。

粉煤灰砌块，按《粉煤灰砌块》（JC 238-1991）（1996）规定的方法和规则，进行检验和评定。

粉煤灰砌块的主要原料，煤渣占 55% 左右，粉煤灰占 30% 多，对利用工业废料有重要意义。加入的石灰与粉煤灰中的活性成分，由于在水湿条件下反应，生成硅酸盐类产物，所以粉煤灰砌块实为硅酸盐混凝土制品的一种。它的表观密度小于 1900kg/m³，属于轻混凝土的范畴，适用于一般建筑的墙体和基础。只要砌块的工艺过关、管理严格、产品性能稳定，在建筑设计时，结合房屋构造和装饰采取必要的措施，该砌块建筑的耐久性还是可靠的。

表 4—39　粉煤灰砌块的性能

项目	指标	
	10 级	13 级
抗压强度/MPa	3 块试件平均值不小于 10.0，单块最小值 8.0	3 块试件平均值不小于 13.0，单块最小值 10.5
人工碳化后强度/MPa	不小于 6.0	不小于 7.5
密度/（kg/m³）	不超过产品密度 10%	
抗冻性	冻融循环结束后，外观无明显疏松、剥落或裂缝；强度损失不大于 20%	

表 4—40　粉煤灰砌块的外观质量和尺寸允许偏差　　　（单位：mm）

项　目		指　标	
		一等品（B）	合格品（C）
外观质量	表面疏松	不允许	
	贯穿面棱的裂缝	不允许	
	任一面上的裂缝长度，不得大于裂缝方向砌块尺寸的	1/3	
	石灰团、石膏团	直径大于 5 的，不允许	
	粉煤灰团、空洞和爆裂	直径大于 30 的，不允许	直径大于 50 的，不允许
	局部突起高，≤	10	15
	翘曲，≤	6	8
	缺棱掉角的长、宽、高三个方向上投影的最大值，≤	30	50
	高低差 长度方向	6	8
	高低差 宽度方向	4	6
尺寸允许偏差	长度	+4，-6	+5，-10
	高度	+4，-6	+5，-10
	宽度	±3	±6

第 3 单元　墙用板材

建筑板材作为新型墙体材料，主要分为轻质板材类（平板和条板）与复合板类（外墙板、内隔墙板、外墙内保温板和外墙外保温板），常用的板材产品有：纸面石膏板；玻璃纤维增强水泥轻质多孔隔墙条板、金属面聚苯乙烯夹芯板、纤维增强低碱度水泥建筑平板、蒸压加气混凝土板等。

第 1 讲　纸面石膏板

纸面石膏板具有轻质、较高的强度、防火、隔声、保温和低收缩率等物理性能，而且还具有可锯、可刨、可钉、可用螺钉紧固等良好的加工使用性能。

1.分类及主要质量指标

纸面石膏板按其用途可分为：普通纸面石膏板、耐水纸面石膏板、耐火纸面石膏板以及耐水耐火纸面石膏板四种。

普通纸面石膏板是以建筑石膏为主要原料，掺入适量纤维增强材料和外加剂等，在与水搅拌后，浇注于护面纸的面纸与背纸之间，并与护面纸牢固地粘结在一起的建筑板材。若在板芯配料中加入防水、防潮外加剂，并用耐水护面纸，即可制成耐水纸面石膏板；若在板芯配料中加入无机耐火纤维增强材料，构成耐火芯材，即可制成耐火纸面石膏板。

纸面石膏板按棱边形状分为矩形（代号 J）、倒角形（代号 D）、楔形（代号 C）和圆形（代号 Y）四种（图 4—9～图 4—12），也可根据用户要求生产其他棱边形状的板材。

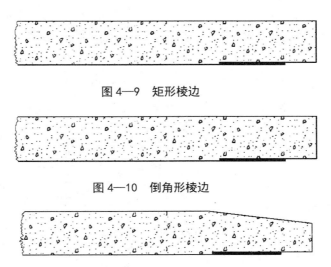

图 4—9　矩形棱边

图 4—10　倒角形棱边

图 4—11　楔形棱边

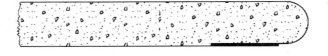

图 4—12　圆形棱边

纸面石膏板的主要质量指标有：外观质量、尺寸偏差、对角线长度差、楔形棱边断面尺寸、断裂荷载、护面纸与石膏芯的粘结、吸水率、表面吸水量等。

2. 规格尺寸

纸面石膏板的公称长度为 1500mm、1800mm、2100mm、2400mm、2440mm、2700mm、3000mm、3300mm、3600mm 和 3660mm。

纸面石膏板的公称宽度为 600mm、900mm、1200mm 和 1220mm。

纸面石膏板的公称厚度为 9.5mm、12.0mm、15.0mm、18.0mm、21.0mm 和 25.0mm。

3. 外观质量

纸面石膏板表面平整，不应有影响使用的破损、波纹、沟槽、污痕、亏料、漏料和划伤等缺陷。

4. 尺寸偏差

纸面石膏板的尺寸偏差应不大于表 4—41 的规定。

表 4—41　纸面石膏板尺寸偏差　（单位：mm）

项目	长度	宽度	厚度	
			9.5	≥12.0
尺寸偏差	-6~0	-5~0	±0.5	±0.6

第 2 讲　玻璃纤维增强水泥轻质多孔隔墙条板

玻璃纤维增强水泥轻质多孔隔墙条板（俗称 GRC 条板）是以水泥为胶凝材料，以玻璃纤维为增强材料，外加细骨料和水，经过不同生产工艺而形成的一种具有若干个圆孔的条形板，具有轻质、高强、隔热、可锯、可钉、施工方便等优点。产品主要用于工业和民用建筑的内隔墙。

1. 产品分类

GRC 轻质多孔隔墙条板的型号按板的厚度分为 90 型、120 型，按板型分为普通、门框板、窗框板、过梁板。图 4—13 和图 4—14 所示为一种企口与开孔形式的外形和断面示意图。

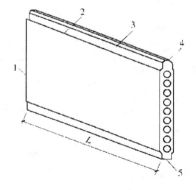

图 4—13　GRC　轻质多孔隔墙条板外形示意图
1-板端；2-板边；3-接缝槽；4-榫头；5-榫槽

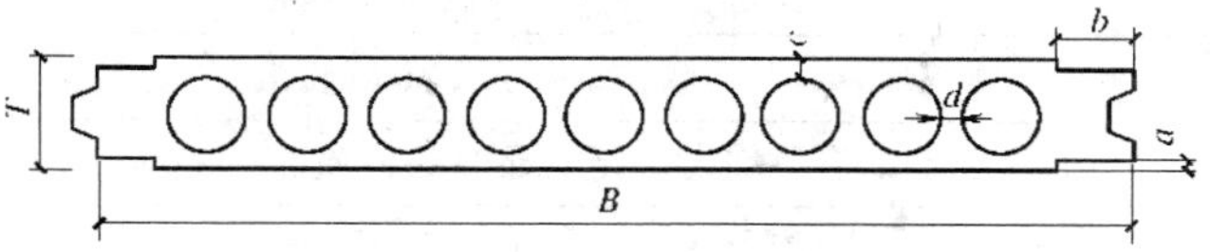

图 4—14 GRC 轻质多孔隔墙条板断面示意图

GRC 轻质多孔隔墙条板可采用不同企口和开孔形式，但均应符合表 4—42 的要求。

表 4—42 产品型号及规格尺寸 （单位：mm）

型号	长度（L）	宽度（B）	厚度（T）	接缝槽深（a）	接缝槽宽（b）	壁厚（c）	孔间肋厚（d）
90	2500~3000	600	90	2~3	20~30	≥10	≥20
120	2500~3500	600	120	2~3	20~30	≥10	≥20

2.尺寸偏差

轻质多孔隔墙条板的尺寸偏差应符合表 4—43 的要求。

表 4—43 尺寸偏差允许值 （单位：mm）

项目	长度	宽度	厚度	侧向弯曲	板面平整度	对角线差	接缝槽宽	拉缝槽深
一等品	±3	±1	±1	≤1	≤2	≤10	$^{+2}_{0}$	$^{+0.5}_{0}$
合格品	±5	±2	±2	≤2	≤2	≤10	$^{+2}_{0}$	$^{+0.5}_{0}$

第 3 讲 金属面聚苯乙烯夹芯板

金属面聚苯乙烯夹芯板是以阻燃型聚苯乙烯泡沫塑料作芯材，以彩色涂层钢板为面材，用粘结剂复合而成的金属夹芯板（简称夹芯板）。具有保温隔热性能好、重量轻、机械性能好、外观美观、安装方便等特点。适合于大型公共建筑，如车库、大型厂房、简易房等，所用部位主要是建筑物的绝热屋顶和墙壁。

1.规格尺寸

金属夹芯板的规格尺寸应符合表 4—44 的要求。

表 4—44 金属夹芯板规格尺寸 （单位：mm）

厚度	50	75	100	150	200	250
宽度	1150、1200					
长度	≤12000					

2.外观质量

金属夹芯板的外观质量应符合表 4—45 的要求。

表4—45　金属夹芯板外观质量

项目	质量要求
板面	板面平整、色泽均匀，无明显凹凸、翘曲、变形
表面	表面清洁、无胶痕与油污
缺陷	除卷边与切割边外，其余板面无明显划痕、磕碰、伤痕等
切口	切口平直，板边缘无明显翘角、脱胶与波浪形，面板宜向内弯包
芯板	芯板切面应整齐，无大块剥落，块与块之间接缝无明显间隙

3.尺寸允许偏差

金属夹芯板的尺寸允许偏差应符合表4—46的要求。

表4—46　金属夹芯板尺寸允许偏差　　　　　（单位：mm）

项目	长度		宽度	厚度	对角线差	
	≤3000	>3000			≤6000	>6000
允许偏差	±3	±5	±2	±2	≤4	≤6

4.面密度

金属夹芯板的面密度应符合表4—47的要求。

表4—47　金属夹芯板面密度允许值

板厚度/mm 面材厚度/mm	面密度/（kg/m^2），≥					
	50	75	100	150	200	250
0.5	9.0	9.5	10.0	10.5	11.5	12.5
0.6	10.5	11.0	11.5	12.0	13.0	14.0

第4讲　纤维增强低碱度水泥建筑平板

　　纤维增强低碱度水泥建筑平板是以温石棉、短切中碱玻璃纤维或抗碱玻璃纤维等为增强材料、以Ⅰ形低碱度硫铝酸盐水泥为胶结材料制成的建筑平板。具有轻质、抗折及抗冲击荷载性能好、防潮、防水、不易变形等优点，适用于多层框架结构体系及高层建筑的内隔墙。

1.等级

　　按尺寸偏差和物理力学性能，纤维增强低碱度水泥建筑平板分为：优等品（A）、一等品（B）、合格品（C）。

2.规格尺寸

　　纤维增强低碱度水泥建筑平板的规格尺寸见表4—48。

表 4—48　纤维增强低碱度水泥建筑平板规格尺寸　　　　（单位：mm）

规格	公称尺寸	规格	公称尺寸
长度	1200，1800，2400，2800	厚度	4，5，6
宽度	800，900，1200		

注：如需其他规格或边缘未经切割的板材,可由供需双方协商确定。

3.代号

掺石棉纤维增强低碱度水泥建筑平板代号为 TK；无石棉纤维增强低碱度水泥建筑平板代号为 NTK。

4.尺寸允许偏差

纤维增强低碱度水泥建筑平板的尺寸允许偏差应符合表 4—49 的要求。

表 4—49　纤维增强低碱度水泥建筑平板尺寸允许偏差

规格	尺寸允许偏差		
	优等品	一等品	合格品
长度/mm 宽度/mm	±2	±5	±8
厚度/mm	±0.2	±0.5	±0.6
厚度不均匀度/（%）	≤8	≤10	≤12

第 5 讲　蒸压加气混凝土板

蒸压加气混凝土板是由石英砂或粉煤灰、石膏、铝粉、水和钢筋等制成的轻质板材。板中含有大量微小、非连通的气孔，孔隙率达 70%～80%，因而具有自重轻、绝热性好、隔声吸声等特性。该板材还具有较好的耐火性与一定的承载能力。石英砂或粉煤灰和水是生产蒸压加气混凝土板的主要原料，对制品的物理力学性能起关键作用；石膏作为掺和料，可改善料浆的流动性与制品的物理性能。铝粉是发气剂，与 Ca（OH）$_2$ 反应起发泡作用；钢筋起增强作用，以提高板材的抗弯强度。在工业和民用建筑中被广泛用于屋面板和隔墙板。

1.品种及规格

蒸压加气混凝土板的品种有屋面板、外墙板、隔墙板等（图 4—15~图 4—17）。

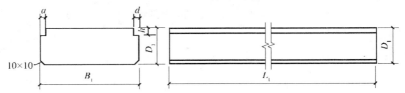

图 4—15　屋面板外形示意图

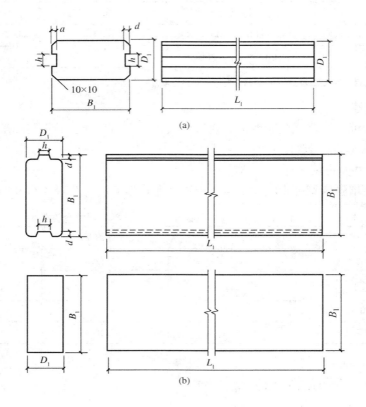

图 4—16　外墙板外形示意图

（a）竖向外墙板外形；（b）横向外墙板外形示意图

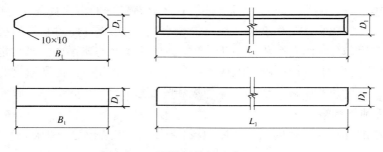

图 4—17　隔墙板外形示意图

加气混凝土墙板的规格见表 4—50。

表 4—50　加气混凝土墙板规格　　　　　（单位：mm）

| 品种 | 代号 | 产品公称尺寸 | | | 产品制作尺寸 | | | 槽 | |
		长度 L	宽度 B	厚度 D	长度 L₁	宽度 B₁	厚度 D₁	高度 h	宽度 d
屋面板	JWB	1800~1600	500 600	150、170、180、200、240、250	L-20	B-2	D	40	15
外墙板	JQB	1500~6000	500 600	150、170、180、200、2400、250	竖向：L 横向：L-20	B-2	D	30	30
隔墙板	JGB	按设计要求	500 600	75、100、120	按设计要求	B-2	D	—	—

2.等级

蒸压加气混凝土板按加气混凝土干体积密度分为 05、06、07、08 级。

蒸压加气混凝土板按尺寸允许偏差和外观分为：优等品（A）、一等品（B）和合格品（C）三个等级。

3.性能

加气混凝土墙板性能应符合表 4—51 的要求。

表 4—51　加气混凝土墙板性能

项目	指标
蒸压加气混凝土性能	应符合《蒸压加气混凝土砌块》（GB 11968-2006）的规定
钢筋	应符合《钢筋混凝土用钢　第 2 部分：热扎带肋钢筋》（GB 1499.2-2007）的规定
钢筋网或焊接骨架的焊点强度	应符合《混凝土结构工程施工质量验收规范》（GB 50204-2002，2011 年版）的规定
钢筋涂层防腐能力	≥8 级
板内钢筋黏着力/MPa　05 级	≥0.8
板内钢筋黏着力/MPa　07 级	≥1.0
单筋黏着力/MPa　05 级 06 级 07 级	不得小于 0.5

4.加气混凝土墙板外观和尺寸允许偏差

加气混凝土墙板外观和尺寸允许偏差应符合表 4—52 的要求。

表 4—52 加气混凝土墙板的外观规定和尺寸允许偏差　（单位：mm）

项目	基本尺寸		允许偏差		
			优等品（A）	一等品（B）	合格品（C）
尺寸	长度 L	按制作尺寸	±4	±5	±7
	宽度 B	按制作尺寸	+2 -4	+2 -5	+2 -6
	厚度 D	按制作尺寸	±2	±3	±4
	槽	按制作尺寸	-0 +5	-0 +5	-0 +5
	侧向弯曲		L₁/1000	L₁/1000	L₁/750
	对角线差		L₁/600	L₁/600	L₁/600
	表面平整		5	5	5
露筋、掉角、侧面损伤、大面损伤、端部掉头			不允许	不允许	不允许
钢筋保护层	主筋	20	+5 -10	+5 -10	+5 -10
	端部	0~15	—	—	—

第 4 单元　墙体材料取样与检测

一、烧结普通砖取样

检验批按 3.5～15 万块为一批，不足 3.5 万块亦按一批计。用随机抽样法从外观质量和尺寸偏差检验合格的样品中抽取 15 块，其中 10 块做抗压强度检验，5 块备用。

二、普通混凝土小型空心砌块取样

以用同一种原材料配成同强度等级的混凝土，用同一种工艺制成的同等级的 1 万块为一批，砌块数量不足 1 万块时亦为一批。由外观合格的样品中随机抽取 5 块作抗压强度检验。

三、烧结空心砖和空心砌块

检验批按 3.5～15 万块为一批，不足 3.5 万块亦按一批计。用随机抽样法从外观质量检验合格的样品中抽取 15 块，其中 10 块做抗压强度检验，5 块做密度检验。

四、轻集料混凝土小型空心砌块

（1）组批规则

砌块按密度等级和强度等级分批验收。它以用同一品种轻集料配制成的相同密度等级、相同强度等级、相同质量等级和同一生产工艺制成的 10000 块为一批；每月生产的砌块数不足 10000 块者亦为一批。

(2)抽样规则

每批随机抽取 32 块做尺寸偏差和外观质量检验，而后再从外观合格砌块中随机抽取如下数量进行其他项目的检验：

1）抗压强度：5 块；

2）表观密度、吸水率和相对含水率：3 块。

五、蒸压加气混凝土砌块

（1）取样方法

同品种、同规格、同等级的砌块以 1 万块为一批，不足 1 万块亦为一批。随机抽取 50 块砌块进行尺寸偏差、外观检验。砌块外观验收在交货地点进行，从尺寸偏差与外观检验合格的砌块中，随机抽取砌块，制作 3 组试件进行立方体抗压强度检验，制作 3 组试件做干体积密度检验。

（2）试件制作方法

1）试件的制备采用机锯或刀锯，锯时不得将试作弄湿。

2）体积密度、抗压强度试件，沿制品膨胀方向中心部分上、中、下顺序锯取一组，"上"块上表面距离制品顶面 30mm，"中"块在制品正中处，"下"块下表面离制品底面 30mm,制品的高度不同，试件间隔略有不同。

第5部分

建筑防水、保温材料及检验

第1单元　建筑防水材料及检验

第1讲　防水卷材

　　卷材是一种用来铺贴在屋面或地下防水结构上的防水材料。防水卷材分为有胎卷材和无胎卷材两类，凡用厚纸、石棉布、玻璃布、棉麻织品等作为胎料，浸渍石油沥青、改性石油沥青或合成高分子聚合物等制成的卷状材料，称有胎卷材（亦称浸渍卷材）；以沥青、橡胶或树脂为主体材料，配入填充料改性材料等添加料，经混炼、压延或挤出成型而制得的卷材称无胎卷材。

　　防水卷材按其基材种类分为沥青基防水卷材、改性沥青防水卷材和合成高分子防水卷材三大类。目前，我国最常见的防水卷材是改性沥青防水卷材类。

一、弹性体改性沥青防水卷材

　　弹性体改性沥青防水卷材的性能要求见表5—1。

表5—1　弹性体改性沥青防水卷材的物理力学性能（GB 18242-2008）

序号	项　目		指标				
			I		II		
			PY	G	PY	G	PYG
1	可溶物含量/(g/m^2) $\geqslant$	3 mm	2100				—
		4 mm	2900				—
		5 mm	3 500				
		试验现象	—	胎基不燃	—	胎基不燃	—

续表

序号	项目		指标				
			I		II		
			PY	G	PY	G	PYG
2	耐热性	℃	90		105		
		≤mm	2				
		试验现象	无流淌、滴落				
3	低温柔性/℃		−20		−25		
			无裂缝				
4	不透水性 30 min		0.3 MPa	0.2 MPa	0.3 MPa		
5	拉力	最大峰拉力/(N/50 mm) ≥	500	350	800	500	900
		次高峰拉力/(N/50 mm) ≥	—	—	—	—	800
		试验现象	拉伸过程中,试件中部无沥青涂盖层开裂或与胎基分离现象				
6	延伸率	最大峰时延伸率(%) ≥	30	—	40	—	—
		第二峰时延伸率(%) ≥	—	—	—	—	15
7	浸水后质量增加(%) ≤	PE、S	1.0				
		M	2.0				
8	热老化	拉力保持率(%) ≥	90				
		延伸率保持率(%) ≥	80				
		低温柔性/℃	−15		−20		
			无裂缝				
		尺寸变化率(%) ≤	0.7	—	0.7	—	0.3
		质量损失(%) ≤	1.0				
9	渗油性	张数 ≤	2				
10	接缝剥离强度/(N/mm) ≥		1.5				
11	钉杆撕裂强度①/N ≥						300
12	矿物粒料黏附性②/g ≤		2.0				
13	卷材下表面沥青涂盖层厚度③/mm ≥		1.0				
14	人工气候加速老化	外观	无滑动、流淌、滴落				
		拉力保持率(%) ≥	80				
		低温柔性/℃	−15		−20		
			无裂缝				

①仅适用于单层机械固定施工方式卷材。

②仅适用于矿物粒料表面的卷材。

③仅适用于热熔施工的卷材。

弹性体改性沥青防水卷材是热塑性体改性沥青（简称弹性体沥青）涂盖在经沥青浸渍后的胎基两面，上表面撒以细砂、矿物粒（片）料或覆盖聚乙烯膜，下表面撒以细砂或覆盖聚乙烯膜所制成的防水卷材。胎基材料主要为聚酯无纺布、玻璃纤维毡，也可使用麻布或聚乙烯膜。

目前，国内生产的主要为 SBS 改性沥青柔性防水卷材。

SBS 改性沥青柔性防水卷材，具有良好的不透水性和低温柔韧性，在-15～25℃下仍保持其柔韧性；同时，还具有抗拉强度高、延伸率较大、耐腐蚀性及高耐热性等优点。

弹性体沥青防水卷材适用于建筑屋面、地下及卫生间等的防水防潮，以及游泳池、隧道、蓄水池等的防水工程，尤其适用于寒冷地区建筑物防水，并可用于Ⅰ级防水工程。

弹性体沥青防水卷材施工时可用热熔法施工，也可用胶粘剂进行冷粘贴施工。包装、贮运基本与石油沥青油毡相似。

二、塑性体改性沥青防水卷材

塑性体改性沥青防水卷材是热塑性树脂改性沥青（简称塑性体改性沥青）涂盖在经沥青浸渍后的胎基两面，在上表面撒以细砂、矿物粒（片）料或覆盖聚乙烯膜，下表面撒以细砂或覆盖聚乙烯膜所制成的一种沥青防水卷材。胎基材料有玻纤毡、聚酯毡等。

与弹性体改性沥青防水卷材相比，塑性体改性防水卷材具有更高的耐热性，但低温柔韧性较差，其他性质基本相同。塑性体改性沥青防水卷材除了与弹性体改性沥青防水卷材的适用范围基本一致外，尤其适用于高温或有强烈太阳辐射地区的建筑物防水，目前生产的主要为 APP 改性沥青防水卷材。

塑性体改性沥青防水卷材的性能要求见表5—2。

表5—2　塑性体改性沥青防水卷材的物理力学性能（GB 18243-2008）

序号	胎　　基		PY		G	
	型　　号		Ⅰ	Ⅱ	Ⅰ	Ⅱ
1	可溶物含量/(g/m²)，≥	2 mm	—		1300	
		3 mm	2100			
		4 mm	2900			
2	不透水性	压力/MPa，≥	0.3		0.2	0.3
		保持时间/min，≥	30			
3	耐热度/℃		110	130	110	130
			无滑动、流淌、滴落			
4	拉力/(N/50 mm)，≥	纵向	450	800	350	500
		横向			250	300
5	最大拉力时延伸率(%)，≥	纵向	25	40	—	
		横向				

注：1.表中 1～6 项为强制性项目。

2.Ⅰ型产品质量水平为国际一般水平，Ⅱ型为国际先进水平。

三、　高分子防水卷材

随着合成高分子材料的发展，出现以合成橡胶或塑料为主的高效能防水卷材及其他品种为辅的防水材料体系，由于它们具有使用寿命长，低污染、技术性能好等特点，因而得到广泛的开发和应用。

高分子防水卷材系以橡胶或高聚物为主要原料，掺入适量填料、增塑剂等改性剂经混炼造粒、压延等工序制成的防水卷材。

高分子防水卷材具有抗拉强度高、延伸率大、自重轻（2kg/m^2）、使用温度范围宽（-40～80℃）、可冷施工等优点，主要缺点是耐穿刺性差（厚度 1～2mm）、抗老化能力弱。所以，其表面常施涂浅色涂料（少吸收紫外线）或以水泥砂浆、细石混凝土、块体材料作卷材的保护层。

高分子防水卷材的种类较多，如片材的分类见表 5—3。

表 5—3　片材的分类

分　类		代号	主要原材料
均质片	硫化橡胶类	JL1	三元乙丙橡胶
		JL2	橡胶（橡塑）共混
		JL3	氯丁橡胶、氯磺化聚乙烯、氯化聚乙烯等
		JL4	再生胶
	非硫化橡胶类	JF1	三元乙丙橡胶
		JF2	橡胶（橡塑）共混
		JF3	氯化聚乙烯
	树脂类	JS1	聚氯乙烯等
		JS2	乙烯乙酸乙烯、聚乙烯等
		JS3	乙烯乙酸乙烯改性沥青共混等
复合片	硫化橡胶类	FL	三元乙丙、丁基、氯丁橡胶、氯磺化聚乙烯等
	非硫化橡胶类	FF	氯化聚乙烯、三元乙丙、丁基、氯丁橡胶、氯磺化聚乙烯等
	树脂类	FS1	聚氯乙烯等
		FS2	聚乙烯、乙烯乙酸乙烯等
点粘片	树脂类	DS1	聚氯乙烯等
		DS2	乙烯乙酸乙烯、聚乙烯等
		DS3	乙烯乙酸乙烯改性沥青共混物等

均质片和复合片的性能要求见表 5—4、表 5—5。

目前国内应用较广的高分子防水卷材主要有三元乙丙橡胶防水卷材、氯丁橡胶防水卷材和聚氯乙烯防水卷材。

表 5—4　均质片的物理性能（GB 18173.1-2006）

项目			指标									
			硫化橡胶类				非硫化橡胶类			树脂类		
			JL1	JL2	JL3	JL4	JF1	JF2	JF3	JS1	JS2	JS3
断裂拉伸强度/MPa	常温	≥	7.5	6.0	6.0	2.2	4.0	3.0	5.0	10	16	14
	60 ℃	≥	2.3	2.1	1.8	0.7	0.8	0.4	1.0	4	6	5
扯断伸长度（%）	常温	≥	450	400	300	200	450	200	200	200	550	500
	−20 ℃	≥	200	200	170	100	200	100	100	150	350	300
撕裂强度/(kN/m)		≥	25	24	23	15	18	10	10	40	60	60
不透水性（30 min）			0.3 MPa 无渗漏			0.2 MPa 无渗漏	0.3 MPa 无渗漏			0.2 MPa 无渗漏	0.3 MPa 无渗漏	
低温弯折/℃		≤	−40	−30	−30	−20	−30	−20	−20	−20	−35	−35
加热伸缩量/mm	延伸	≤	2	2	2	2	2	4	4	2	2	2
	收缩	≤	4	4	4	4	4	6	10	6	6	6
热空气老化（80 ℃×68 h）	断裂拉伸强度保持率（%）	≥	80	80	80	80	90	60	80	80	80	80
	扯断伸长率保持率（%）	≥	70	70	70	70	70	70	70	70	70	70
耐碱性（饱和 Ca(OH)₂ 溶液常温×168 h）	断裂拉伸强度保持率（%）	≥	80	80	80	80	80	70	70	80	80	80
	扯断伸长率保持率（%）	≥	80	80	80	80	90	80	70	80	90	90
臭氧老化（40 ℃×168 h）	伸长率,40%,500×10⁸		无裂纹	—	—	—	无裂纹	—	—	—	—	—
	伸长率,20%,500×10⁸		—	无裂纹	—	—	—	—	—	—	—	—
	伸长率,20%,500×10⁸		—	—	无裂纹	—	—	—	—	—	—	—
人工气候老化	断裂拉伸强度保持率（%）	≥	80	80	80	80	80	70	80	80	80	80
	扯断伸长率保持率（%）	≥	70	70	70	70	70	70	70	70	70	70
粘结剥离强度（片材与片材）	N/mm（标准试验条件）≥		1.5									
	浸水保持率（常温×168 h）（%）≥		70									

注：1.人工气候老化和黏合性能项目为推荐项目。

　　2.非外露使用可以不考核臭氧老化、人工气候老化、加热伸缩量、60℃断裂拉伸强度性能。

表 5—5　复合片的物理性能

项　　目			种　　类			
			硫化橡胶类	非硫化橡胶类	树脂类	
			FL	FF	FS1	FS2
断裂拉伸强度 /(N/cm)	常温	≥	80	60	100	60
	60 ℃	≥	30	20	40	30
扯断伸长率 (%)	常温	≥	300	250	150	400
	−20 ℃	≥	150	150	10	10
撕裂强度/N		≥	40	20	20	20
不透水性(0.3 MPa,30 min)			无渗漏	无渗漏	无渗漏	无渗漏
低温弯折温度/℃		≤	−35	−20	−30	−20
加热伸缩量 /mm	延伸	≤	2	2	2	2
	收缩	≤	4	4	2	4
热空气老化 (80 ℃×168 h)	断裂拉伸强度保持率(%)	≥	80	80	80	80
	扯断伸长率保持率(%)	≥	70	70	70	70
耐碱性[质量分数为 10%的 Ca(OH)₂ 溶液, 常温×168 h]	断裂拉伸强度保持率(%)	≥	80	60	80	80
	扯断伸长率保持率(%)	≥	80	60	80	80
臭氧老化(40 ℃×168 h), 200×10⁸			无裂纹	无裂纹	—	—
人工气候老化	断裂拉伸强度保持率(%)	≥	80	70	80	80
	扯断伸长率保持率(%)	≥	70	70	70	70
粘结剥离强度 (片材与片材)	N/mm(标准试验条件)	≥	1.5	1.5	1.5	1.5
	浸水保持率(常温×168 h)/ (%)	≥	70	70	70	70
复合强度(FS2 型表层与芯层)/(N/mm)		≥	—	—	—	1.2

注：1.人工气候老化和黏合性能项目为推荐项目。

　　2.非外露使用可以不考核臭氧老化、人工气候老化、加热伸缩量、60℃断裂拉伸强度性能。

1.三元乙丙橡胶防水卷材

　　三元乙丙橡胶防水卷材是以三元乙丙橡胶为主体，掺入适量的填充料、硫化剂等添加剂，经密炼、压延或挤出成型及硫化而制成。

　　三元乙丙橡胶卷材具有优良的耐老化性，耐低温、耐化学腐蚀及电绝缘性，而且具有重量轻、抗拉强度大、延伸率大等特点，但遇机油时宜溶胀。

三元乙丙橡胶是一种合成橡胶,因而三元乙丙橡胶卷材宜用合成橡胶胶粘剂粘贴,粘贴可采用全粘贴或局部粘贴等多种方式。它适用于屋面、地下、水池防水,化工建筑防腐等。

2.氯丁橡胶防水卷材

氯丁橡胶防水卷材是以氯丁橡胶为主体,掺入适量的填充剂、硫化剂、增强剂等添加剂,在经过密炼、压延或挤出成型及硫化而制成。

氯丁橡胶卷材的抗拉性能、延伸率、耐油性、耐日光、耐臭氧、耐气候性很好,与三元乙丙橡胶卷材相比,除耐低温性稍差外,其他性能基本相似。

氯丁橡胶卷材宜用氯丁橡胶胶粘剂粘贴,施工方法用全粘法。它适用于屋面、桥面、蓄水池及地下室混凝土结构的防水层等。

3.聚氯乙烯防水卷材

聚氯乙烯防水卷材是以聚氯乙烯为主体,掺入填充料、软化剂、增塑剂及其他助剂等,经混炼、压延或挤出成型而成。聚氯乙烯本身的低温柔性和耐老化性较差,通过改性后性能得到改善,可以满足建筑防水工程的要求。

聚氯乙烯卷材具有质轻、低温柔性好,尺寸稳定性、耐腐蚀性和耐细菌性好等优点。粘贴时可采用多种胶粘剂,施工方法采用全粘法或局部粘贴法。它除适用地下、屋面等防水外,尤其适用特殊要求的防腐工程。

四、防水卷材的厚度选择

该环节本是防水设计中重点考虑的,但是目前不论是生产方面还是施工方面,都存在偷工减料的现象,故将卷材的厚度选用要求列出来供大家参考,而且检验方法很简单,用较精密的尺具就可以在现场测量,卷材厚度选用分为屋面工程和地下工程两种要求,前面介绍的常用防水卷材在下列各表中有专门表述的,按照专门表述的要求;如没有则可以按产品所属大类的要求;若产品大类和具体产品在表中都没有提到,则表明该产品不适用该表所列以下防水等级。 屋面工程卷材防水层厚度选用应符合表5—6的规定。

表5—6 屋面卷材厚度选用表

屋面防水等级	设防道数	合成高分子防水卷材	高聚物改性沥青防水卷材	沥青防水卷材和沥青复合胎柔性防水卷材	自粘聚酯胎改性沥青防水卷材	自粘橡胶沥青防水卷材
I 级	三道或三道以上设防	不应小于1.5mm	不应小于3mm	—	不应小于2mm	不应小于1.5mm
II 级	二道设防	不应小于1.2mm	不应小于3mm	—	不应小于2mm	不应小于1.5mm
III 级	一道设防	不应小于1.2mm	不应小于4mm	三毡四油	不应小于3mm	不应小于2mm
IV 级	一道设防	—	—	二毡三油	—	—

地下工程卷材防水层厚度选用应符合表 5—7 的规定。

表 5—7　地下工程防水卷材厚度选用表

防水等级	设防道数	合成高分子防水卷材	高聚物改性沥青防水卷材
1 级	三道或三道以上设防	单层：不应小于 1.5mm 双层：每层不应小于 1.2mm	单层：不应小于 4mm 双层：每层不应小于 3mm
2 级	二道设防		
3 级	一道设防	不应小于 1.5mm	不应小于 4mm
	复合设防	不应小于 1.2mm	不应小于 3mm

五、常用建筑防水卷材的进场验收

建筑防水卷材在进入建设工程被使用前，必须进行检验验收。验收主要分为资料验收和实物质量验收两部分。

1.资料验收

（1）《全国工业产品生产许可证》。国家对建筑防水卷材产品实行生产许可证管理，由国家质量监督检验检疫总局对经审查符合国家有关规定的防水卷材生产企业统一颁发《全国工业产品生产许可证》（简称生产许可证）。证书的有效期一般不超过 5 年。对符合生产许可证申报条件的企业，由各省或直辖市工业产品生产许可证办公室先发《行政许可申请受理决定》，并自受理企业申请之日起 60 日内作出是否准予许可的决定。

例：防水卷材生产许可证编号：

XK23—203—×××××

XK——代表许可证；

　23——建材行业编号；

203——建筑防水卷材产品编号；

×××××为某一特定企业生产许可证编号。

为防止生产许可证的造假现象，施工单位、监理单位可通过国家质量监督检验检疫总局网站（www.aqsiq.gov.cn）进行建筑防水卷材生产许可证获证企业查询。

（2）防水卷材质量证明书。防水卷材在进入施工现场时应对质量证明书进行验收。质量证明书必须字迹清楚，应注明供方名称或厂标、产品标准、生产日期和批号、产品名称、规格及等级、产品标准中所规定的各项出厂检验结果等。质量证明书应加盖生产单位公章或质检部门检验专用章。

（3）材料台账。防水卷材进场后，施工单位应及时建立"建设工程材料采购验收检验使用综合台账"，监理单位可设立"建设工程材料监理监督台账"。台账内容包括材料名称、规格品种、生产单位、供应单位、进货日期、送货单编号、实收数量、生产许可证编号、质量证明书编号、外观质量、材料检验日期、复验报告编号和结果，工程材料报审表签认日期、使用部位、审核人员签名等。

（4）产品包装和标志。卷材可用纸包装或塑胶带成卷包装、纸包装时应以全柱面包装,柱面两端未包装长度总计不应超过 100mm。标志包括生产厂名、产品标记、生产日期或批号、生产许可证编号、贮存与运输注意事项。

同时核对包装标志与质量证明书上所示内容是否一致。

2.实物质量验收

实物质量验收分为外观质量验收、物理性能复验、胶粘剂验收等。

(1)外观质量验收。必须对进场的防水卷材进行外观质量的检验,该检验可在施工现场通过目测和尺具测量进行,前面介绍过的常用防水卷材分属三大类,由于每一大类的防水卷材的外观质量要求基本一致,下面就按产品大类分别介绍外观质量要求。

沥青防水卷材的外观质量要求,见表5—8。

表5—8 沥青防水卷材外观质量

项目	质量要求
孔洞、硌伤	不允许
露胎、涂盖不匀	不允许
折纹、皱折	距卷芯 1000mm 以外,长度不大于 100mm
裂纹	距卷芯 1000mm 以外,长度不大于 10mm
裂口、缺边	边缘裂口小于 20mm 以外,缺边长度小于 50mm,深度小于 20mm
每卷卷材的接头	不超过 1 处,较短的一段不应小于 2500mm,接头处应加长 150mm

高聚物改性沥青防水卷材的外观质量要求,见表5—9。

表5—9 高聚物改性沥青防水卷材外观质量

项目	质量要求
孔洞、缺边、裂口	不允许
边缘不整齐	不超过 10mm
胎体露白,未浸透	不允许
撒布材料粒度、颜色	均匀
每卷卷材的接头	不超过 1 处,较短的一段不应小于 2500mm,接头处应加长 150mm

合成高分子防水卷材的外观质量要求,见表5—10。

表5—10 合成高分子防水卷材外观质量

项目	质量要求
抓痕	每卷不超过 2 处,总长度不超过 20mm
杂质	大于 0.5mm 颗粒不允许,每 $1m^2$ 不超过 $9mm^2$
胶块	每卷不超过 6 处,每处面积不大于 $4mm^2$
凹痕	每卷不超过 6 处,深度不超过本身厚度的 30%;树脂类深度不超过 5%
每卷卷材的接头	橡胶类每20m 不超过 1 处,较短的一段不应小于 3000mm,接头处应加长 150mm;树脂类 20m 长度内不允许有接头

(2)防水卷材的进场复验。

进场的卷材,应进行抽样复验,合格后方能使用,复验应符合下列规定。

1)同一品种、型号和规格的卷材,抽样数量:大于 1000 卷抽取 5 卷;500~

1000 卷抽取 4 卷；100～499 卷抽取 3 卷；小于 100 卷抽取 2 卷。

2）将受检的卷材进行规格尺寸和外观质量检验，全部指标达到标准规定时，即为合格。其中若有一项指标达不到要求，允许在受检产品中另取相同数量卷材进行复验，全部达到标准规定为合格。复验时仍有一项指标不合格，则判定该产品外观质量为不合格。

3）在外观质量检验合格的卷材中，任取一卷做物理性能检验，若物理性能有一项指标不符合标准规定，应在受检产品中加倍取样进行该项复验，复验结果如仍不合格，则判定该产品为不合格。

（3）防水卷材胶粘剂、胶粘带的质量要求和进场验收。防水卷材在施工中需要胶粘剂、胶粘带等配套材料，配套材料的质量如果不符合有关要求，将影响防水工程的整体质量，所以也是至关重要的。

1）防水卷材胶粘剂、胶粘带的质量应符合下列要求。改性沥青胶粘剂的剥离强度不应小于 8N/10mm；合成高分子胶粘剂的剥离强度不应小于 15N/10mm，浸水168h 后的保持率不应小于 70％，见表 5—11；双面胶粘带的剥离强度不应小于6N/10mm，浸水 168h 后的保持率不小于 70％。

表 5—11　合成高分子防水卷材部分物理性能指标（包括屋面和地下）

项　　目		性 能 要 求									
		硫化橡胶			非硫化橡胶		树脂类		纤维增强类		
		屋面要求	地下要求 JL1	地下要求 JL2	屋面要求	地下要求 JF3	屋面要求	地下要求 JS1	屋面要求	地下要求 JL1	
拉伸强度/MPa	≥	6	8	7	3	5	10	8	9	8	
扯断伸长率/（％）	≥	400	450	400	200	200	200	200	10	10	
低温弯折/℃		−30	−45	−40	−20	−20	−20	−20	−20	−20	
不透水性	压力/MPa　≥	0.3	0.3	0.3	0.2	0.3	0.3	0.3	0.3	0.3	
	保持时间/min　≥	30									
加热收缩率/（％）	＜	1.2	−	−	2.0	−	2.0	−	1.0	−	
热老化保持率（80℃,168h）	拉伸强度/（％）≥	80									
	扯断伸长率/（％）≥	70									

2）防水卷材胶粘剂、胶粘带的进场验收。

进场的卷材胶粘剂和胶粘带物理性能应检验下列项目：

改性沥青胶粘剂应检验剥离强度；合成高分子胶粘剂应检验剥离强度和浸水168h 后的保持率；双面胶粘带应检验剥离强度和浸水 168h 后的保持率。

六、防水卷材和胶粘剂的贮运与保管

（1）不同品种、型号和规格的卷材应分别堆放。

（2）卷材应贮存在阴凉通风的室内，避免雨淋、日晒和受潮，严禁接近火源。

（3）沥青防水卷材贮存环境温度不得高于 45℃。

（4）沥青防水卷材宜直立堆放，其高度不宜超过两层，并不得倾斜或横压，短途运输平放不宜超过四层。

（5）卷材应避免与化学介质及有机溶剂等有害物质接触。

（6）不同品种、规格的卷材胶粘剂和胶粘带，应分别用密封桶或纸箱包装。

（7）卷材胶粘剂和胶粘带应贮存在阴凉通风的室内，严禁接近火源和热源。

第2讲 防水涂料

建筑防水涂料也是一种比较常用的防水材料，被广泛地运用于屋面、地下室防水，尤其是地下室防水。外观一般为液体状，可涂刷在需要防水的基面上，按其成分可分为高聚物改性沥青防水涂料、合成高分子防水涂料、无机防水涂料三类。

一、 常用建筑防水涂料

1.高聚物改性沥青防水涂料

高聚物改性沥青防水涂料以建筑物屋面防水为主要用途，以石油沥青为基料，用高分子聚合物进行改性，配制成的水乳型或溶剂型防水涂料。代表性的材料为水性沥青基防水涂料。

水性沥青基防水涂料是以乳化沥青为基料的防水涂料，分为薄质和厚质。薄质在常温时为液体，具有流平性；厚质在常温时为膏体或黏稠体，不具有流平性。该产品属于国家限制使用的建筑材料，一般仅用于屋面防水。

2.合成高分子防水涂料

合成高分子防水涂料在混凝土材料的基面上涂刷后，能形成均匀无缝的防水层，具有良好的防水渗作用。由于涂料在成膜过程中没有接缝，不仅能够在平屋面上，而且还能够在立面、阴阳角和其他各种复杂表面的基层上形成连续不断的整体性防水涂层。比较常用的品种有聚氨酯防水涂料、聚合物乳液防水涂料、聚氨酯硬泡体防水保温材料等。

（1） 聚氨酯防水涂料。

以合成橡胶为主要成膜物质，配制成的单组分或多组分防水涂料。产品按组分分为单组分和双组分，按拉伸性能分为Ⅰ、Ⅱ型。在常温固化成膜后，形成无异味的橡胶状弹性体防水层。该产品具有拉伸强度高、延伸率大、耐寒、耐热、耐化学稳定性、耐老化、施工安全方便、无异味、不污染环境、粘结力强，也能在潮湿基面施工，能与石油沥青及防水卷材相容和维修容易等特点。

（2） 聚合物乳液建筑防水涂料。

以聚合物乳液为主要原料，加入其他添加剂而制得的单组分水乳型防水涂料。以高固含量的丙烯酸酯乳液为基料，掺加各种原料及不同助剂配制而成。该防水涂料色彩鲜艳，无毒无味、不燃、无污染，具有优异的耐老化性能、粘结力强、高弹性，延伸率、耐寒、耐热、抗渗漏性能好，施工简单，工效高，维修方便等特点。

3.聚合物水泥防水涂料

以丙烯酸酯等聚合物乳液和水泥为主要原料，加入其他外加剂制得的双组分水性建筑防水涂料。

产品分为Ⅰ、Ⅱ型，Ⅰ型为以聚合物为主的防水涂料，主要用于非长期浸水环境下的建筑防水工程；Ⅱ型为以水泥为主的防水涂料，适用于长期浸水环境下的建筑防水工程。

4.水泥基渗透结晶型防水涂料

水泥基渗透结晶型防水涂料是以硅酸盐水泥或普通硅酸盐水泥、石英砂等为基料，掺入活性化学物质制成。

按施工工艺不同，可分为水泥基渗透结晶型防水涂料、水泥基渗透结晶型防水剂。

二、 常用建筑防水涂料的进场验收

建筑防水涂料在进入建设工程被使用前，必须进行检验验收。验收主要分为资料验收和实物质量验收两部分。

1.资料验收

（1） 防水涂料质量证明书。

防水涂料在进入施工现场时应对质量证明书进行验收。质量证明书必须字迹清楚，应注明供方名称或厂标、产品标准、生产日期和批号、产品名称、规格及等级、产品标准中所规定的各项出厂检验结果等。质量证明书应加盖生产单位公章或质检部门检验专用章。

（2） 材料台账。

防水涂料进场后，施工单位应及时建立"建设工程材料采购验收检验使用综合台账"，监理单位可设立"建设工程材料监理监督台账"。台账内容包括材料名称、规格品种、生产单位、供应单位、进货日期、送货单编号、实收数量、生产许可证编号、质量证明书编号、外观质量、材料检验日期、复验报告编号和结果，工程材料报审表确认日期、使用部位、审核人员签名等。

（3） 产品包装和标志。

防水涂料包装容器必须密封，容器表面应标明涂料名称、生产厂名、执行标准号、生产日期和产品有效期并分类存放。同时，核对包装标志与质量证明书上所示内容是否一致。

2.实物质量验收

实物质量验收分为外观质量验收、物理性能复验两个部分。

（1） 外观质量验收。

必须对进场的防水涂料进行外观质量的检验，该检验可在施工现场通过目测进行，下面分别介绍 5 种防水涂料的外观质量要求。

1） 水乳型沥青防水涂料。

产品为均匀无色差、无凝胶、无结块、无明显沥青丝。

2） 聚氨酯防水涂料。

产品为均匀黏稠体，无凝胶、结块。

3） 聚合物乳液建筑防水涂料。

产品经搅拌后无结块，呈均匀状态。

4） 聚合物水泥防水涂料。

产品的两组分经分别搅拌后，其液体组分应为无杂质、无凝胶的均匀乳液；固体组分应为无杂质、无结块的粉末。

5） 水泥基渗透结晶型防水涂料。

产品以水泥作载体，外观呈粉状，均匀状态，细度符合要求。

（2） 物理性能复验。

进场的涂料应进行抽样复验，合格后方能使用，复验应符合下列规定。

1） 同一规格、品种的防水涂料，每 10t 为一批，不足 10t 者按一批进行抽样。

2） 防水涂料的物理性能检验，全部指标达到标准规定时，即为合格。其中，若有一项指标达不到要求，允许在受检产品中加倍取样进行该项复检，复检结果如仍不合格，则判定该产品为不合格。

3） 各种防水涂料具体性能指标见表 5—12～表 5—17。

表 5—12　水性沥青基防水涂料性能指标

项　　　　目		L	H
固体含量（%）		≥45	
耐热度/℃		80 ± 2	10 ± 2
		无流淌、滑动、滴落	
粘结强度/MPa，≥		0.30	
表干时间/h		8	
实干时间/h，≤		24	
不透水性		0.10 MPa，30 min 无渗水	
低温柔度①/℃	标准条件	−15	0
	碱处理	−10	5
	热处理		
	紫外线处理		
断裂伸长率（%），≥	标准条件	600	
	碱处理		
	热处理		
	紫外线处理		

①需双方可以商定温度更低的低温柔度指标。

表 5—13　聚氨酯防水涂料（反应固化型）部分物理性能指标

项　目		质　量　要　求	
		Ⅰ 类	Ⅱ 类
固体含量(%)，≥		80(单组分)，92(多组分)	
拉伸强度/MPa，≥		1.9	2.45
低温柔性/(℃，2 h)		−40 ℃(单组分)，−35 ℃(多组分)弯折、无裂纹	
表干时间/h，≤		12(单组分)，8(多组分)	
实干时间/h，≤		24	
不透水性	压力/MPa，≥	0.3	
	保持时间/min，≥	30	
断裂伸长率(%)，≥		550(单组分) 450(多组分)	450
潮湿基面粘结强度/MPa，≥		0.5	

注：产品按拉伸性能分为Ⅰ、Ⅱ类。

表 5—14　聚合物乳液建筑防水涂料（挥发固化型）部分物理性能指标

项　目		质　量　要　求	
		Ⅰ	Ⅱ
固体含量(%)，≥		65	
拉伸强度/MPa，≥		1.0	1.5
低温柔性，绕 φ10 mm 棒弯 180°		−10°，无裂纹	−20 ℃，无裂纹
表干时间/h，≤		4	
实干时间/h，≤		8	
不透水性	压力/MPa，≥	0.3	
	保持时间/min，≥	30	
断裂伸长率(%)，≥		300	

表 5—15　聚合物水泥防水涂料物理力学性能

序号	试验项目			技术指标		
				Ⅰ类	Ⅱ类	Ⅲ类
1	固体含量(%)		≥	70	70	70
2	拉伸强度	无处理/MPa	≥	1.2	1.8	1.8
		加热处理后保持率(%)	≥	80	80	80
		碱处理后保持率(%)	≥	60	70	70
		浸水处理后保持率(%)	≥	60	70	70
		紫外线处理后保持率(%)	≥	80	—	—
3	断裂伸长率	无处理(%)	≥	200	80	30
		加热处理(%)	≥	150	65	20
		碱处理(%)	≥	150	65	20
		浸水处理(%)	≥	150	65	20
		紫外线处理(%)	≥	150	—	—
4	低温柔性(ϕ10 mm 棒)			−10 ℃ 无裂纹	—	—
5	粘结强度	无处理/MPa	≥	0.5	0.7	1.0
		潮湿基层/MPa	≥	0.5	0.7	1.0
		碱处理/MPa	≥	0.5	0.7	1.0
		浸水处理/MPa	≥	0.5	0.7	1.0
6	不透水性(0.3 MPa,30 min)			不透水	不透水	不透水
7	抗渗性(砂浆背水面)/MPa		≥	—	0.6	0.8

表 5—16　水泥基渗透结晶型防水涂料部分物理性能指标

项　　目		质 量 要 求
抗折强度,7 d/MPa	≥	3
潮湿基面粘结强度/MPa	≥	1
抗渗压力,28 d/MPa	≥	0.8

表 5—17　水泥基渗透结晶型防水剂部分物理性能指标

项　　目		质 量 要 求
抗压强度比,7 d(%)	≥	120
渗透压力比,28 d(%)	≥	200

三、 防水涂料的储运与保管

（1） 不同类型、规格的产品应分别堆放，不应混杂。

（2） 避免雨淋、日晒和受潮，严禁接近火源。

（3） 防止碰撞，注意通风。

第 2 单元　节能保温材料及检测

第 1 讲　节能保温材料

一、有机发泡材料

有机发泡状绝热材料主要是指泡沫塑料为主的绝热材料。

泡沫塑料是以各种树脂为基料，加入少量的发泡剂、催化剂、稳定剂以及其他辅助材料，经加热发泡而成的一种轻质、保温、隔热、防振材料。这类材料具有表观密度小，导热系数低，防振，耐腐蚀、耐霉变，施工性能好等优点，已广泛用于建筑保温、管道设备、冰箱冷藏、减振包装等领域。

泡沫塑料按其泡孔结构，可分为闭孔和开孔泡沫塑料。所谓闭孔，是指泡孔被泡孔壁完全围住，因而与其他泡孔互不连通，这种泡孔结构对绝热有利；而开孔，则是泡孔没有被泡孔壁完全围住，因而与其他泡孔或外界相互连通。

按表观密度可以分为低发泡、中发泡和高发泡泡沫塑料，其中前者表观密度大于 0.04g/cm³，后者小于 0.01g/cm³，中发泡泡沫塑料介于两者之间。

按柔韧性，可以分为软质、硬质和半硬质泡沫塑料。

目前，常见的用于绝热的泡沫塑料有聚苯乙烯泡沫塑料、聚氨酯泡沫塑料、柔性泡沫橡塑、酚醛泡沫塑料等。

1.聚苯乙烯泡沫塑料

聚苯乙烯泡沫塑料是以聚苯乙烯树脂或其共聚物为主要成分的泡沫塑料。

按成型的工艺不同，可以分为模塑聚苯乙烯泡沫塑料和挤塑聚苯乙烯泡沫塑料。

（1） 模塑聚苯乙烯泡沫塑料。

模塑聚苯乙烯泡沫塑料是指可发性聚苯乙烯泡沫塑料粒子经加热预发泡后，在模具中加热成型而制得的具有闭孔结构的硬质泡沫塑料。

模塑聚苯乙烯根据不同的表观密度，可以分为 I （表观密度≥15.0kg/m³）、II （表观密度≥20.0kg/m³）、III（表观密度≥30.0kg/m³）、IV（表观密度≥40.0kg/m³）、V （表观密度≥50.0kg/m³）、VI类 （表观密度≥60.0kg/m³）。不同表观密度的材料应用的场合也不相同。一般地，I 类产品应用于夹芯材料（金属面聚苯乙烯夹芯板等），墙体保温材料，不承受负荷，特别是用于外墙外保温系统的模塑聚苯乙烯泡沫塑料的表观密度范围为 18.0~22.0kg/m³；Ⅱ类产品用于地板下面隔热材料，承受较小的负荷;Ⅲ类材料常用于停车平台的隔热;Ⅳ、Ⅴ、Ⅵ类常用于冷库铺地材料、公路地基等。

对于膨胀聚苯板薄抹灰外墙外保温系统中使用的模塑聚苯乙烯泡沫塑料（也称膨胀聚苯板），由于使用在墙体保温，对产品的外观尺寸和性能除了符合以上模塑聚苯乙烯泡沫塑料的性能要求外，还应根据外墙保温的特点对产品有新的性能要求。

（2）挤塑聚苯乙烯泡沫塑料。

挤塑聚苯乙烯泡沫塑料是以聚苯乙烯树脂或其共聚物为主要成分，添加少量添加剂，通过加热挤塑成型而制得的具有闭孔结构的硬质泡沫塑料。

挤塑聚苯乙烯泡沫塑料较多地应用于屋面的保温，也可用于墙体、地面的保温隔热。

挤塑聚苯乙烯泡沫塑料按强度和有无表皮分类。带表皮按抗压强度值分为150kPa、200kPa、250kPa、300kPa、350kPa、400kPa、450kPa、500kPa；无表皮按抗压强度值分为 200kPa 和 300kPa。

2.硬质聚氨酯泡沫塑料

聚氨酯（PU）泡沫塑料是以含有羟基的聚醚树脂或聚酯树脂与异氰酸酯反应生成的聚氨基甲酸酯为主体，以异氰酸酯与水反应生成的二氧化碳（或以低沸点氟碳化合物）为发泡剂制成的一类泡沫塑料。用于绝热材料的主要是硬质聚氨酯泡沫塑料，其具有很低的导热系数，节能效果显著，同时具有较高的强度和粘结性。

聚氨酯按所用原料，可以分为聚酯型和聚醚型两种；按其发泡方式，可以分为喷涂和模塑等类型。硬质聚氨酯泡沫塑料在建筑工程中主要应用于制作各种房屋构件和聚氨酯夹芯彩钢板，起到隔热保温的效果。现在也可以用喷涂法直接在外墙上喷涂，形成聚氨酯外墙外保温系统。在城市集中供热管线，也可采用它来作保温层。在石油、化工领域可以用作管道和设备的保温和保冷。在航空工业中作为机翼、机尾的添充支撑材料。在汽车工业中可以用作冷藏车的隔热保冷材料等。

建筑隔热用硬质聚氨酯泡沫塑料按使用状况，可分为Ⅰ类和Ⅱ类。Ⅰ类用于非承载，如屋顶、地板下隔层等；Ⅱ类用于承载，如衬填材料等。

硬质聚氨酯泡沫塑料本身属于可燃物质，但添加阻燃剂和发泡剂等制成的阻燃泡沫具有良好的防火性能，能达到离火自行熄灭的要求。

3.柔性泡沫橡塑

柔性泡沫橡塑绝热制品是以天然或合成橡胶和其他有机高分子材料的共混体为基材，加各种添加剂、阻燃剂、稳定剂、硫化促进剂等，经混炼、挤出、发泡和冷却定型，加工而成的具有闭孔结构的柔性绝热制品。

柔性泡沫橡塑制品按表观密度分为Ⅰ类和Ⅱ类。其部分物理性能见表5—18。

表 5—18　柔性泡沫橡塑物理性能指标

项　目		单位	性　能　指　标	
			Ⅰ类	Ⅱ类
表观密度		kg/m³	≤95	
燃烧性能		—	氧指数≥32% 且烟密度≤75	氧指数≥26%
			当用于建筑领域时,制品燃烧性能应不低于 GB 8624—2006C 级	
导热系数	−20 ℃(平均温度)	W/(m·K)	≤0.034	
	0 ℃(平均温度)		≤0.036	
	40 ℃(平均温度)		≤0.041	
透湿性能	透湿系数	g/(m·s·Pa)	≤1.3×10⁻¹⁰	
	湿阻因子		≥1.5×10³	
真空吸水率		%	≤10	
尺寸稳定性 (105±3)℃,7 d		%	≤10.0	
压缩回弹率 压缩率 50%,压缩时间 72 h		%	≥70	
抗老化性 150 h		—	轻微起皱,无裂纹、无针孔,不变形	

4.其他有机泡孔绝热材料产品

（1）酚醛泡沫塑料。

酚醛泡沫塑料是热固性（或热塑性）酚醛树脂在发泡剂（如甲醇等）的作用下发泡并在固化剂（硫酸、盐酸等）作用下交联、固化而生成的一种硬质热固性泡沫塑料。

酚醛泡沫具有密度低、导热系数低、耐热、防火性能好等特点，应用于建筑行业屋顶、墙体保温、隔热，中央空调系统的保温，还较多应用于船舶建造业、石油化工管道设备的保温。

（2）聚乙烯泡沫塑料。

聚乙烯泡沫塑料是以聚乙烯为主要原料，加入交联剂（甲基丙烯酸甲酯等）、发泡剂（AC 等）、稳定剂等一次成型加工而成的泡沫塑料。

一般用于绝热材料应选 45 倍发泡倍率的聚乙烯泡沫塑料。其具有较好的绝热性能、较低的吸水率、耐低温，可应用于汽车顶棚、冷库、建筑物顶棚、空调系统等部位的保温、保冷。

5.有机泡孔绝热材料的燃烧性能

有机泡孔绝热材料的燃烧性能级别通常为 B_1 或 B_2 级。两者的区别在于技术要求不同。B_1 级里包含三个技术要求：氧指数≥32；平均燃烧时间≤30s，平均燃烧高度≤250mm，烟密度等级（SDR）≤75。只有同时满足上述三个要求，才能判定为产品为 B_1 级。

B_2 级里包含两个技术要求：氧指数≥26；平均燃烧时间≤90s，平均燃烧高度≤50mm。

值得注意的是产品燃烧性能分级标志，对燃烧性能分级的材料，在其标志级别后，是否在括号内注明该材料的名称。

还应注意的是，上述 B_1、B_2 级不应与建筑材料难燃概念相混淆。一般以复合性材料、非承重厚体材料、厚体热固性材料用难燃性。

6.有机泡孔绝热材料储存

有机泡孔绝热材料一般可用塑料袋或塑料捆扎带包装。由于是有机材料，在运输中应远离火源、热源和化学药品，以防止产品变形、损坏。产品堆放在施工现场时，应放在干燥通风处，能够避免日光暴晒、风吹雨淋，也不能靠近火源、热源和化学药品，一般在 70℃以上，泡沫塑料产品会产生软化、变形甚至熔融的现象。对于柔性泡沫橡塑产品，温度不宜超过 105℃。产品堆放时，也不可受到重压和其他机械损伤。

二、无机纤维状绝热材料

无机纤维状绝热材料是指天然或人造的以无机矿物为基本成分的一类纤维材料。这类绝热材料主要包括岩棉、矿渣棉、玻璃棉以及硅酸铝棉等人造无机纤维状材料。该类材料在外观上具有相同的纤维形态和结构，性能上有密度低、导热系数小、不燃烧、耐腐蚀、化学稳定性强等优点。因此，这类材料广泛地用作建筑物的保温、隔热，工业管道、窑炉和各种热工设备的保温、保冷和隔热。

1.岩棉、矿渣棉及其制品

矿岩棉是石油化工、建筑等其他工业部门中，对作为绝热保温的岩棉和矿渣棉等一类无机纤维状绝热材料的总称。

岩棉是以天然岩石（如玄武岩、安山岩、辉绿岩等）为基本原料，经熔化、纤维化而制成。矿渣棉是以工业矿渣（如高炉矿渣、粉煤灰等）为主要原料，经过重熔、纤维化而制成。

这类材料耐高温、导热系数小、不燃、耐腐蚀、化学稳定性强，已广泛地应用于石油、化工、电力、冶金、国防等行业各类管道、贮罐、蒸馏塔、烟道、锅炉、车船等工业设备的保温；还大量应用在建筑物中，起到隔热的效果。

岩棉、矿渣棉制品一般按制品形式，可以分为板和毡。

2.玻璃棉及其制品

玻璃棉是采用天然矿石如石英砂、白云石、石蜡等，配以其他化工原料，在熔融状态下借助外力拉制、吹制或甩成极细的纤维状材料。目前，玻璃棉的生产工艺主要以离心喷吹法为主,其次是火焰法。

玻璃棉制品是在玻璃棉纤维中,加入一定量的胶粘剂和其他添加剂,经固化、切割、贴面等工序而制成。

玻璃棉及其制品被广泛地应用于国防、石油化工、建筑、冶金、冷藏、交通运输等工业部门。是各种管道、贮罐、锅炉、热交换器、风机和车船等工业设备、交通运输和各种建筑物的优良保温、绝热、隔冷材料。

玻璃棉制品按成型工艺分为火焰法和离心法。所谓火焰法,是将熔融玻璃制成玻璃球、棒或块状物,使其再二次熔化,然后拉丝并经火焰喷吹成棉;离心法是对粉状玻璃原料进行熔化,然后借助离心力,使熔融玻璃直接制成玻璃棉。

玻璃棉制品按产品的形态,可分为玻璃棉、玻璃棉板、玻璃棉毡、玻璃棉带、玻璃棉毯和玻璃棉管壳。用于建筑物隔热的玻璃棉制品主要为玻璃棉毡和玻璃棉板,在板、毡的表面可贴外覆层,如铝箔、牛皮纸等材料。

产品的外观要求表面平整,不能有妨碍使用的伤痕、污痕、破损,树脂分布基本均匀。制品若有外覆层,外覆层与基材的粘结应平整、牢固。

玻璃棉的主要技术性能见表 5—19。

表 5—19　玻璃棉主要物理性能

玻璃棉种类		纤维平均直径/mm	渣球含量(%)(粒径大于 0.25 mm)	导热系数(平均温度 70^{+5}_{-2}℃)/[W/(m·K)]	热荷重收缩温度/℃
火焰法	1a	≤5.0	≤1.0	≤0.041	≥400
	2a	≤8.0	≤4.0	≤0.042	
离心法(b)		≤8.0	≤0.3	≤0.042	

注:a 表示火焰法;b 表示离心法。

3.硅酸铝棉及其制品

硅酸铝纤维,又称耐火纤维。硅酸铝制品(板、毡、管壳)是在硅酸铝纤维中添加一定的胶粘剂制成的。硅酸铝棉针刺毯是用针刺方法,使其纤维相互勾织,制成的柔性平面制品。硅酸棉制品具有轻质、理化性能稳定、耐高温、导热系数低、耐酸碱、耐腐蚀、机械性能和填充性能好等优良性能。目前,硅酸铝棉及其制品主要应用于工业生产领域,在建筑领域内应用得不多,主要用作煤、油、气、电为能源的各种工业窑炉的内衬及隔热保温,还可以作耐热补强材料和高温过滤材料。作为内衬材料,可用作原子能反应堆、冶金炉、石油化工反应装置的绝热保温内衬。作为绝热材料,可用于工业炉壁的填充、飞机喷气导管、喷气发动机及其他高温导管的绝热等。

硅酸铝棉按分类温度及化学成分的不同,分成 5 个类型,见表 5—20。

表 5—20　硅酸铝棉分类

型号	分类温度/℃	推荐使用温度/℃	型号	分类温度/℃	推荐使用温度/℃
1 号（低温型）	1000	≤800	4 号（高铝型）	1350	≤1200
2 号（标准型）	1200	≤1000	5 号（含锆型）	1400	≤1300
3 号（高纯型）	1250	≤1100			

不同型号的硅酸铝棉的化学成分也各不相同。产品质量的优劣和产品的化学成分［特别是氧化铝（Al_2O_3）和氧化硅（SiO_2）的含量］有关，若两者的含量不足，就会导致产品耐高温等性能的降低。硅酸铝棉的主要物理性能和化学成分见表5—21。

表 5—21　硅酸铝棉主要化学成分及物理性能

型号	$w(Al_2O_3)$	$w(Al_2O_3+SiO_2)$	$w(Na_2O+K_2O)$	$w(Fe_2O_3)$	$w(Na_2O+K_2O+Fe_2O_3)$
1 号	≥40	≥95	≤2.0	≤1.5	<3.0
2 号	≥45	≥96	≤0.5	≤1.2	—
3 号	≥47	≥98	≤0.4	≤0.3	—
	≥43	≥99	≤0.2	≤0.2	—
4 号	≥53	≥99	≤0.4	≤0.3	—
5 号	$w(Al_2O_3+SiO_2+ZrO_2)≥99$		≤0.2	≤0.2	$w(ZrO_2)≥15$
渣球含量（粒径大于 0.21 mm）（%）			导热系数（平均温度 500±10 ℃）/[W/(m·K)]		
≤20.0			≤0.153		

注：测试导热系数时试样体积密度为160kg/m³。

4.无机纤维类绝热材料储存保管

无机纤维类绝热材料一般防水性能较差，一旦产品受潮、淋湿，则产品的物理性能特别是导热系数会变高，绝热效果变差。因此，这类产品在包装时应采用防潮包装材料，并且应在醒目位置注明"怕湿"等标志来警示其他人员。在运输时，应采用干燥防雨的运输工具运输。

贮存在有顶的库房内，地上可以垫上木块等物品，以防产品浸水，库房干燥、通风。堆放时，还应注意不能把重物堆在产品上。

纤维状产品在堆放中若发生受潮、淋雨这类突发事件，应烘干产品后再使用。若产品完全变形，不能使用，则应重新进货。

在进行保温施工中，要求被保温的表面干净、干燥；对易腐蚀的金属表面，可先作适当的防腐涂层。对大面积的保温，需加保温钉。对于有一定高度、垂直放置的保温层，要有定位销或支撑环，以防止在振动时滑落。

施工人员在施工时应戴好手套、口罩，以防止纤维扎手及粉尘的吸入。

三、常用建筑节能保温材料

1.建筑节能主墙体材料

（1）加气混凝土砌块。加气混凝土砌块是以水泥、石灰等钙质材料、石英砂、粉煤灰等硅质材料和铝粉、锌粉等发气剂为原料，经磨细、配料、搅拌、浇注、发气、切割、压蒸等工序生产而成的轻质混凝土材料。该类产品材料来源广泛、材质稳定、强度较高、质轻、易加工、施工方便、造价较低，而且保温、隔热、隔声、耐火性能好，是迄今为止能够同时满足墙材革新和节能 50% 要求的唯一单材料墙体。但是在寒冷地区还存在着隔气防潮、防止内部冷凝受潮、面层冻融损坏等问题。

（2）EPS 砌块。EPS 砌块是用阻燃型聚苯乙烯泡沫塑料模块作模板和保温隔热层，而中芯浇筑混凝土的一种新型复合墙体。该类砌块具有构造灵活，结构牢固，施工快捷方便，综合造价低，节能效果好等优点，在国外颇为流行。常用于 3～4 层以下民用建筑、游泳池、高速公路隔离墙、旅馆建筑等。该模块有两种类型，即标准型和转角型，基本尺寸为 1200mm×240mm×300mm 。沿长度方向均匀分布 5 个方圆形孔（尺寸 150mm×150mm），底部和顶部开有半方圆孔，孔洞相互贯通，可浇注混凝土，形成隐形梁柱框架结构。

（3）混凝土空心砌块。目前我国大都使用 190 mm×190mm×390mm 标准型混凝土空心砌块，但最大问题是其模数与建筑模数不相一致，给建筑施工带来很多不便。尽管红砖模数与建筑模数不统一，但红砖可随意截断以满足建筑模数需要，因此在中国建筑史上一直沿用。而混凝土空心砌块则不同， 它的模数必须与建筑模数一致，才有生命力。随着黏土实心砖被禁用，该问题必须尽快解决。

（4）模网混凝土。模网混凝土是由蛇皮网、加劲肋、折钩拉筋构成开敞式空间网架结构，网架内浇混凝土制成。可广泛用于工业及民用建筑、水工建筑物、市政工程以及基础工程等。常用的建筑模网主要有钢筋网、钢丝网、钢板网和纤维网等，但各种建筑模网本身材质以及规格尺寸不同而用于不同场合，比如钢筋网主要是用于工厂预制各种规格混凝土大板（墙板、楼板等），纤维板主要是低碱玻璃 GRC 墙板， 钢丝网主要用于非承重构件，如泰柏板等。

钢板网最大特点是将钢板拉制成连续孔径为 7.5mm×9.5mm 类蛇皮网孔。然后在工厂制成三维空间网架，运抵现场组装浇注混凝土，构成模网混凝土。由钢板网构成的混凝土由于网本身渗滤效应、环箍效应， 显著提高力学性能如抗压强度和抗震性能，而且施工实现大水灰比免振自密实。由高强钢丝焊接的三维空间钢丝网架中填充阻燃型聚苯乙烯泡沫塑料芯板制成的网架板， 既有木结构的灵活性，又有混凝土结构的高强和耐久性。具有轻质、节能、保温、隔热、隔音等多种优良性能便于运输、组装方便、施工速度快，并能有效地减轻建筑物负荷。增大使用面积，是理想的轻质节能承重墙体材料。

（5）纳土塔（RASTRA）空心墙板承重墙体。纳土塔板是由聚苯乙烯、水泥、添加剂和水制成的隔热吸声水泥聚苯乙烯空心板构件经黏合组装成墙体。整个墙体的内部构成纵横上下左右相互贯通的孔槽，孔槽浇灌混凝土或穿插钢筋后再浇注混凝土，在墙内形成刚性骨架。纳土塔板只是同体积混凝土重量的 1/6～1/7，可减少对基础的荷载，节约建筑物基础的投资，在同样的地基承载能力下，可增加建筑物的层数；纳土塔板无钢筋混凝土墙体的平均抗压强度为 20.8MPa（5 层楼以下的均不需要配筋），配钢筋混凝土墙体的平均抗压强度为 32～35MPa。配钢筋混凝土墙体柱的平均抗压强度为 36～40 MPa。而且纳土塔板导热系数只有 0.083 W/（m·K），保温隔热性能好；耐火试验显示纳土塔板耐火极限为 4h，属非燃烧体，满足防火规范对防火墙耐火极限的要求。

2.建筑节能外墙保温材料性能比较

（1）岩棉。岩棉是以精选的天然岩石如优质玄武岩、辉绿岩等为基本原料，经高温熔融，采用高速离心设备或其他方法将高温熔体甩拉成非连续性纤维。岩棉纤维细长柔软，纤维长可达 200mm，纤维直径 4～7 μm，绝热、绝冷性能优良且具有良好的隔声性能，不燃、耐腐、不蛀，经憎水剂处理后其制品几乎不吸水。它的缺点是密度低、性脆、抗压强度不高、耐长期潮湿性比较差、手感不好、施工时有刺痒感。目前，通过提高生产技术，产品性能已有很大改进，虽可直接应用，但更多仍用于制造复合制品。

（2）玻璃棉。玻璃棉是建筑业中应用较早、且常见的绝热、吸声材料，它是采用石灰石、石英砂、白云石、蜡石等天然矿石为主要原料，配合一些纯碱、硼砂等化工原料融制成玻璃，在熔融状态下借助于外力经火焰法、离心喷吹法或蒸汽立吹法制得的极细的絮状纤维材料。按化学成分可分为无碱、中碱和高碱玻璃棉。其与岩棉在性能上有很多相似之处，但其手感好于岩棉，渣球含量低，不刺激皮肤，在潮湿条件下吸湿率小，线性膨胀系数小，但它的价格较岩棉高。

（3）聚苯乙烯泡沫塑料。聚苯乙烯泡沫塑料是以聚苯乙烯树脂为主要原料，经发泡剂发泡制成的内部具有无数封闭微孔的材料。其表观密度小，导热系数小，吸水率低，保温、隔热、吸声、防震性能好、耐酸碱，机械强度高，而且尺寸精度高，结构均匀。因此在外墙保温中其占有率很高。但是聚苯乙烯在高温下易软化变形，安全使用温度为 70 ℃，最高使用温度为 90℃，防火性能差，不能应用于防火要求较高部位外墙内保温，并且吸水率较高。为了克服单纯使用聚苯乙烯泡沫塑料的缺点，研究者正致力于开发出新的聚苯乙烯复合保温材料，如水泥聚苯乙烯板及聚苯乙烯保温砂浆等。

（4）硬质聚氨酯泡沫塑料。硬质聚氨酯泡沫塑料是以聚合物多元醇（聚醚或聚酯）和异氰酸酯为主体材料，在催化剂、稳定剂、发泡剂等助剂的作用下，经混合后发泡反应而制成各类软质、半软半硬、硬质的塑料，具有非常优越的绝热性能，它的导热系数之低[0.025 W/（m·K）] 是其他材料所无法比拟的。同时，其特有的闭孔结构使其具有更优越的耐水汽性能，由于不需要额外的绝缘防潮，简化了施工程序，降低工程造价。但因其价格较高、而且易燃，规模应用尚待时日。

（5）水泥聚苯板（块）。水泥聚苯板是近年开发的轻质高强保温材料，是采用聚苯乙烯泡沫颗粒、水泥、发泡剂等搅拌浇注成型的一种新型保温板材，这种材料容量轻、强度高、破损少，施工方便，有韧性、抗冲击，还具有耐水、抗冻性能，保温性能优良。实测表明：以 240mm 砖墙复合 50～70mm 厚水泥聚苯板，其热工性能可超过 620mm 砖墙保温效果。

该类防火、阻燃材料应用到任何部位、任何情况下均可起到防火阻燃的效果，并达到国家相关规定标准。但这种材料的容量、强度和导热系数之间存在着相互制约的关系，配比中各成分量的变化对板材的性能都有显著的影响 。由于板材的收缩变形，有些板材上墙后仍在收缩，板缝处理难度较大。如能较好地解决板缝裂缝问题，大面积推广应用前景看好。

（6）胶粉聚苯颗粒保温材料。胶粉聚苯颗粒保温材料是由胶凝材料和聚苯颗粒轻骨料分别按配比包装组成。胶凝材料选用水泥、粉煤灰、不定型二氧化硅及各种助剂。该材料固化后导热系数低[一般均小于 0.060 W/（m·K）]，密度小，热工性能好，具有良好的和易性、耐候性，充分考虑了热应力、水、火、风压及地震力的影响，其界面砂浆采用无空腔和逐层渐变柔性释放应力的技术路线，可有效地解决抗裂难题。该保温材料突破了传统保温砂浆只能用于内保温的局限。

第 2 讲　防水、保温材料取样与检测

一、防水卷材

（1）凡进入施工现场的防水卷材应附有出厂检验报告单及出厂合格证，并注明生产日期、批号、规格、名称。

（2）同一品种、牌号、规格的卷材，抽样数量为大于 1000 卷抽取 5 卷；500～1000 卷抽取 4 卷；100～499 卷抽取 3 卷；小于 100 卷抽取 2 卷，进行规格和外观质量检验。

（3）对于弹性体改性沥青防水卷材和塑性体改性沥青防水卷材，在外观质量达到合格的卷材中，将取样卷材切除距外层卷头 2500mm 后，顺纵向切取长度为800mm 的全幅卷材试样 2 块进行封扎，送检物理性能测定；对于氯化聚乙烯防水卷材和聚氯乙烯防水卷材，在外观质量达到合格的卷材中，在距端部 300mm 处裁取约 3m 长的卷材进行封扎，送检物理性能测定。

（4）胶结材料是防水卷材中不可缺少的配套材料，因此必须和卷材一并抽检。抽样方法按卷材配比取样。同一批出厂，同一规格标号的沥青以 20t 为一个取样单位，不足 20t 按一个取样单位。从每个取样单位的不同部位取五处洁净试样，每处所取数量大致相等共 1kg 左右，作为平均试样。

二、防水涂料

（1）同一规格、品种、牌号的防水涂料，每 10t 为一批，不足 10t 者按一批进行抽检。取 2kg 样品，密封编号后送检。

（2）双组分聚氨酯中甲组份 5t 为一批，不足 5t 也按一批计；乙组份按产品重量配比相应增加批量。甲、乙组份样品总量为 2kg，封样编号后送检。

三、建筑密封

（1）单组分产品以同一等级、同一类型的 3000 支为一批，不足 3000 支也作为一批。

（2）双组分产品以同一等级、同一类型的 It 为一批，不足 It 按一批进行检验；乙组份按产品重量比相应增加批量，样品密封编号后送检。

四、进口密封材料

（1）凡进入现场的进口防水材料应有该国国家标准、出厂标准、技术指标、产品说明书以及我国有关部门的复检报告。

（2）现场抽检人员应分别按照上述对卷材、涂料、密封膏等规定的方法进行抽检。抽检合格后方可使用。

（3）现场抽检必检项目应按我国国家标准或有关其他标准，在无标准参照的情况下，可按该国国家标准或其他标准执行。

（4）建筑幕墙用的建筑结构胶、建筑密封胶绝大部分是采用进口密封材料，应按照《玻璃幕墙工程技术规范》（JGJ102-2013）检验。

第6部分

建筑装饰装修材料及检验

第1单元　建筑涂料

　　涂料是指涂敷于物体表面，能与物体黏结在一起，并能形成连续性涂膜，从而对物体起到装饰、保护或使物体具有某种特殊功能的材料，涂料的用途非常广泛，我们把用于建筑领域的涂料称为建筑涂料。一般来讲涂覆于建筑内墙、外墙、屋顶、地面等部位所用的涂料称之为建筑涂料。

　　随着全球范围内对环境和健康的重视，有毒、有害的低质涂料、油性涂料将被淘汰，合成树脂涂料将占主导地位，涂料将向水性化、无机化、功能化发展。

第1讲　建筑涂料品种及特点

　　建筑涂料的种类繁多，分类方法也很多，根据分类依据的不同，可以有各种的分类方法，详见表6—1。

表6—1　建筑涂料的分类及特点

分类方法	分类名称		说　　明	优　缺　点
按主要成膜物质的化学成分分类	有机涂料	溶剂型涂料	该涂料以高分子合成树脂为主要成膜物质，以有机溶剂为稀释剂，加入适量的颜料、填料及辅助材料，经研磨而成	涂膜细腻光洁而坚韧，有较好的硬度、光泽和耐水性，耐候性、气密性好，耐酸碱，对建筑物有较强的保护作用，使用温度可以低到零度。缺点是易燃，溶剂挥发对人体有害，施工时要求基层干燥，涂膜透气性差，且价格较贵
		水溶性涂料	以水溶性合成树脂为主要成膜物质，以水为稀释剂，加入适量的颜料、填料及辅助材料，经研磨而成	这类涂料的水溶性树脂可直接溶于水中，与水形成单相的溶液。其耐水性较差，耐候性不强，耐擦洗性差，一般只用于内墙涂料

续表

分类方法	分类名称		说　明	优　缺　点
按主要成膜物质的化学成分分类	有机涂料	乳胶涂料（又名乳胶漆）	以合成树脂借助乳化剂的作用，以 0.1~0.5μm 的极细微粒分散于水中构成的乳液，并以乳液为主要成膜物，加入适量的颜料、填料、辅助材料经研磨而成	这种涂料省去了价格较贵的有机溶液，以水为稀释剂，价格较便宜，无毒、不燃，对人体无害，有一定的透气性，涂布时不需要基层很干燥，涂膜固化后的耐水、耐擦洗性较好，可作为内外墙建筑涂料。但施工温度一般应在 10℃ 以上，用于潮湿的部位易发霉，需加防霉剂
	无机涂料		传统的无机涂料性能很差，现已淘汰，目前主要以硅溶胶、水玻璃为胶结材料生产无机涂料	这种涂料资源丰富，生产工艺较简单，价格便宜；黏结力较强，对基层处理要求不很严格；材料的耐久性好，遮盖力强，装饰效果好，颜色均匀，保色性好，温度适应性好，有良好的耐热性，且遇火不燃，无毒
	无机 - 有机复合涂料		有机涂料或无机涂料单独使用时，总有一些不足；为了取长补短、发挥各自的优势而开发出无机 - 有机复合涂料	集无机、有机涂料的优点于一身，对降低成本、改善涂料性能有明显的效果
按构成涂膜的主要成膜物质分类	聚乙烯醇系建筑涂料		属水溶性涂料	耐水性较差；聚乙烯醇缩醛类涂料由于还含有甲醛，现已被国家下令淘汰
	丙烯酸系建筑涂料		以丙烯酸酯合成树脂为主要成膜物质而制成，是涂料中的优良品种之一	有良好的耐久性、耐候性，与墙面黏结牢固
	聚氨酯建筑涂料		以聚氨酯或与其他合成树脂复合为主要成膜物质而制成，一般为双组分型	涂膜柔软，弹性变形能力大，耐候性优良，耐化学性好，但价格较贵
	氯化橡胶外墙涂料		—	—
	水玻璃或硅溶液外墙涂料		—	同无机涂料
按建筑物的使用部位分类	外墙涂料内墙涂料顶棚涂料地面涂料		—	—
按建筑涂料的功能分类	装饰性涂料防火涂料防水涂料保温涂料防腐涂料防霉涂料		每种涂料均具有某一特殊功能	—
按涂膜的状态分类	薄质涂料厚质涂料砂壁涂料凹凸花纹涂料		—	—

第 2 讲　建筑涂料的环保指标要求

涂料的环保指标见表 6—2、表 6—3。

表 6—2　室内装饰装修材料溶剂型木器涂料的环保指标

项　目	限　量　值		
	硝基漆类	聚氨酯漆类	醇酸漆类
挥发性有机化合物(VOC)/(g/L),≤	750	光泽(60°)≥80,600 光泽(60°)<80,700	550
苯/(%)	0.5		
甲苯和二甲苯总和/(%),≤	45	40	10
游离甲苯二异氰酸酯(TDI)/(%),≤	0.7		
重金属(限色漆)/(mg/kg),≤	可溶性铅	90	
	可溶性镉	75	
	可溶性铬	60	
	可溶性汞	60	

表 6—3　有害物质限量的要求

项　目		限　量　值	
		水性墙面涂料[a]	水性墙面腻子[b]
挥发性有机化合物含量(VOC)　　　　≤		120g/L	15g/kg
苯、甲苯、乙苯、二甲苯总和/(mg/kg)　≤		300	
游离甲醛/(mg/kg)　　　　　　　　　≤		100	
可溶性重金属/(mg/kg)　　　　≤	铅 Pb	90	
	镉 Cd	75	
	铬 Cr	60	
	汞 Hg	60	

注：a. 涂料产品所有项目均不考虑稀释配比。

　　b. 膏状腻子所有项目均不考虑稀释配比；粉状腻子除可溶性重金属项目直接测试粉体外，其余 3 项按产品规定的配比将粉体与水或胶粘剂等其他液体混合后测试。如配比为某一范围时，应按照水用量最小、胶粘剂等其他液体用量最大的配比混合后测试。

第3讲 建筑内、外墙涂料

一、水溶性内墙涂料

水溶性内墙涂料系以水溶性合成树脂为主要成膜物，以水为稀释剂，加入适量的颜料、填料及辅助材料加工而成，一般用于建筑物的内墙装饰。这种涂料的成膜机理不同于传统涂料的网状成膜，而是开放型颗粒成膜，因此它不但附着力强，而且还具有独特的透气性。另外，由于它不含有机溶剂，故在生产及施工操作中，安全、无毒、无味、不燃，而且不污染环境，但这类涂料的水溶性树脂可直接溶于水中与水形成单相的溶液，它的耐水性差，耐候性不强，耐洗刷性差，所以一般用于要求不高的低档装饰，使用呈逐渐下降趋势。水溶性内墙涂料主要产品为聚乙烯醇类有机内墙涂料和硅溶胶类无机内墙涂料。

水溶性内墙涂料执行《水溶性内墙涂料》（JC/T 423-1991）标准，按标准将涂料分为两类，Ⅰ类用于涂刷浴室、厨房内墙；Ⅱ类用于涂刷建筑物浴室、厨房以外的室内墙面。同时还应符合《室内装饰装修材料　内墙涂料中有害物质限量》（GB 18582-2008），其技术质量要求见表6-4。

表6-4　水溶性内墙涂料的技术质量要求

序号	性能项目	技术要求	
		Ⅰ类	Ⅱ类
1	容器中状态	无结块、沉淀和絮凝	
2	黏度(s)	30～75（用涂-4黏度计测定）	
3	细度(μm)	≤100	
4	遮盖力(g/m²)	≤300	
5	白度(%)	≥80	
6	涂膜外观	平整,色泽均匀	
7	附着力(%)	100	
8	耐水性	无脱落、起泡和皱波	
9	耐干擦性(级)	—	≤1
10	耐洗刷性(次)	≥300	—

注：表内"白度"规定只适用白色涂料。

二、合成树脂乳液内墙涂料

合成树脂乳液内墙涂料俗称内墙乳胶漆，是以合成树脂乳液为基料，以水为分散介质，加入颜料、填料及各种助剂，经研磨而成的薄型内墙涂料。合成树脂乳液内墙涂料主要以聚醋酸乙烯类乳胶涂料为主，适用的基料有聚醋酸乙烯乳液、EVA

乳液（乙烯－醋酸乙烯共聚）、乙丙乳液（醋酸乙烯与丙烯酸共聚）等。这类涂料属水乳型涂料，具有无毒、无味、不燃、易于施工、干燥快、透气性好等特性，有良好的耐碱性、耐水性、耐久性，其中苯－丙乳胶漆性能最优，属高档涂料，乙－丙乳胶漆性能次之，属中档产品，聚醋酸乙烯乳液内墙涂料比前两种均差。

合成树脂乳液内墙涂料有多种颜色，分有光、半光、无光几种类型，适用于混凝土、水泥砂浆抹面，砖面、纸筋灰抹面，木质纤维板、石膏饰面板等多种基材。由于乳胶涂料具有透气性，能在稍潮湿的水泥或新老石灰墙壁体上施工。它广泛用于宾馆、学校等公用建筑物及民用住宅，特别是住宅小区的内墙装修。涂料分为优等品、一等品和合格品三个等级，执行国家标准《合成树脂乳液内墙涂料》（GB/T 9756—2009），产品技术质量指标应满足标准要求，同时还应符合《室内装饰装修材料　内墙涂料中有害物质限量》（GB 18582-2008），产品技术质量指标应满足标准要求见表6—5。

表6—5　合成树脂乳液内墙涂料的技术质量要求

项　　目	技　术　要　求		
	优等品	一等品	合格品
容器中状态	无硬块，搅拌后呈均匀状态		
施工性	刷涂二道无障碍		
低温稳定性	不变质		
表面干燥时间（h）≤	2		
涂膜外观	正常		
对比率（白色和浅色）≥	0.95	0.93	0.90
耐洗刷性（次）≥	1000	500	200
耐碱性	24h 无异常		

注：浅色是指以白色涂料为主要成分，添加适量色浆后配制成的浅色涂料形成的涂膜所呈现的浅颜色，按 GB/T 15608 - 2006 中 4、3、2 规定明度值为6到9之间（三刺激值中的 $Y_D65 \geqslant 31.26$）。

三、外墙涂料

（1）外墙涂料的性能要求。外墙涂料分为合成树脂乳液外墙涂料（外墙乳胶漆）、溶剂型外墙涂料、复层建筑涂料、硅溶胶外墙涂料、彩砂涂料、氟碳涂料等。

1）外墙乳胶漆中纯丙乳胶漆和苯丙乳胶漆是目前被广泛使用的两种外墙涂料，硅丙乳胶漆是一种自洁性好的外墙涂料。

纯丙乳胶漆具有耐候性、保色性、耐洗刷性、耐污性，无毒、不燃、干燥快，施工温度在5℃以上，质量等级分为优等品、一等品、合格品三个质量等级。

2）溶剂型外墙涂料：是以合成树脂为基料，加入颜料、填料、有机溶剂等经研磨配制而成的外墙涂料。它的应用没有合成树脂乳液外墙涂料广泛，但这种涂料的涂层硬度、光泽、耐水性、耐沾污性、耐蚀性都很好，使用年限多在10年以上，所以也是一种颇为实用的涂料。使用时应注意，溶剂型外墙涂料不能在潮湿基层上施涂，且有机溶剂易燃，有的还有毒。质量等级分为优等品、一等品、合格品三个质量等级。聚氨酯丙烯酸和有机硅丙烯酸两种外墙涂料耐候性、装饰性和耐污性最为优异。

有机硅丙烯酸酯外墙涂料：渗透性好，耐污性，耐磨性好，耐洗刷性好，有一定的光洁度和自洁性，具有长期装饰效果。

溶剂型丙烯酸酯外墙涂料是溶剂挥发型涂料；溶剂型外墙涂料在 0℃ 以下也能形成涂层，施工温度影响小。

聚氨酯系外墙涂料（仿瓷涂料）弹性好、光泽度高、表面呈瓷质感，与基层黏结力强，耐候、耐水等性能好，但价格较高。与混凝土、金属、木材等材料黏结力牢，需要双组分固化型涂料，稀释剂为有机溶剂，施工时应注意防火。

3）复层建筑涂料：由多层涂膜组成，一般包括三层，封底涂料（主要用以封闭基层毛细孔，提高基层与主层涂料的黏结力）、主层涂料（增强涂层的质感和强度）、罩面涂料（使涂层具有不同色调和光泽，提高涂层的耐久性和耐沾污性）。

按主涂层的基材可分为四大类：聚合物水泥类、硅酸盐类、合成树脂乳液类、反应固化型合成树脂乳液类。根据所用原料的不同，这种涂料可用于建筑的内外墙面和顶棚的装饰，属中高档建筑装饰材料。

4）硅溶胶外墙涂料：以水为分散剂，具有无毒、无味的特点，施工性能好，耐污性强，耐酸碱腐蚀，与基层有较强的黏结力。用途：无机板材、内墙、外墙、顶棚饰面。

5）砂壁状建筑外墙涂料（彩砂涂料）：是一种厚质涂料，该涂料是以合成树脂乳液为主要成膜物质。

6）氟碳涂料：性能最优异的一种新型涂料。按固化温度的不同分为高温固化型、中温固化型、常温固化型。特性：优异的耐候性、耐污性、自洁性、耐酸、耐碱、抗腐蚀性强、耐高低温性好。用途：制作金属幕墙表面涂料、铝合金门窗、型材等的涂层。

（2）合成树脂乳液外墙涂料。合成树脂乳液外墙涂料俗称外用乳胶漆。它是以合成树脂乳液为基料，以水为分散介质，加入颜料、填料及各种助剂制成的水溶型涂料。合成树脂乳液外墙涂料，主要原料以苯丙乳胶涂料及纯丙乳胶涂料为主。适用的基料有苯丙乳液（苯乙烯—丙烯酸酯共聚乳液）、乙丙乳液（醋酸乙烯—丙烯酸酯共聚乳液）及氯偏乳液（氯乙烯—偏氯乙烯共聚乳液）、纯丙乳液。

合成树脂乳液外墙涂料适用于水泥砂浆、混凝土、砖面等各种基材，是公用和民用建筑，特别是住宅小区外墙装修的理想装饰装修材料。它既可单独使用，也可作为复层涂料的罩面层。产品分为优等品、一等品、合格品三个等级。其技术要求见表6—6。

表 6—6　合成树脂乳液外墙涂料的技术要求

项　目		技　术　要　求		
		优等品	一等品	合格品
容器中状态		无硬块,搅拌后呈均匀状态		
施工性		刷涂二道无障碍		
低温稳定性		不变质		
干燥时间(表干)/(h)≤		2		
涂膜外观		正常		
对比率(白色或浅色)①≥		0.93	0.90	0.87
耐水性		96h 无异常		
耐碱性		48h 无异常		
耐洗刷性(次)≥		2000	1000	500
耐人工气候老化性	白色和浅色① 粉化(级)≤ 变色(级)≤	600h 不起泡 不剥落、无裂纹	400h 不起泡 不剥落、无裂纹	250h 不起泡 不剥落、无裂纹
		1 2		
	其他色	商定		
耐沾污性(白色和浅色)①(%)≤		15	15	20
涂层耐湿变化(5 次循环)		无异常		

注:①浅色是指以白色涂料为主要成分,添加适量色浆后配制成的浅色涂料形成的涂膜所呈现的浅颜色,按 GB/T 15608 – 2006 中 4.3.2 规定明度值为 6 到 9 之间(三刺激值中的 $Y_{\mathrm{D}} \geqslant 31.26$)。

第 2 单元　建筑门窗

第 1 讲　金属门窗

一、门窗性能要求

门窗的性能分级及指标见表 6—7～表 6—12。

表 6—7　门窗抗风压性能分级（单位：kPa）

分级	1	2	3	4	5	6	7	8	×·×	—
指标值 P_s	$1.0 \leqslant P_s < 1.5$	$1.5 \leqslant P_s < 2.0$	$2.0 \leqslant P_s < 2.5$	$2.5 \leqslant P_s < 3.0$	$3.0 \leqslant P_s < 3.5$	$3.5 \leqslant P_s < 4.0$	$4.0 \leqslant P_s < 4.5$	$4.5 \leqslant P_s < 5.0$	$P_s \geqslant 5.0$	—

注：×·× 表示用 ≥5.0kPa 的具体值，取代分级代号。

表6—8 门窗水密性能分级（单位：Pa）

分级	1	2	3	4	5	××××
指标值 ΔP	$100\leqslant\Delta P<150$	$150\leqslant\Delta P<250$	$250\leqslant\Delta P<350$	$350\leqslant\Delta P<500$	$500\leqslant\Delta P<700$	$\Delta P\geqslant700$

注：××××表示用≥700Pa的具体值取代分级代号，适用于受热带风暴和台风袭击地区的建筑。

表6—9 门窗气密性能分级

分级	1	2	3	4	5
单位缝长指标值 q_1 /[m³/(m·h)]	$6.0\geqslant q_1>4.0$	$4.0\geqslant q_1>2.5$	$2.5\geqslant q_1>1.5$	$1.5\geqslant q_1>0.5$	$q_1\leqslant0.5$
单位面积指标值 q_2 /[m³/(m²·h)]	$18\geqslant q_2>12$	$12\geqslant q_2>7.5$	$7.5\geqslant q_2>4.5$	$4.5\geqslant q_2>1.5$	$q_2\leqslant1.5$

表6—10 门窗保温性能分级 ［单位：W/（m²·K）］

分级	5	6	7	8	9	10
指标值 K	$4.0>K\geqslant3.5$	$3.5>K\geqslant3.0$	$3.0>K\geqslant2.5$	$2.5>K\geqslant2.0$	$2.0>K\geqslant1.5$	$K<1.5$

表6—11 门窗空气声隔声性能分级（单位：dB）

分级	1	2	3	4	5	6
指标值 R_w	$20\leqslant R_w<25$	$25\leqslant R_w<30$	$30\leqslant R_w<35$	$35\leqslant R_w<40$	$40\leqslant R_w<45$	$R_w\geqslant45$

注：当 $R_w\geqslant45$dB 时，应给出具体数值。

表6—12 门窗采光性能分级

分级	1	2	3	4	5
指标值 T_r	$0.20\leqslant T_r<0.30$	$0.30\leqslant T_r<0.40$	$0.40\leqslant T_r<0.50$	$0.50\leqslant T_r<0.60$	$T_r\geqslant0.60$

注：当 $T_r\geqslant0.60$ 时，应给出具体数值。

二、钢门窗

1.喷塑钢门窗

喷塑钢门窗系按照铝合金设计原理研制出的一种钢门窗，它以1.2～2mm带钢冷弯成型材，经过加工制成单根构件，进行酸洗磷化全方位防腐处理，四面再作静电喷塑，最后装配而成。

本品强度高，水密、气密性好，主要物理性能指标明显优于普通钢门窗，达到及部分超过铝合金门窗。另外，产品色彩丰富，造型完美，价格低廉，适用于办公楼、学校、医院、图书馆、工业厂房、高层民用住宅及封阳台、走廊等。

2.镀锌彩板门窗

镀锌彩板门、窗系以 0.7～1.1mm 厚的彩色镀锌卷板和 4mm 厚平板玻璃和中空玻璃为主要材料，经机械加工而成。门、窗四角用特制胶粘剂、插接件和螺钉组装，门、窗全部缝隙用橡胶密封条和密封膏密封，产品出厂前，玻璃和零附件安装齐全。

该门窗具有重量轻、强度高、采光面积大、防尘、隔声、保温性能好等优点。采用涂色镀锌钢板制做门窗，既解决了金属门窗腐蚀问题，在使用过程中经久耐用、保养工作量小，而且色彩鲜艳、外形美观，适用于商店、办公室、试验室、教学楼、宾馆饭店、各种剧场影院等高级建筑及民用住宅的门窗工程。

3.不锈钢门窗

不锈钢门窗系以不锈钢加工制成，具有极强的防腐性能、独具不锈钢的光泽，保温性能优于同结构普通钢门、窗，产品有焊接和插接两种形式，主要用于防腐蚀要求高的地方或有装饰要求的场所。

不锈钢门、窗是我国钢门、窗行业在 20 世纪 90 年代发展起来的新型门、窗，其主要特点如下。

（1）极高的耐候性能。

不锈钢门、窗的耐候性能是其他材料所不能比的，它比普通钢制品耐酸性能高，比铝合金的耐碱性能高，是沿海地区应用的理想门窗之一。

（2）强度高。

不锈钢门、窗所用的原材料为不锈钢冷带，其中型材的主要杆件是咬口的闭合型材，另外，不锈钢材质的化学成分决定了不锈钢门、窗的高强度，经测试，不锈钢门窗的抗风压值一般可达 3kPa。

（3）传热系数低。

根据测定：不锈钢的导热系数为 16W/（m·K），建筑钢材的导热系数为 58.2W/（m·K），铝的导热系数为 203W/（m·K），可以看出不锈钢的导热系数值是钢的 1/3，是铝的 1/2，所以，用不锈钢做成的双玻或中空玻璃保温窗，其性能也较好。

（4）美观大方。

不锈钢门窗的型材壁厚一般为 0.6～0.7mm，因其材质硬度高、回弹性好、刚度大，所以型材断面可以做大一些，外观挺拔豪华。另外，不锈钢材料容易氧化成各种颜色，可与各种色调的建筑外墙相匹配。

不锈钢门、窗的产品品种如下。

常见产品为 80 系列不锈钢保温双玻推拉窗，导热系数测试值≤3.1W/（m·K）；80 系列不锈钢推拉门窗及型材，型材壁厚 0.5～0.8mm，经测试，抗风压性能为 1 级，空气渗透为 2 级，雨水渗漏为 2 级，外观质量较好。

三、铝合金门窗

铝合金门窗重量轻、用材省，每米耗材量较钢木门窗轻 50%；型材表面经过氧化着色处理，可着银白、古铜、暗红、黑色等或带色花纹，外观光洁、美丽，色泽牢固，耐腐蚀，便于进行工业化生产，有利于实现门窗产品设计标准化、系列化、零配件通用化，进一步实现门、窗产品商品化。

铝合金门、窗有较好的气密性、水密性和装饰性，广泛用于高级宾馆、饭店、影剧院、候机楼、写字楼、计算机房、高层建筑等高级建筑。

铝合金门窗的性能要求除参见本节第一条内容外，还应符合表 6—13 和表 6—14 的要求。

表 6—13 铝合金门撞击、垂直荷载强度及启闭性能

性 能 项 目	技 术 要 求
撞击性能	30 kg 砂袋 170 mm 高度落下，撞击锁闭状态的门扇把（拉）手处 1 次，未出现明显变形，启闭无异常，使用无障碍，除钢代玻璃外不允许有玻璃脱落现象
垂直荷载强度	门扇在开启状态下施加 500 N 垂直静载 15 min，卸载 3 min 后残余下垂量小于 3 mm，启闭无异常，使用无障碍
启闭力	应不大于 50 N
反复启闭性能	反复启闭应不少于 10 万次，启闭无异常，使用无障碍

注：垂直荷载强度适应于平开门、地弹簧门。

表 6—14 铝合金窗启闭性能

性 能 项 目	技 术 要 求
启闭力	启闭力应不大于 50 N
反复启闭性能	反复启闭应不少于 1 万次，启闭无异常，使用无障碍

第 2 讲　塑料门窗

一、 全塑料门、窗及塑钢门窗

全塑料门窗系以聚氯乙烯塑料为主要原料，添加适当的助剂和改性剂，经挤出机挤压成各种截面的异型材，再根据不同品种、规格，选用不同截面的异型材组装加工而成。为了增加门窗的刚度，提高它的牢固度和抗风压能力，在塑料异型材中

设置轻钢或铝合金加劲板条，这样的塑料门、窗被称为塑钢门窗。

这种门、窗质轻、阻燃、隔声、隔热、防潮、耐腐、色泽鲜艳，不需油漆，其抗拉强度、抗弯强度均比木材好，可用于公共建筑、宾馆、旅社及民用住宅等建筑的门窗。

依据不同建筑物的使用要求，按风压、空气渗透、雨水渗漏三项性能指标，将塑料窗产品划分为A、B、C三类（表6—15），其技术要求和机械力学性能要求见表6—15～表6—18。

表6—15　塑料窗类别等级的划分

类别	等级	性能指标		
		抗风压 /Pa≥	空气渗透 /(m³/m·h)(10 Pa)≤	雨水渗漏 /Pa≥
A类 （高性能窗）	优等品（A1级）	3500	0.5	400
	一等品（A2级）	3000	0.5	350
	合格品（A3级）	2500	1.0	350
B类 （中性能窗）	优等品（B1级）	2500	1.0	300
	一等品（B2级）	2000	1.5	300
	合格品（B3级）	2000	2.0	250
C类 （低性能窗）	优等品（C1级）	2000	2.0	200
	一等品（C2级）	1500	2.5	150
	合格品（C3级）	1000	3.0	100

表6—16　塑料窗的技术要求

项　目		技　术　要　求
窗用型材		应符合 GB/T 8814—2004 门、窗框用硬聚氯乙烯型材的要求
力学性能		应满足表 1-3 所列要求
耐候性	人工加速老化	外窗用型材人工老化应不小于1000 h 内窗用型材人工老化应不小于500 h 老化后外观、变褪色及冲击强度应符合表 1-4 要求
	自然老化	试验方法按 GB/T 3681—2011,暴晒两年后其性能应符合表 1-4 要求

表6—17　塑料窗的机械力学性能要求

性能项目	技　术　要　求
窗开、关过程中 移动窗扇的力	不大于 50 N

性 能 项 目		技 术 要 求
悬端吊重		在 500 N 力作用下,残余变形应不大于 3 mm,试件应不损坏,仍保持使用功能
翘曲或弯曲		在 300 N 力作用下,允许有不影响使用的残余变形,试件不允许破裂,仍保持使用功能
扭曲对角线变形		在 200 N 力作用下,试件不允许损坏,不允许有影响使用功能的残余变形
开关疲劳	平开窗	开关速度为 10~20 次/min 经不少于一万次的开关,试件及五金不应损坏,其固定处及玻璃压条不应松脱
	推拉窗	开关速度为 15 次/min,开关就不少于一万次,试件及五金不应损坏
大力关闭		经模拟 7 级风连续开关 10 次,试件不损坏,仍保持原有开关功能
窗撑试验		经支持 200 N,不允许移位,连接处型材不应破裂
开启限位器		10 N 10 次,试件不应损坏
角强度		平均值不低于 3000 N,最小值不低于平均值的 70%

表 6—18 老化后塑料型材外观、变褪色及冲击强度要求

项 目	技 术 要 求
外观	无气泡、裂纹等
变褪色	不应超过 3 级灰度
冲击强度保留率	简支梁冲击强度保留率不低于 70%

二、 PVC 微发泡钢塑共挤门窗

PVC 微发泡钢塑共挤门、窗,是指以钢塑共挤微发泡 PVC 型材制造的门窗。这种钢塑共挤型材采用结皮微发泡 PVC 配方取代现行的普通硬质 PVC 配方,既减少了塑料的用量,降低了型材的成本,又保证了型材表面的硬度。型材采用塑料与钢材共挤复合技术新工艺,实现塑料与钢衬一体化,采用 0.8~1.2mm 精整镀锌钢板,并经过精密辊轧形成端面全封闭的各种异型钢材,以保证型材的刚度及内腔转度。型材表面采用仿天然的木纹,外观舒适优雅,既可工厂化组装门窗,也可现场组装、适应性强、安装方便。钢塑共挤微发泡 PVC 门窗通过微发泡技术,提高了门窗的保温节能特性,并兼备了钢窗、铝窗的刚性,在隔声、气密性方面也优于钢、铝、塑门窗,是一种有发展前景的新型门窗。其主要技术性能见表 6—19。

表 6—19　钢塑共挤门窗主要技术性能指标

项目	抗风压性能	空气渗透性能	雨水渗漏性能	隔声性能
测试结果	Ⅰ级	Ⅱ级	Ⅲ级	Ⅳ级

注：测试窗为 1470mm×1370mm×60mm 中空玻璃单层推拉窗。

第 3 单元　饰面及吊顶材料

第 1 讲　大理石、花岗石

一、大理石

天然大理石是地壳中原有的岩石经过地壳内高温、高压作用形成的变质岩。属于中硬石材，主要由方解石、石灰石、蛇纹石和白云石组成。天然大理石质地组织细密、坚实，所以抛光光洁如镜，抗压强度较高，可达 300MPa，具有吸水率低、耐磨、不变形等特点。主要品种有：云灰大理石、彩花大理石。

由于大理石一般都含有杂质，而且碳酸钙在大气中受二氧化碳、碳化物、水汽的作用，也容易风化和溶蚀，而使表面很快失去光泽。所以少数，如汉白玉、艾叶青等质纯、杂质少的比较稳定、耐久的品种可用于室外，其他品种不宜用于室外，一般只用于室内装饰面。其分类与技术质量要求，见表 6—20～表 6—27。

表 6—20　天然大理石建筑板材的分类及质量等级

分类方法	分类		外观质量等级
	名称	说明	
按形状分	普型板（PX）	装饰面轮廓线的曲率半径处相同的饰面板材	按板材的规格尺寸偏差、平面度公差、角度公差及外观质量，分为优等品（A）、一等品（B）、合格品（C）三个等级
	圆弧板（HM）		按规格尺寸偏差、直线度公差、线轮廓公差及外观质量，分为优等品（A）、一等品（B）、合格品（C）三个等级

表 6—21　普型板规格尺寸允许偏差（单位：mm）

项　目		允　许　偏　差		
		优等品	一等品	合格品
长度、宽度		0 −1.0		0 −1.5
厚度	≤12	±0.5	±0.8	±1.0
	>12	±1.0	±1.5	±2.0
干挂板材厚度		+2.0 0		+3.0 0

表 6—22　圆弧板规格尺寸允许偏差（单位：mm）

项　目	允　许　偏　差		
	优等品	一等品	合格品
弦长	0 −1.0		0 −1.5
高度	0 −1.0		0 −1.5

表 6—23　普型板平面度允许公差（单位：mm）

板 材 长 度	允　许　公　差		
	优等品	一等品	合格品
≤400	0.2	0.3	0.5
>400～≤800	0.5	0.6	0.8
>800	0.7	0.8	1.0

表 6—24　圆弧板直线度与轮廓度允许公差（单位：mm）

项　目		允　许　公　差		
		优等品	一等品	合格品
直线度 （按板材高度）	≤800	0.6	0.8	1.0
	>800	0.8	1.0	1.2
线轮廓度		0.8	1.0	1.2

表 6—25　普型板角度允许公差（单位：mm）

板材长度	允许公差		
	优等品	一等品	合格品
≤400	0.3	0.4	0.5
>400	0.4	0.5	0.7

表 6—26　天然大理石板材正面的外观质量要求

名称	规定内容	优等品	一等品	合格品
裂纹	长度超过 10 mm 的不允许条数（条）	0		
缺棱	长度不超过 8 mm，宽度不超过 1.5 mm（长度≤4 mm，宽度≤1 mm 不计），每米长允许个数（个）	0	1	2
缺角	沿板材边长顺延方向，长度≤3 mm，宽度≤3 mm（长度≤2 mm，宽度≤2 mm 不计），每块板允许个数（个）			
色斑	面积不超过 6 cm²（面积小于 2 cm² 不计），每块板允许个数（个）			
砂眼	直径在 2 mm 以下		不明显	有，不影响装饰效果

表 6—27　天然大理石的物理性能指标

项　目		指　标
体积密度/(g/cm³)	≥	2.60
吸水率(%)	≤	0.50
干燥压缩强度/MPa	≥	50.0
干燥　弯曲强度/MPa	≥	7.0
水饱和		
耐磨度①/(1/cm³)	≥	10

①为了颜色和设计效果，以两块或多块大理石组合拼接时，耐磨度差异应不大于 5，建议适用于经受严重踩踏的阶梯、地面和月台使用的石材，耐磨度最小为 12。

二、花岗石

花岗石指以花岗石为代表的一类装饰石材，包括各类岩浆和花岗石的变质岩，一般质地较硬；在习惯上，我们把主要成分为二氧化硅和碳酸盐的饰面石材统称为花岗石。

天然花岗石为全晶质结构的岩石，按结晶颗粒的大小，通常分为细粒、中粒和斑状等几种。花岗石的颜色取决于其所含长石、云母及暗色矿物的种类和数量，常呈灰色、黄色、蔷薇色和红色等，以深色花岗石比较名贵。优质花岗石晶粒细而均匀，构造紧密，石英含量多，云母含量少，不含黄铁矿等杂质，长石光泽明亮，没有风化现象。

天然花岗石的化学成分随产地不同而有所区别，但花岗石中 SiO_2 含量均很高，一般为 67%～75%，故花岗石属酸性岩石。某些天然花岗石含有微量放射性元素，对人体有害，这类花岗石不应避免用于室内。其性能及技术质量要求见表 6—28～表 6—35。

表 6—28　花岗石主要物理力学性能

项　　目	性　能　指　标
密度/(kg/m³)	2500～2700
抗压强度/MPa	120～250
抗折强度/MPa	8.2～15.0
抗剪强度/MPa	13.0～19.0
硬度（肖氏）	80～100
吸水率(%)	<1
膨胀系数	$(5.9～7.34)×10^{-6}$
平均韧性/cm	8
平均质量磨耗率(%)	11
化学稳定性	不易风化变质,耐酸性很强
耐久性	细粒花岗石使用年限可达 500～1000 年,粗粒花岗石可达 100～200 年
	花岗石不抗火,因其含大量石英。石英在 573 ℃ 和 870 ℃ 的高温下均会发生晶态转变,产生体积膨胀,故火灾时花岗石会产生严重开裂破坏

表 6—29　天然花岗石建筑板材的产品分类和等级

分类方法	分　类		外观质量等级
	名称	说　明	
按形状分	普型板(PX)	正方形或长方形的板材	按加工质量和外观质量分为: (1)毛光板按厚度偏差、平面度公差、外观质量等将板材分为优等品(A)、一等品(B)、合格品(C)三个等级;
	毛光板(MG)		
	圆弧板(HM)		
	异型板材(YX)	普型板材以外形状的板材	

续表

分 类			外观质量等级
分类方法	名称	说 明	
按表面加工程度分	细面板材(YG)	表面平整、光滑的板材	(2)普型板按规格尺寸偏差、平面度公差、角度公差、外观质量等将板材分为优等品(A)、一等品(B)、合格品(C)三个等级; (3)圆弧板按规格尺寸偏差、直线度公差、线轮廓度公差、外观质量等将板材分为优等品(A)、一等品(B)、合格品(C)三个等级
	镜面板(JM)	表面平整、具有镜面光泽的板材	
	粗面板材(CM)	表面平整、粗糙、具有较规则加工条纹的机刨板、剁斧板、锤击板、烧毛板等	

表6—30 天然花岗石建筑板材的技术要求及指标

项 目	技 术 要 求
规格尺寸允许偏差	普型板规格尺寸应符合表 11-25 的规定。 圆弧板壁厚最小值应不小于18 mm。异型板材规格尺寸偏差需双方商定。 板材厚度≤12 mm者,同一块板材上的厚度允许偏差为1.5 mm;厚度>12 mm,为3.0 mm
平面度允许极限公差	平面度允许极限公差应符合普型花岗石建筑板材平面度、角度允许极限公差规定
角度允许极限公差	普型板应符合普型花岗石建筑板材平面度、角度允许极限公差规定。 异型板由供、需双方商定。 拼缝板正面与侧面夹角不得大于90°
外观质量	(1)同一批板材的色调应基本调和,花纹应基本一致。 (2)板材正面的外观缺陷应符合表 11-25 的规定

项 目		技 术 指 标	
		一般用途	功能用途
体积密度/(g/cm³),≥		2.56	2.56
吸水率(%),≤		0.60	0.40
压缩强度/MPa,≥	干燥	100	131
	水饱和		
弯曲强度/MPa,≥	干燥	8.0	8.3
	水饱和		
耐磨性①(1/cm³),≥		25	25

①用在地面、楼梯踏步、台面等严重踩踏或磨损部位的花岗石石材应检验此项。

表 6—31　天然花岗石建筑板材正面的外观缺陷规定

缺陷名称	规　定　内　容	技术指标		
		优等品	一等品	合格品
缺棱	长度≤10 mm,宽度≤1.2 mm(长度<5 mm,宽度<1.0 mm不计),周边每米长允许个数(个)	0	1	2
缺角	沿板材边长,长度≤3 mm,宽度≤3 mm(长度≤2 mm,宽度≤2 mm不计),每块板允许个数(个)		1	2
裂纹	长度不超过两端顺延至边总长度的1/10(长度<20 mm不计),每块板允许条数(条)			
色斑	面积≤15 mm×30 mm(面积<10 mm×10 mm不计),每块板允许个数(个)			
色线	长度不超过两端顺延至板边总长度的1/10(长度<40 mm不计),每块板允许条数(条)		2	3

注：干挂板材不允许有裂纹存在。

表 6—32　普型花岗石建筑板材规格尺寸的允许偏差　　　（单位：mm）

项　　目		技　术　指　标					
		镜面和细面板材			粗面板材		
		优等品	一等品	合格品	优等品	一等品	合格品
长度、宽度		0 −1.0		0 −1.5	0 −1.0		0 −1.5
厚度	≤12	±0.5	±1.0	+1.0 −1.5			
	>12	±1.0	±1.5	±2.0	+1.0 −2.0	±2.0	+2.0 −3.0

表 6—33　圆弧板规格尺寸允许偏差　　　（单位：mm）

项目	技　术　指　标					
	镜面和细面板材			粗面板材		
	优等品	一等品	合格品	优等品	一等品	合格品
弦长	0 −1.0		0 −1.5	0 −1.5	0 −2.0	0 −2.0
高度				0 −1.0	0 −1.0	0 −1.5

表 6—34　普型花岗石建筑板材平面度允许公差　　　（单位：mm）

板材长度(L)	平面度允许公差					
	亚光面和镜面板材			粗　面　板　材		
	优等品	一等品	合格品	优等品	一等品	合格品
L≤400	0.20	0.35	0.50	0.60	0.80	1.00
400<L≤800	0.50	0.65	0.80	1.20	1.50	1.80
L>800	0.70	0.85	1.00	1.50	1.80	2.00

板材长度(L)	角度允许公差		
	优等品	一等品	合格品
L≤400	0.30	0.50	0.80
L>400	0.40	0.60	1.00

表 6—35　圆弧板直线度、线轮廓度允许公差（单位：mm）

项　　目		技　术　指　标					
		镜面和细面板材			粗　面　板　材		
		优等品	一等品	合格品	优等品	一等品	合格品
直线度（按板材高度）	≤800	0.80	1.00	1.20	1.00	1.20	1.50
	>800	1.00	1.20	1.50	1.50	1.50	2.00
线轮廓度		0.80	1.00	1.20	1.00	1.50	2.00

第 2 讲　金属装饰板材

一、　金属装饰材料的形态及用途

　　金属装饰材料的形态一般有饰面薄板、型材、管材、金属网等，其材质、表面处理和用途见表 6—36。

二、　金属装饰材料表面处理方法及应用

　　金属装饰材料表面处理方法及应用见表 6—37。

表6—36 金属装饰材料的形态及用途

材料形态	材质	表面处理	用途	备注
饰面薄板	铜板、铁板、铝板、不锈钢板、钢板、镀锌铁板	光面、雾面、丝面、凹凸面、腐蚀雕刻面、搪瓷面等	壁面、天花面	—
规格型材	铁、钢、铝及其合金，不锈钢、铜	方式极多	框架、支撑、固定、收边	
金属管材	主要有不锈钢管、铁管、铜管、镀锌管	有花管及光管两种	家具弯管、支撑管、防盗门等	有空心和实心两种，多用空心管
金属焊板	以铁棒、不锈钢、钢筋为主要结构	—	铁架、铁窗	扁铁、钢筋等
金属网	铁丝网、钢网、铝网、不锈钢网、铜网等	可编织成菱形、方形、弧形、六角形、矩形等	用在壁面、门的表面，有悬挂、隔离等作用	用细金属线编织而成
金属五金	铜、不锈钢、铝	—	家具用壁面	

表6—37 金属装饰材料表面处理方法及用途

处 理 方 式	用 途
表面腐蚀出图案或文字	多用于不锈钢板及铜板
表面印花	花纹色彩直接印于金属表面，多用于铝板
表面喷漆	多用于铁板、铁棒、铁管、钢板，如铁门、铁窗
表面烤漆	多用于钢板条、铁板条、铝板条
电解阳极处理（电镀）	多用于铝材或铝板，表面有保护作用
发色处理	如发色铝门窗、发色铝板
表面刷漆	多用于铁板、铁杆，如楼梯、扶手、栏杆
表面贴特殊弹性薄膜保护	使金属不与外界接触，如不锈钢板
加其他元素成合金	具有防蚀作用，如固格铝
立体浮压成图案	如花纹铁板、花纹铝板

　　金属装饰板根据材质不同，有不锈钢板、彩色压型钢板、铝合金板、铝塑板、烤漆板、镀锌板、贴塑板等。

三、 不锈钢板

　　建筑装饰工程中所用的不锈钢主要为薄钢板，以其厚度小于2mm的应用得最多，板材的规格为：长为1000～2000mm；宽为500～1500mm；厚度为0.2～4mm。

不锈钢板的主要特点是光泽度高。不锈钢经过不同的表面加工，可以形成不同的光泽度和反射率，并按此性能分成不同的等级。高档建筑物的门窗、墙面、扶手、栏杆、装饰画边框，尤其是大型商场、酒店、宾馆、银行等的入口、门厅、中厅柱面装饰更为广泛，这是因为不锈钢包柱不仅是一种现代装饰的新颖做法，而且由于其镜面的反射和折射作用，可以取得与周围景观交相辉映的效果。如果要在灯光的配合下，还可以形成晶莹明亮的高光部分，对空间环境的艺术效果起到强化、烘托和点缀的作用。

四、彩色钢板

1.彩色不锈钢板

彩色不锈钢板是在特定的不锈钢板上经过艺术加工和技术处理后，使其表面成为具有各种绚丽色彩的不锈钢装饰板材，它的颜色有红、黄、绿、紫、蓝、灰、橙和茶色等。

彩色不锈钢板的彩色面层经久耐用，能耐 200℃温度作用；抗盐雾腐蚀性能超过一般的不锈钢板材，在 90°弯曲的作用下，其彩色层不会损坏。另外，彩色不锈钢的色泽还能随光照角度不同进行色调的变幻，而它的耐磨、耐刻划的性能相当于箔层涂金。除此，彩色不锈钢板依然保持了普通不锈钢板的耐蚀性强和强度高的特点。

彩色不锈钢板作为建筑物外墙、外柱面的装饰材料，不仅坚固耐用、新颖美观，而且具有强烈的时代感。

2.彩色涂层钢板

彩色涂层钢板是以冷轧钢板或镀锌钢板的卷板为基板。钢板的涂层分为有机涂层、无机涂层和复合涂层三种类型。其中，有机涂层钢板发展最快。有机彩色涂层钢板是在有机涂料中按设计要求掺配不同的矿物颜料，形成各种不同色彩、花纹的涂层。常用的有机涂层有聚氯乙烯、聚丙烯酸酯、醇酸树脂和环氧树脂等。涂层与钢板的结合采用薄膜层压法和涂料涂覆法等。

彩色涂层钢板具有优良的装饰性能，涂层的附着力强，可以长期保持新鲜的色泽。板材的可加工性好，根据装饰施工需要，可以进行切断、钻孔、弯曲、卷边和铆接等。多用于制造建筑门窗、交通运输设备、建筑物外墙面、屋面以及护面板等装饰工程。

彩色涂层钢板按其结构的不同一般分以下四种类型。

（1）涂装钢板。这种彩色涂层钢板是用镀锌钢板作底板，在板的两面进行涂装，正面的第一层为底漆，一般用环氧底漆，因为它与钢板的附着力强。背面也可以涂装环氧树脂或丙烯酸树脂；第二层为面层，一般用聚酯类涂料或丙烯酸树脂等。

（2）PVC 钢板。PVC 钢板有两种：一种是用涂布 PVC 糊状树脂的方法生产，称为涂布 PVC 钢板；另一种是将已成型的和印花或压花 PVC 膜贴在钢板上，称为贴膜 PVC 钢板。两种钢板表面的 PVC 层都较厚，可达到 100～300μm，而一般涂装钢板的涂层仅有 20μm 左右。PVC 层是热塑性的，表面可以进行热加工，如进行压花处理，可使表面的质感更为丰富。同时，这种板材具有较好的柔性，可以进行弯曲、卷边等二次加工,用于建筑物外墙或屋面装饰,其耐蚀性和耐候性都较好。

（3）隔热涂装钢板。在彩色涂层钢板的背面粘贴一层厚度为 15～20mm 的聚苯乙烯泡沫塑料或硬质聚氨酯泡沫塑料,用来提高彩色涂层钢板的隔热性能。这种彩色涂层钢板用于建筑物的外墙装饰后,不仅可以收到良好的装饰效果,同时可以提高建筑物墙体的节能指标。

（4）高耐久性涂层钢板。在底板的面层涂装耐老化性能好的氟塑料和丙烯酸树脂而形成的板材,称为高耐久性涂层钢板。主要用于建筑物外墙、屋面等要求防水、防汽和抗渗透要求高的装饰工程。

3.彩色压型钢板

彩色压型钢板又称彩色涂层压型钢板,可用彩色涂层钢板经辊压加工成纵断面呈"V"形或"U"形及其他截面形状而成,也可以由镀锌钢板经成型机轧制,并涂敷各种耐腐蚀涂层与彩色烤漆制成。

彩色压型钢板的涂层多为有机涂层,涂层与基底板的结合有 PVC 膜压法和液体涂料涂覆法。除了要求涂层与底板的粘结力好、抗腐蚀能力强,还要保证其色彩、纹理等处理得丰富多彩。常用的有机涂层树脂有环氧树脂、聚丙烯酸酯、醇酸树脂、聚氯乙烯树脂和酚醛树脂等。其中,环氧树脂的耐酸、碱、盐的腐蚀能力最强,粘结力和抗水蒸气的渗透能力也好。

彩色压型钢板主要用于建筑物外墙、屋面等部位的装饰,由于它的生产已实现了标准化,故产品尺寸准确、波纹平直坚挺、色彩鲜艳丰富,可赋予建筑物以特殊的艺术表现力。

五、铝合金装饰板

铝合金装饰板是一种新型、高档的外墙装饰板材,主要有单层彩色铝合金板、铝塑复合板、铝蜂窝板和铝保温复合板材等几种。从高档建筑物的外墙装饰看,目前国内以装饰石材幕墙、玻璃幕墙和铝合金装饰板幕墙为主。近年来,铝合金装饰板是发展最快的幕墙装饰材料。

1.单层彩色铝合金装饰板

单层彩色铝合金装饰板是利用一定厚度的铝合金板材,按设计要求的尺寸、形状和构造型式进行加工成型,然后再对表面进行涂饰处理而成的一种高档外墙装饰材料。这种板材的最大尺寸（长×宽）为 4500mm×1600mm,厚度规格有 2mm、2.5mm、3mm 等几种。

单层彩色铝合金装饰板的构造由面板、加强筋和挂件等组成,有热工或声学要求时,可在板的背面敷贴矿棉或岩锦。挂件可以直接由面板弯折而成,也可以在面板上用型材加装。面板背面焊有螺栓,通过螺栓将加强筋和面板连接起来,形成一个具有一定刚度和强度的整体,保证铝合金装饰板在长期使用中的平整性。

建筑物外墙装饰使用的彩色铝合金装饰板表面采用的是氟碳树脂喷涂,这是因为氟碳树脂的耐候性好,抗腐蚀性和抗粉化性能都好。铝板的着色有红、黄、绿、紫、灰和橙色等。

氟碳树脂喷涂的工艺流程如下：清除铝合金板表面油污→酸洗：去除板材表面的自然氧化物→铬化：形成转化层，增强漆料的黏附性→喷涂底漆←喷涂面漆（金属漆）→底、面漆固化（220~250℃烘烤）→罩面漆喷涂→罩面漆固化（220~250℃）。

2.铝塑复合板

铝塑复合板是近年来推出的一种新型的外墙装饰板材，它是由三层材料复合而成。上、下两层为高强度的铝合金板，中间层为低密度的聚氯乙烯（PVC）泡沫板或聚乙烯（PE）芯板，经高温、高压制成后，板材表面再喷涂一层氟碳树脂（PVDF）。铝塑复合板的主要技术性能是：

（1）质量轻、刚性好、强度高。

（2）抗酸、碱腐蚀的性能好。

（3）隔声、保温、减振和抗冲击的性能好。

（4）具有超强的耐候性和抗紫外线性能，色彩和光泽保持时间长，能在-50~85℃的各种自然环境中使用。

（5）色泽选择宽且鲜艳，表面平整、光洁，装饰质感好。

（6）可加工性能好，施工时可以切割、裁边、钻孔、卷边、弯曲、折边等机械加工，故安装方便。

（7）板面不易被污染。

铝塑复合板的规格尺寸：长度有 2000mm、2500mm、3000mm 和 4000mm；宽度有 1220mm、1470mm；厚度有 3mm、4mm 和 6mm，外墙装饰用的铝塑复合板厚度一般为 4mm。

铝塑复合板是高档建筑外墙的装饰材料，上海的新世界商厦、深圳的地王大厦都是使用铝塑复合板装饰的幕墙，墙体的功能和装饰效果堪称最佳。除此，铝塑复合板还可以用于门厅、门面、柱面、吊顶（顶面）、展台和壁板等部位的装饰。

3.铝合金蜂窝复合板

铝合金蜂窝复合板又称铝蜂窝或合铝合金蜂窝板，它是将铝合金薄板加工而成蜂窝状作芯材，上下再用高强度的胶粘剂粘盖两层铝合金板而成。铝合金面板表面可以喷涂设计要求及各种颜色和氟碳树脂（PVDF），并可做罩光处理。

铝合金蜂窝复合板质量轻、刚度大、强度高；耐碱、耐酸，抗腐蚀性能好；保温、隔热、阻燃性能好。是一种较理想的高档位的建筑外墙装饰材料，使用环境温度为-40~80℃。

第 3 讲　吊顶金属龙骨

吊顶龙骨是吊顶装饰的骨架材料，包括木龙骨、轻钢龙骨和铝合金龙骨。古建筑物的吊顶龙骨一般都是木龙骨，现代建筑吊顶龙骨使用的都是轻金属龙骨。

轻金属龙骨是轻钢龙骨和铝合金龙骨的总称，它们是以冷轧镀锌薄钢板、彩色涂层钢板及铝合金板材为主要原料，经冷冲压而制成的各种轻薄型材，这些型材的截面形状不同，作用也不一样，根据设计要求，将它们组合安装成金属骨架，即形成吊顶用的龙骨架。

轻金属龙骨按其截面形状不同，分为U、C、CH、T、H、V和L形七种形式。代号见表6—38。

表6—38　代号

1	Q	墙体龙骨	6	D	吊顶龙骨
2	ZD	直卡式吊顶龙骨	7	U	龙骨断面形状为 ⊔ 形
3	C	龙骨断面形状为 ⊓ 形	8	T	龙骨断面形状为 T 形
4	L	龙骨断面形状为 L 形	9	H	龙骨断面形状为 H 形
5	V	龙骨断面形状为 ⊔ 或 ∧ 形	10	CH	龙骨断面形状为 ⊩ 形

一、　轻钢龙骨

国家标准《建筑用轻钢龙骨》（GB/T 11981-2008）中规定了各种形式龙骨的力学性能指标，为轻钢龙骨的选用提供了可靠的依据。

这些龙骨配合使用，可以组装出多种形式的吊顶造形，且其承载能力强。各种形式的龙骨截面形状、规格尺寸见表6—39。其中，U形轻钢龙骨在吊顶龙骨架中为主龙骨，又叫承载龙骨；C形轻钢龙骨又叫覆面龙骨，它的作用是组成吊顶龙骨架并连接罩面板材；L形龙骨为边龙骨，它使吊顶的龙骨架与内墙四壁或柱壁连接。各形状的吊顶轻钢龙骨组成龙骨架时，所用的主要配件见表6—40。

表6—39　吊顶龙骨产品分类及规格

品种		断面形状	规格	备注
U形龙骨	承载龙骨		$A \times B \times t$ 38×12×1.0 50×15×1.2 60×B×1.2	$B = 24 \sim 30$
C形龙骨	承载龙骨		$A \times B \times t$ 38×12×1.0 50×15×1.2 60×B×1.2	
	覆面龙骨		$A \times B \times t$ 50×19×0.5 60×27×0.6	—

品种		断 面 形 状	规　格	备　注
T形龙骨	主龙骨		$A \times B \times t_1 \times t_2$ $24 \times 38 \times 0.27 \times 0.27$ $24 \times 32 \times 0.27 \times 0.27$ $14 \times 32 \times 0.27 \times 0.27$	(1)中型承载龙骨$B \geqslant 38$,轻型承载龙骨$B < 38$;
	次龙骨		$A \times B \times t_1 \times t_2$ $24 \times 28 \times 0.27 \times 0.27$ $24 \times 25 \times 0.27 \times 0.27$ $14 \times 25 \times 0.27 \times 0.27$	(2)龙骨由一整片钢板(带)成型时,规格为$A \times B \times t$
H形龙骨			$A \times B \times t$ $20 \times 20 \times 0.3$	—
V形龙骨	承载龙骨		$A \times B \times t$ $20 \times 37 \times 0.8$	造型用龙骨规格为$20 \times 20 \times 1.0$
	覆面龙骨		$A \times B \times t$ $49 \times 19 \times 0.5$	—
L形龙骨	承载龙骨		$A \times B \times t$ $20 \times 43 \times 0.8$	—

续表

品　种		断 面 形 状	规　格	备　注
L形龙骨	收边龙骨		$A\times B_1\times B_2\times t$ $A\times B_1\times B_2\times 0.4$ $A\geqslant 20;B_1\geqslant 25、B_2\geqslant 20$	—
	边龙骨		$A\times B\times t$ $A\times B\times 0.4$ $A\geqslant 14;B\geqslant 20$	—

表6—40　吊顶龙骨配件（单位：mm）

品种	代号/规格	形　状	允许偏差			材料宽度 F	材料最小公称厚度
			A	B	C		
普通吊件	PD/D38		+2.0 0	+2.0 +1.0	—	≥18	2.0
普通吊件	PD/D50		+2.0 0	+2.0 +1.0	—	≥18	2.0
	PD/D60					≥20	2.5

品种	代号/规格	形　状	允　许　偏　差			材料宽度	材料最小
			A	B	C	F	公称厚度
框式吊件	KD/D60		+2.0 0	+2.0 +1.0	—	≥18	2.0
弹簧卡吊件	TD	 $A \geqslant 8$	0 −0.4	0 −0.3	—	—	1.5
T形龙骨吊件	TTD	 $D \geqslant 5.0;\ E \geqslant 7.0$	—	—	—	≥22	1.0

品种	代号/规格	形　　状	允　许　偏　差			材料宽度 F	材料最小公称厚度
			A	B	C		
压筋式挂件	YG		+0.5 0	0 −0.5	0 −0.3	—	0.7
平板式挂件	PG		+0.5 0	0 −0.5	0 −0.3	—	1.0
T形龙骨挂件	TG	$D \geqslant 3.0$；$E \geqslant 5.5$	—	—	—	⩾18	0.75

续表

品种	代号/规格	形　状	允许偏差			材料宽度	材料最小公称厚度
			A	B	C	F	
H形龙骨挂件	HG	$D{\geqslant}3.5$；$E{\geqslant}6.0$	—	—	—	≥29	0.8
承载龙骨连接件	CL		0 −0.5	—	—	—	1.2
承载龙骨连接件	CL		0 −0.5	—	—	—	1.5
覆面龙骨连接件	FL		0 −0.5	0 −0.5	—	—	0.5

续表

品种	代号/规格	形　状	允 许 偏 差			材料宽度	材料最小
			A	B	C	F	公称厚度
挂插件	GC		0 −0.5	0 −0.5	—	—	0.5

T、L 形轻钢龙骨可以单独组装成无附加荷载的吊顶龙骨架，也可以与 U 形龙骨配合组装成有附加荷载的吊顶龙骨架，其饰面板安装都采用搁板法，即无需采用钉固和自攻螺钉拧固。

T、L 形龙骨系列中，T 形骨作为吊顶龙骨架中的主龙骨，起吊顶龙骨的框架和搭装饰面板的作用，L 形龙骨为边龙骨，主要起将吊顶骨架与室内四面墙或柱壁的连接作用，也可部分搭装饰面板。

T、L 形轻钢龙骨可归纳为两种类型，其截面形状如图 6—1 所示。两种规格类型的龙骨配件，分别见表 6—41 和表 6—42。

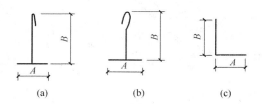

图 6—1　T、L 形轻钢龙骨截面
（a）　第一种 T 形龙骨；（b）　第二种 T 形龙骨；（c）　L 形龙骨

表 6—41　第一种 T、L 形龙骨配件

名　称	形　式	用　途	备　注
T 形龙骨（纵向或横向）		用于组装成龙骨骨架的纵向及横向龙骨	
L 形龙骨（边龙骨）		用于龙骨骨架与周边墙、柱壁等处的连接，并用于搭装或嵌装吊顶饰面板	—
T 形龙骨连接件		用于 T 形龙骨纵向使用时的加长连接	
T 形龙骨挂件		用于 T 形龙骨纵向使用时，与 U 形承载龙骨之间的连接	
U 形承载龙骨及其吊件、吊杆	参见前述"U、C、L形"吊顶轻钢龙骨中的 U 形及有关配件	用于组装承受附加荷载的吊顶骨架及其悬吊	见表 1-2

表 6—42　第二种 T、L 形龙骨配件

名称	形　式	用　途	备注
T 形龙骨（纵向主龙骨）		用作吊顶骨架的主龙骨（纵向）同时搭装或嵌装饰面板	—
T 形龙骨（横向次龙骨）		用作龙骨骨架的次龙骨（横向即横撑龙骨）同时搭装或嵌装饰面板	—

续表

名称	形　式	用　　途	备注
L形龙骨（边龙骨）		用于吊顶骨架周边与墙或柱壁连接 同时搭装或嵌装吊顶装饰板	—
T形龙骨挂件		用于T形龙骨（纵向）与U形龙骨（承载龙骨）之间的连接,适用于有附加荷载的吊顶	—
T形龙骨吊挂件		用于T形龙骨（纵向）与吊杆的连接,只适用于无附加荷载的吊顶	—
T形龙骨（纵向）连接件		用于T形龙骨（纵向）加长连接	—
吊挂件紧固螺栓		用于T形龙骨吊挂件与吊杆的连接(适用于无承载龙骨的吊顶)	—
隔离件（间距杆）		用于保证相邻两根T形龙骨（纵向）的间距,并起稳固龙骨骨架的作用	—
U形龙骨（承载龙骨）及其吊件和吊杆	参见前述"U、C、L形轻钢吊顶龙骨"中的U形及有关配件	使用于需要承受附加荷载的吊顶骨架及其悬吊	见表1-1

二、 铝合金龙骨

铝合金龙骨在吊顶装饰工程中应用十分广泛,特别是对于较小顶面的轻型吊顶饰面板材的顶棚,如机关办公室、学校教学楼等,几乎都是利用铝合金龙骨作吊顶骨架,铝合金型材的品种（截面形式）主要有T形、L形、Y形和U形等。

1. T、L形铝合金龙骨

T、L形铝合金龙骨是吊顶装饰工程中应用最为广泛,技术较为成熟的一种,其主要优点是质轻,相当于轻钢龙骨表观密度的1/3;尺寸精度高,耐腐蚀、防火和装饰性好;铝合金表面可采用镀膜工艺,使其具有不同的颜色,形成顶面艳丽的框格;铝合金龙骨的应用形式也比较灵活,同时还有可加工性能好的优点,龙骨的构造外形如图6—2所示,规格尺寸见表6—43,龙骨的主要配件形式及应用见表6—44。

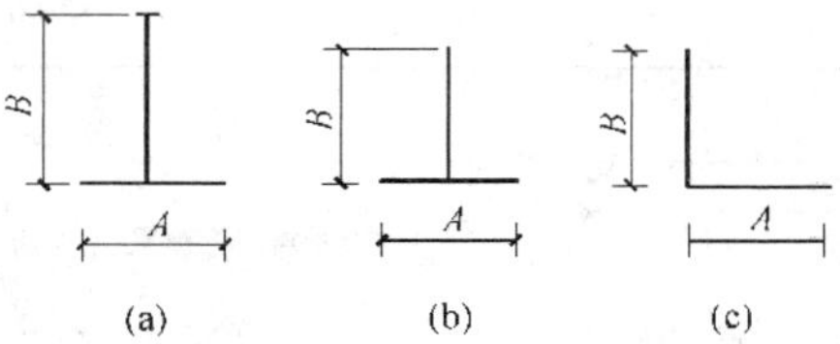

图 6—2　T、L 形铝合金龙骨外形

（a）　T 形（纵向）；（b）　T 形（横撑）；（c）　L 形（边龙骨）

表 6—43　T、L 形铝合金龙骨规格

名　称	尺寸/mm			
	Ⅰ		Ⅱ	
T 形（纵向）	A	23	A	25
	B	32	B	32
T 形（横向）	A	23	A	25
	B	23	B	32
L 形（边龙骨）	A	18	A	25
	B	32	B	25

表 6—44　T、L 形铝合金吊顶龙骨及配件

名称	形式	用　途	重量/(kg/m)	厚度/mm
T 形龙骨（纵向）		用于组成龙骨骨架的纵向龙骨；用于搭装或嵌装吊顶板	0.2	1.2
T 形龙骨（横向）	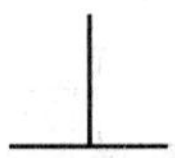	用于组装龙骨骨架的横向龙骨；同时搭装或嵌装吊顶板	0.135	1.2
L 形龙骨（边龙骨）	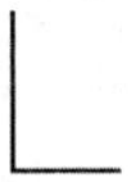	用于龙骨骨架周边与墙、柱壁连接；同时搭装或嵌装吊顶板	0.15	1.2

续表

名称	形式	用　　途	重量/(kg/m)	厚度/mm
T 形龙骨 （异形龙骨）		用于组成有变标高的龙骨吊顶骨架； 同时搭装或嵌装吊顶板	0.25	1.2
T 形龙骨 （纵向、异形） 连接件		用于纵向或异形的 T 形龙骨的连接	0.025	0.8
T 形龙骨 （纵向）挂件		用于异形的 T 形龙骨与 U 形轻钢承载龙骨的连接	0.019 (0.017)	φ3.5
T 形龙骨 （纵向）挂件		用于 U 形轻钢龙骨（承载龙骨）与 T 形纵向铝合金龙骨的连接	0.014	φ3.5
T 形龙骨 （横向）挂件		用于 T 形龙骨纵向与横向龙骨的连接	0.012	φ3.5
T 形龙骨 （纵向、异形） 吊　挂　件		用于 T 形龙骨（纵向和异形）和吊杆的连接，只适用于无承载龙骨的无附加荷载的吊顶		
U 形轻钢 龙骨及其 吊件、吊杆	见前述 U、C、L 形轻钢龙骨及其吊件和吊杆	用于有附加荷载的承载龙骨及其悬吊	参见表 1-2	

2. Y、Ⅱ、L 形铝合金龙骨

　　Y、Ⅱ、L 形铝合金龙骨是一种新型的吊顶龙骨，它与 T、L 形吊顶龙骨的主要不同点是在顶棚表面能展示出 Y、Ⅱ型材结构所形成的槽状框格，使吊顶饰面具有较新颖的线型艺术效果，其龙骨主件的形式与规格尺寸见表 6—45。这些龙骨的配件基本同 T 形铝合金、U 形轻钢龙骨。

表 6—45　Y、Π、L 形铝合金龙骨外形及规格

名称	外形	尺寸/mm		用　途	备　注
Y 形龙骨		A	25	纵向布置,组成吊顶骨架,搭装吊顶饰面板	其安装应用同于 T、L 形铝合金龙骨的主龙骨(纵向)
		B	20		
Π 形龙骨		A	25	横向布置,组成吊顶骨架,搭装吊顶饰面板	安装同于 T、L 形龙骨的横撑龙骨(横向)
		B	10		
L 形龙骨		A	25	边龙骨、连接吊顶骨架四墙、搭装饰面板材	安装同于 T、L 形铝合金龙骨的边龙骨
		B	25		

　　注:Y、Π、L 形铝合金吊顶龙骨所用连接件、吊件、挂件和吊杆均可采用 U 形轻钢龙骨、T 形铝合金龙骨的配件。

第4讲　建筑陶瓷

一、陶瓷砖

1. 分类

（1）分类方法。

按照陶瓷砖的成型方法和吸水率进行分类（见表 6—46），这种分类与产品的使用无关。

表 6—46　陶瓷砖按成型方法和吸水率分类表

成型方法	Ⅰ类 $E\leqslant 3\%$	Ⅱa 类 $3\%<E\leqslant 6\%$	Ⅱb 类 $6\%<E\leqslant 10\%$	Ⅲ类 $E>10\%$
A(挤压)	AⅠ类	AⅡa1 类[①]	AⅡb1 类[①]	AⅢ类
		AⅡa2 类[①]	AⅡb2 类[①]	
B(干压)	BⅠa 类 瓷质砖 $E\leqslant 0.5\%$	BⅡa 类 细炻砖	BⅡb 类 炻质砖	BⅢ类[②] 陶瓷砖
	BⅠb 类 炻瓷压 $0.5\%<E\leqslant 3\%$			
C(其他)	CⅠ类[③]	CⅡa 类[③]	CⅡb 类[③]	CⅢ类[③]

① AⅡa 类和 AⅡb 类按照产品不同性能分为两个部分。

②BⅢ类仅包括有釉砖,此类不包括吸水率大于 10%的干压成型无釉砖。

③标准中不包括这类砖。

（2）按成型方法分类。

1） 挤压砖。

2） 干压砖。

3） 其他方法成型的砖。

（3） 按吸水率（E）分类。

1） Ⅰ类干压砖。

Ⅰ类干压砖还可以进一步分为：

①E≤0.5%（BⅠa类）。

②0.5%＜E≤3%（BⅠb类）。

2） 中吸水率砖（Ⅱ类），3%＜E≤10%。

Ⅱ类挤压砖还可一步分为：

①3%＜E≤6%（AⅡa类，第1部分和第2部分）。

②6%＜E≤10%（AⅡb类，第1部分和第2部分）。

Ⅱ类干压砖还可一步分为：

①3%＜E≤6%（BⅡa类）。

②6%＜E≤10%（BⅡb类）。

3） 高吸水率砖（Ⅲ类），E＞10%。

2.性能要求

在表6—47中列出了不同用途陶瓷砖的产品性能要求。

表6—47 不同用途陶瓷砖的产品性能要求

性　　能	地砖		墙砖		试 验 方 法
尺寸和表面质量	室内	室外	室内	室外	标准号
长度和宽度	×	×	×	×	GB/T 3810.2
厚度	×	×	×	×	GB/T 3810.2
边直度	×	×	×	×	GB/T 3810.2
直角度	×	×	×	×	GB/T 3810.2
表面平整度（弯曲度和翘曲度）	×	×	×	×	GB/T 3810.2
物理性能	室内	室外	室内	室外	标准号
吸水率	×	×	×	×	GB/T 3810.3
破坏强度	×	×	×	×	GB/T 3810.4
断裂模数	×	×	×	×	GB/T 3810.4
无釉砖耐磨深度	×	×	—	—	GB/T 3810.6

续表

性　能	地砖		墙砖		试验方法
有釉砖表面耐磨性	×	×	—	—	GB/T 3810.7
线性热膨胀①	×	×	×	×	GB/T 3810.8
抗热震性①	×	×	×	×	GB/T 3810.9
有釉砖抗釉裂性	×	×	×	×	GB/T 3810.11
抗冻性②	—	×	×	×	GB/T 3810.12
摩擦系数					—
物理性能	室内	室外	室内	室外	标准号
湿膨胀①	×	×	×	×	GB/T 3810.10
小色差①	×	×	×	×	GB/T 3910.16
抗冲击性①	×	×	×	—	GB/T 3810.5
抛光砖光泽度	×	×	×	×	GB/T 13891
化学性能	室内	室外	室内	室外	标准号
有釉砖耐污染性	×	×	×	×	GB/T 3810.14
无釉砖耐污染性①	×	×	×	×	GB/T 3810.14
耐低浓度酸和碱化学腐蚀性	×	×	×	×	GB/T 3810.13
耐高浓度酸和碱化学腐蚀性①	×	×	×	×	GB/T 3810.13
耐家庭化学试剂和游泳池盐类化学腐蚀性	×	×	×	×	GB/T 3810.13
有釉砖铅和镉的溶出量①	×	×	×	×	GB/T 3810.15

①××××GB/T 3810.15①见《陶瓷砖》（GB/T 4100-2006）附录 Q 试验方法。

②砖在有冰冻情况下使用时。

二、陶瓷马赛克

陶瓷马赛克曾用名为陶瓷锦砖，是将边长不大于 95mm、表面面积不大于 55cm^2、具有各种几何形状和色彩的小单砖，在衬材上拼贴出具有线路的整体图案，成联使用的薄型陶瓷砖。

陶瓷马赛克按表面性质分为有釉、无釉两种；按砖联分为单色、混色和拼花三种。无釉马赛克的吸水率不大于 2.0%，属瓷质砖类；有釉马赛克的吸水率不大于 1.0%，符合炻瓷砖的要求。该种砖的形体规整、超薄，质坚耐磨，黏附力高，色泽稳定，其色泽和图案美观，可选择范围甚宽，适用于墙面、地面的保护和装饰。

1.尺寸允许偏差

现行产品标准《陶瓷马赛克》（JC/T 456—2005），对陶瓷马赛克提出全面要求，包括尺寸允许偏差、外观质量、五项理化性能指标和成联产品的质量四个方面。其中关于尺寸允许偏差，应符合表6—48规定；关于外观质量按边长25mm分界，即按边长小于等于25mm的砖和边长大于25mm的砖，分别对十多种可见的缺陷提出限定指标，详见《陶瓷马赛克》（JC/T 456—2005）。

表6—48　陶瓷马赛克的尺寸允许偏差（单位：mm）

单块砖项目	允 许 偏 差		单块砖项目	允 许 偏 差	
	优等品	合格品		优等品	合格品
长度，宽度	±0.5	±1.0	线路	±0.6	±1.0
厚度	±0.3	±0.4	联长	±1.5	±2.0

注：对成联砖有特殊要求由供需双方商定。

2.理化性能要求

标准对陶瓷马赛克产品提出的理化性能指标是：

（1）吸水率。无釉陶瓷马赛克不大于0.2％，有釉陶瓷马赛克不大于1.0％。

（2）耐磨性。无釉陶瓷马赛克耐深度磨损体积不大于175mm³，用于铺地的有釉陶瓷马赛克表面耐磨性报告磨损等级和转数。

（3）抗热震性。经五次抗热震性试验后不出现炸裂或裂纹。

（4）抗冻性。由供需双方协商。

（5）耐化学腐蚀。由供需双方协商。

关于成联陶瓷马赛克的要求如下：

（1）色差。单色陶瓷马赛克及联间同色砖色差，优等品目测基本一致，合格品目测稍有色差。

（2）铺贴衬材的粘结性。陶瓷马赛克与铺贴衬材经粘结性试验后，不允许有马赛克脱落。

（3）铺贴衬材的剥离性。表贴陶瓷马赛克的剥离时间不大于40min。

（4）铺巾衬材的露出。表贴、背贴陶瓷马赛克铺贴后，不允许有铺贴衬材露出。

三、卫生陶瓷

1. 卫生陶瓷的品种分类

卫生陶瓷按吸水率分为瓷质卫生陶瓷和陶质卫生陶瓷。瓷质卫生陶瓷产品分类见表6—49，陶质卫生陶瓷产品分类见表6—50。

表 6—49　瓷质卫生陶瓷产品分类表

种类	类型	结构	安装方式	排污方向	按用水量分	按用途分
坐便器	挂箱式 坐箱式 连体式 冲洗阀式	冲落式 虹吸式 喷射虹吸式 旋涡虹吸式	落地式 壁挂式	下排式 后排式	普通型 节水型	成人型 幼儿型 残疾人/老年 人专用型
洗面器	—	—	台式 立柱式 壁挂式	—	—	—
小便器	—	冲落式 虹吸式	落地式 壁挂式	—	普通型 节水型	—
蹲便器	挂箱式 冲洗阀式	—	—	—	普通型 节水型	成人型 幼儿型
净身器	—	—	落地式 壁挂式	—	—	—
洗涤槽	—	—	台式 壁挂式	—	—	住宅用 公共场所用
水箱	高水箱 低水箱	—	壁挂式 坐箱式 隐藏式	—	—	—
小件卫生陶瓷	皂盒、 手纸盒等	—	—	—	—	—

表 6—50　陶质卫生陶瓷产品分类表

种　类	类　型	安 装 方 式
洗面器	—	台式、立柱式、壁挂式
不带存水弯小便器	—	落地式、壁挂式
净身器	—	落地式、壁挂式
洗涤槽	家庭用、公共场所用	台式、壁挂式
水箱	高水箱、低水箱	壁挂式、坐箱式、隐藏式
浴缸、淋浴盆	—	—
小件卫生陶瓷	皂盒等	—

2.卫生陶瓷的技术标准

卫生陶瓷的外观缺陷最大允许范围、尺寸允许偏差、最大允许变形及物理性能见表 6—51～表 6—53。

表6—51　卫生陶瓷外观缺陷最大允许范围

缺陷名称	单位	洗净面	可见面		其他区域
			A面	B面	
开裂、坯裂	mm	不允许			不影响使用的允许修补
釉裂、熔洞	mm	不允许			—
大包、大花斑、色斑、坑包	个	不允许			—
棕眼	个	总数2	总数2	2;总数5	—
小包、小花斑	个	总数2	总数2	2;总数6	—
釉泡、斑点	个	1;总数2	2;总数4	2;总数4	—
波纹	mm	≤2600			
缩釉、缺釉	mm	不允许		4 mm² 以下1个	—
磕碰	mm²	不允许			20 mm² 以下2个
釉缕、桔釉、釉粘、坯粉、落脏、剥边、烟熏、麻面	—	不允许			—

注：1.数字前无文字或符号时，表示一个标准面允许的缺陷数。

　　2.其他面，除表中注明外、允许有不影响使用的缺陷。

　　3.0.5mm 以下的不密集棕眼可不计。

表6—52　尺寸允许偏差（单位：mm）

尺 寸 类 型	尺 寸 范 围	允 许 偏 差
外形尺寸	—	规格尺寸×±3%
孔眼直径	$\phi < 15$	±2
	$15 \leqslant \phi \leqslant 30$	±2
	$30 < \phi \leqslant 80$	±3
	$\phi > 80$	±5
孔眼圆度	$\phi \leqslant 70$	2
	$70 < \phi \leqslant 100$	4
	$\phi > 100$	5
孔眼中心距	≤100	±3
	>100	规格尺寸×±3%

续表

尺寸类型	尺寸范围	允许偏差
孔眼距产品中心线偏移	≤100	3
	>100	规格尺寸×3%
孔眼距边	≤300	±9
	>300	规格尺寸×±3%
安装孔平面度	—	2
排污口安装距	—	+5 −20

表6—53　最大允许变形　　　　　（单位：mm）

产品名称	安装面	表面	整体	边缘
坐便器	3	4	6	—
洗面器	3	6	20 mm/m 最大12	4
小便器	5	20 mm/m 最大12	20 mm/m 最大12	—
蹲便器	6	5	8	4
净身器	3	4	6	—
洗涤槽	4	20 mm/m 最大12	20 mm/m 最大12	5
水箱	底3墙8	4	5	4
浴缸	—	20 mm/m 最大16	20 mm/m 最大16	—
淋浴盆	—	20 mm/m 最大12	20 mm/m 最大12	—

注：形状为圆形或艺术造型的产品，边缘变形不作要求。

第7部分

机电工程常用材料

第1单元 常用金属材料

金属材料分为黑色金属和有色金属两大类。机电工程常用的金属材料主要是制造各种大型金属构件的用钢，如建筑、机电、冶金、石化、电力以及锅炉压力容器、压力管道等工程的用钢。

第1讲 黑色金属材料的类型及应用

一、碳素结构钢

1.碳素结构钢的分级。碳素结构钢又称为普碳钢，在国家标准《碳素结构钢》GB/T700—2006 中，按照碳素结构钢屈服强度的下限值将其分为四个级别，其钢号对应为 Q195、Q215、Q235 和 Q275,其中 Q 代表屈服强度，数字为屈服强度的下限值，数字后面标注的字母 A、B、C、D 表示钢材质量等级，即硫、磷质量分数不同，A 级钢中硫、磷含量最高，D 级钢中硫、磷含量最低。

2.碳素结构钢的特性及用途

（1）Q195、Q215、Q235A 和 Q235B 塑性较好，有一定的强度，通常轧制成钢筋、钢板、钢管等；Q235C、Q235D 可用于重要的焊接件；Q235 和 Q275 强度较高，通常轧制成型钢、钢板作构件用。

（2）碳素结构钢具有良好的塑性和韧性，易于成型和焊接，常以热轧态供货，一般不再进行热处理，能够满足一般工程构件的要求，所以使用极为广泛。

二、低合金结构钢+

1.低合金结构钢的分级。低合金结构钢也称为低合金高强度钢，按照国家标准《低合金高强度结构钢》GB/T1591-2008,根据屈服强度划分，其共有 Q345、Q390、Q420、Q460、Q500、Q550、Q620 和 Q690 八个强度等级。

2.低合金结构钢的特性及用途

（1）低合金结构钢是在普通钢中加入微量合金元素，而具有高强度、高韧性、良好的冷成形和焊接性能、低的冷脆转变温度和良好的耐蚀性等综合力学性能，如，Q345 强度比普碳钢 Q235 高约 20%～30%，耐大气腐蚀性能高 20%～38%，用它制造工程结构，重量可减轻 20%～30%。

（2）低合金结构钢主要适用于桥梁、钢结构、锅炉汽包、压力容器、压力管道、船舶、车辆、重轨和轻轨等制造，用它来代替碳素结构钢，可大大减轻结构质量，节省钢材。

三、铸钢和铸铁

1. 铸钢

（1）铸钢的分类

铸钢分碳素铸钢、合金铸钢等类型。

（2）铸钢的特性及用途

将钢铸造成形，即能保持钢的各种优异性能，又能直接制造成最终形状的零件。铸钢主要用于制造形状复杂，需要一定强度、塑性和韧性的零件。

2. 铸铁

（1）铸铁的分类

铸铁是碳质量分数大于 2.11% 的铁碳合金，含有较多的 Si、Mn、S、P 等元素。常用铸铁有灰铸铁、球墨铸铁、蠕墨铸铁、可锻铸铁、特殊性能铸铁等。

（2）铸铁的特性及用途

铸铁具有许多优良的使用性能和工艺性能，并且生产设备和工艺简单，可以用来制造各种机器零件。

四、特殊性能低合金高强度钢

1.特殊性能低合金高强度钢分类

特殊性能低合金高强度钢也称特殊钢，是指具有特殊化学成分、采用特殊工艺生产、具备特殊的组织和性能、能够满足特殊需要的钢类。其中，工程结构用特殊钢主要包括：耐候钢、耐热钢、耐海水腐蚀钢、耐磨钢、表面处理钢材、汽车冲压钢板、石油及天然气管线钢、工程机械用钢与可焊接高强度钢、钢筋钢、低温用钢以及钢轨钢等。

2.特殊性能低合金高强度钢的特性及用途

在桥梁、建筑、塔架、车辆和其他要求耐候性能好的螺栓连接等钢结构中使用的耐候钢，就是在钢中加入少量的合金元素，如 Cu、Cr、Ni、P 等，使其在金属基体表面形成保护层，提高了钢材的耐候性能，同时保持钢材具有良好的焊接性能。

在加热炉、锅炉、燃气轮机等高温装置中的零件就是使用耐热钢，要求在高温下具有良好的抗蠕变、抗断裂和抗氧化的能力，以及必要的韧性。

钢轨钢分为轻轨钢和重轨钢，轻轨钢主要用于使用临时运输线和中小型起重机轨道，重轨钢主要用于铁道、大型起重机轨和吊车轨道。

车辆履带、挖掘机铲斗、铁轨分道叉等使用的就是耐磨钢，耐磨钢常用于承受严重磨损和强烈冲击的零件。

五、钢材的类型及应用

1.型钢。在机电工程中常用型钢主要有：圆钢、方钢、扁钢、H型钢、工字钢、T型钢、角钢、槽钢、钢轨等。

例如，电站锅炉钢架的立柱通常采用宽翼缘H型钢（HK300b）；为确保炉膛内压力波动时炉墙有一定的强度，在炉墙上设有足够强度的刚性梁。一般每隔3m左右装设一层，其大部分采用强度足够的工字钢制成。

2.板材。按其厚度分为厚板、中厚板和薄板。按其轧制方式分为热轧板和冷轧板两种，其中冷轧板只有薄板。按其材质有普通碳素钢板、低合金结构钢板、不锈钢板、镀锌钢薄板等。

例如，油罐、电站锅炉中的汽包就是用钢板焊制成的圆筒形容器。其中，中、低压锅炉的汽包材料常为专用的锅炉碳素钢，高压锅炉的汽包材料常用低合金铜制造

3.管材。在机电工程中常用的有普通无缝钢管、螺旋缝钢管、焊接钢管、无缝不锈钢管、高压无缝钢管等，广泛应用在各类管道工程中。

例如，锅炉水冷壁和省煤器使用的无缝钢管一般采用优质碳素钢管或低合金钢管，但过热器和再热器使用的无缝钢管根据不同壁温，通常采用 15CrMo 或 12CrlMoV 等钢材。

4.钢制品。在机电工程中，常用的钢制品主要有焊材、管件、阀门等。

第2讲 有色金属的类型及应用

通常将钢铁以外的金属及其合金，统称为有色金属。有色金属具有钢铁所没有的许，多

特殊的力学和物理性能，为机电工程中不可缺少的材料。

有色金属的种类很多，密度大于 $4.5g/cm^3$ 的金属称为重金属，如铜、锌、镍等；密

度小于等于 $4.5g/cm^3$ 的金属称为轻金属，如铝、镁、钛等。

一、重金属

1.铜及铜合金的特性及应用

工业纯铜密度为 $8.96g/cm^3$，具有良好的导电性、导热性以及优良的焊接性能，纯铜强度不高，硬度较低，塑性好。主要用于作导体、制造抗磁性干扰的仪器和仪

表零件，如罗盘、航空仪表等零件。

在纯铜中加人合金元素制成铜合金，除了保持纯铜的优良特性外，还具有较高的强度，主要品种有黄铜、青铜和白铜，在机电工程中广泛使用的是铜合金。

例如，机电设备冷凝器、散热器、热交换器、空调器等就是使用黄铜制造的，黄铜是以锌为主要合金元素制成的铜合金。

2. 锌及锌合金的特性及应用

纯锌具有一定的强和较好的耐腐蚀性,在室温下较脆,在 100～150°C 时变软,超过 200℃后又变脆。

锌合金的特点是密度大、铸造性能好,可压铸形状复杂、薄壁的精密件,如压铸仪表、汽车零部件外壳等。锌合金分为变形锌合金、铸造锌合金和热镀锌合金。

3. 镍及镍合金的特性及应用

纯镍是银白色的金属，强度较高，塑性好，导热性差，电阻大。镍表面在有机介质溶液中会形成钝化膜保护层而有极强的耐腐蚀性，特别是耐海水腐蚀能力突出。

镍合金是在镍中加入铜、铬、钼等而形成的，耐高温，耐酸碱腐蚀。镍合金按其特性和应用领域分耐腐蚀镍合金、耐高温镍合金和功能镍合金等。

例如，在化工、石油～船舶等领域用作阀门、泵、船舶紧固件、锅炉热交换器等。

二、轻金属

1. 铝及铝合金的特性及应用

工业纯铝密度小，熔点低，具有良好的导电性和导热性，仅次于金、银和铜，塑性好，但强度、硬度低，耐磨性差，不适合制作受力的机械零件，可进行各种冷、热加工。工业纯铝广泛应用于制造硝酸、含硫石油工业、橡胶硫化和含硫的药剂等生产所用设备，如反应器、热交换器、槽车和管件等。

在铝中加入铜、锰、硅、镁、锌等合金元素制成的铝合金，由于合金元素的强化作用，可用于制造承受荷载较大的构件。铝合金分为变形铝合金和铸造铝合金。

例如，油箱、油罐、管道、铆钉等需要弯曲和冲压加工的零件就是使用变形铝合金,变形铝合金塑性好，易于变形加工。

2. 镁及镁合金的特性及应用

纯镁强度不高，室温塑性低，耐腐蚀性差，易氧化，可用作还原剂。

在镁中加入铝、锰、锌等可制成镁合金，镁合金可分为变形镁合金、铸造镁合金。许多镁合金既可做铸造镁合金，也可做变形镁合金。经过锻造和挤压后，变形镁合金比相同成分的铸造镁合金有更高的强度。

镁合金主要优点是密度小，强度高，刚度高，抗振能力强，可承受较大冲击荷载。如，镁合金弹性变形功效大，吸收能量多，减振性好，飞机的起落架轮毂很多就是采用镁合金制造，就是发挥其减振性好这一特性。但镁合金抗蚀性差，在使用时要采取防护措施，如氧化处理，涂装保护等。

例如，镁合金比强度比铝合金高，使用镁合金可减轻飞机、发动机、仪表等重量。目前，国外在汽车上应用镁合金零部件已经超过 60 种，已经大批量生产的如仪表盘、轮毂、桌椅框架、变速箱壳、发动机罩和汽缸盖等。

3. 钛及钛合金的特性及应用

纯钛的强度低，高熔点，但比强度高，塑性及低温韧性好，耐腐蚀性好，容易加工成型。纯钛在大气和海水中有优良的耐腐蚀性，在硫酸、盐酸、硝酸等介质中都很稳定。随着钛的纯度降低，强度升高，塑性大大降低。

在纯钛中加入合金元素对其性能进行改善和强化形成钛合金，其强度、耐热性、耐腐蚀性高，具有无磁性，声波和振动的低阻尼特性，生物相容性好，与碳复合材料的相容性好，具有超导特性、形状记忆和吸氢特性等优异性能，但也存在一些缺点，如热加工困难，冷加工性能差，切削加工性差，抗磨性差等。

目前，只有碳纤维增强塑料的比强度高于钛合金，钛合金是比强度最高的金属材料。所以，也被称为"太空金属"，这也是钛合金被广泛应用于航空工业的主要原因。例如，在飞机发动机上，钛合金常用做压气机盘、压气机叶片、发动机罩、燃烧室外壳及喷气管等。

第 2 单元　常用非金属材料

第 1 讲　硅酸盐材料的类型及应用

以天然矿物或人工合成的各种化合物为基本原料，经粉碎、配料、成型和高温烧结等
工序制成的无机非金属固体材料。包括水泥、玻璃棉、砌筑材料和陶瓷。

一、水泥

以适当成分的生料烧至部分熔融，获得以硅酸钙为主要成分的硅酸盐水泥熟料，加入适量石膏，磨细制成的水硬性胶凝材料。广泛应用在建设工程中。

二、绝热棉

常用玻璃棉的种类很多，通常有膨胀珍珠岩类、离心玻璃棉类、超细玻璃棉类、微孔硅酸壳、矿棉类、岩棉类等。在机电安装工程中，常用于保温、保冷的各类容器、管道、通风空调管道等绝热工程。

例如，玻璃钢及其制品以玻璃纤维为增强剂，以合成树脂为胶粘剂制成的复合材料，主要用于石油化工耐腐蚀耐压容器及管道等。

三、砌筑材料

1.砌筑材料种类很多,有各种类型的耐火砖和耐火材料,要求具有很好的耐高温性能、一定的高温力学性能、良好的体积稳定性、抗各种侵蚀性的熔渣及气体的性能等。一般用于高温窑、炉或高温容器等热工设备的内衬结构材料,也可作为高温装置中的部件材料等。

2.按照用途分为钢铁行业用、有色金属行业用、石化行业用、硅酸盐行业用、电力行业用、废物焚烧熔融炉用等耐火材料。

3.按照矿物组成分为氧化硅质、硅酸铝质、镁质、白云石质、橄榄石质、含碳质、含锆质耐火材料等。

例如,在机电工程中,各种耐火砖和耐火材料主要用于各种类型的炉窑砌筑工程,各种类型的锅炉炉墙砌筑,各种类型的冶炼炉砌筑,各种类型的窑炉砌筑等。

四、陶瓷

1.陶瓷的特性

陶瓷是以黏土等硅酸盐类矿物为原料,经粉末处理、成型、烧结等过程加工而成,具有坚硬、不燃、不生锈,能承受光照、压力等优良性能。陶瓷的硬度很高,但脆性很大。

2.陶瓷的分类

按照原料来源可分为普通陶瓷和特种陶瓷;普通陶瓷是以天然硅酸盐矿物为主要原料,如黏土、石英、长石等,其主要制品有建筑陶瓷、电器绝缘陶瓷、化工陶瓷、多孔陶瓷等;特种陶瓷是以纯度较高的人工合成化合物为主要原料的人工合成化合物,如氧化铝陶瓷、氮化硅陶瓷、碳化硅陶瓷、氮化硼陶瓷等。按照陶瓷材料的性能和用途不同,可分为结构陶瓷、功能陶瓷。

3.陶瓷的主要用途

(1)陶瓷制品。有管件、阀门、管材、泵用零件、轴承等,主要用于防腐蚀工程中。例如,氮化硅陶瓷主要用于耐磨、耐高温、耐腐蚀、形状复杂且尺寸精度高的制品,如石油化工泵的密封环、高温轴承、燃气轮机叶片等。

(2)结构陶瓷。应用主要有:切削工具、模具、耐磨零件、泵和阀部件、发动机部件、热交换器等。功能陶瓷如绝缘陶瓷、敏感陶瓷、介电陶瓷、超导陶瓷、红外辐射陶瓷、发光陶瓷、透明陶瓷、生物与抗菌陶瓷、隔热陶瓷等,已在能源开发、空间技术、电子技术、生物技术、环境科学等领域得到了广泛应用。

五、特种新型的无机非金属材料

1.普通传统的非金属材料指以硅酸盐为主要成分的材料,并包括一些生产工艺相近的非硅酸盐材料。主要有碳化硅、氧化铝陶瓷,硼酸盐、硫化物玻璃,镁质、铬镁质耐火材料和碳素材料等。这一类材料生产历史较长,产量较大,用途也较广。

2.特种新型的无机非金属材料主要指用氧化物、氮化物、碳化物、硼化物、硫化物、硅化物以及各种无机非金属化合物经特殊的先进工艺制成的材料。

第2讲 高分子材料的类型及应用

高分子材料是由相对分子质量很大的大分子组成的材料。由小分子单体经聚合反应生成大分子链而得到高分子材料，通过加工制成各种高分子材料制品。

一、高分子材料的特性

高分子材料由于本身的结构特性，表现出与其他材料所不同的特点，表现为：质轻、透明，具有柔软、高弹的特性；多数高分子材料摩擦系数小，易滑动，能吸收振动和声音能量；是电绝缘体、难导热体，热膨胀较大，耐热温度低，低温脆性；耐水，大多数能耐酸、碱、盐等；使用过程中会出现"老化"现象。

二、高分子材料的类型及用途

1.高分子材料的类型

按来源分为天然、半合成（改性天然高分子材料）和合成高分子材料。按特性分为橡胶、纤维、塑料、高分子胶粘剂、高分子涂料和高分子基复合材料。高分子材料按用途，又分为普通高分子材料和功能高分子材料。现代高分子材料已与金属材料、无机非金属材料相同，成为科学技术、经济建设中的重要材料。

2.塑料

塑料是以合成的或天然的树脂作为主要成分，添加一些辅助材料（如填料、固化剂、增塑剂、稳定剂、防老剂等），在一定温度、压力下塑制成型。按照成型工艺不同，分为热塑性塑料、热固性塑料。

（1）热塑性塑料

热塑性材料是以热塑性树脂为主体成分，加工塑化成型后具有链状的线状分子结构，受热后又软化，可以反复塑制成型，如聚乙烯、聚氯乙烯、聚丙烯、聚苯乙烯等。优点是加工成型简便，具有较好的机械性能，缺点是耐热性和刚性比较差。

例如，薄膜、软管和塑料瓶等常采用低密度聚乙烯制作；煤气管采用中、高密度聚乙烯制作；水管主要采用聚氯乙烯制作；热水管目前均用耐热性高的氯化聚氯乙烯或聚丁烯制造；泡沫塑料热导率极低，相对密度小，特别适于用作屋顶和外墙隔热保温材料，在冷库中用得更多。

（2）热固性塑料

热固性塑料是以热固性树脂为主体成分，加工固化成型后具有网状体型的结构，受热后不再软化，强热下发生分解破坏，不可以反复成型。优点是耐热性高，受压不宜变形等，缺点是机械性能不好，但可加入填料来提高强度。这类塑料如酚醛塑料、环氧塑料等。

例如，环氧塑料可用来制作塑料模具、精密量具、电子仪表装置、配置飞机漆、电器绝缘漆等。

（3）塑料制品：聚氯乙烯、聚乙烯、聚四氟乙烯等，用于建筑管道、电线导管、化工耐腐蚀零件及热交换器等。

1）聚乙烯塑料管：无毒，可用于输送生活用水。常使用的低密度聚乙烯水管（简称塑料自来水管），这种管材的外径与焊接钢管基本一致。

2）ABS 工程塑料管：耐腐蚀、耐温及耐冲击性能均优于聚氯乙烯管，它由热塑性丙烯腈丁二烯—苯乙烯三元共聚体粘料经注射、挤压成型加工制成，使用温度为-20℃～70℃，压力等级分为 B、C、D 三级。

3）聚丙烯管（PP 管）：丙烯管材系聚丙烯树脂经挤出成型而得，其刚性、强度、硬度和弹性等机械性能均高于聚乙烯，但其耐低温性差，易老化，常用于流体输送。按压力分为Ⅰ、Ⅱ、Ⅲ型，其常温下的工作压力为：Ⅰ型为 0.4MPa、Ⅱ型为 0.6MPa、Ⅲ型为 0.8MPa。

4）硬聚氯乙烯排水管及管件：硬聚氯乙烯排水管及管件用于建筑工程排水，在耐化学性和耐热性能满足工艺要求的条件下，此种管材也可用于化工、纺织等工业废气排污排毒塔、气体液体输送等。

5）铝塑复合管（PAP 管）铝合金层增加耐压和抗拉强度，使管道容易弯曲而不反弹。外塑料层可保护管道不受外界腐蚀，内塑料层采用中密度聚乙烯时可作饮水管，无毒、无味、无污染，符合国家饮用水标准；内塑料层采用交联聚乙烯则可耐高温、耐高压，适用于采暖及高压用管。

例如，塑料及复合材料水管常用的有：聚乙烯塑料管，涂塑钢管，ABS 工程塑料管，聚丙烯管（PP 管），硬聚氯乙烯管。

3.橡胶

（1）橡胶是具有高弹性的高分子材料，它是由生胶、配合剂、增强剂组成，按材料来源不同分为天然橡胶和合成橡胶。天然橡胶弹性最好，具有强度大、电绝缘性好、不透水的特点，也有较好的耐碱性能，但不耐浓酸，能溶于苯、汽油等溶剂。

（2）橡胶制品有天然橡胶、氯化橡胶、丁苯橡胶、氯丁橡胶、氯磺化聚乙烯橡胶、丁酯橡胶等，用于密封件、衬板、衬里等。

例如，天然橡胶广泛用于制造胶带、胶管和减振零件等。

4.纤维

具有很大长径比和一定柔韧性的纤细物质。按原材料及生产过程不同，可分为天然纤维、人造纤维与合成纤维。

（1）天然纤维有棉花、麻、羊毛、蚕丝等。

（2）人造纤维是利用自然界中的木料、芦苇、棉绒等原料经过制浆提取纤维素，再经过化学处理及机械加工而成的。

（3）合成纤维是利用石油、煤炭、天然气等原料生产制造的纤维制品。常用的合成纤维（六大纶）如聚酯纤维（涤纶）、聚酰胺纤维（锦纶）、聚丙烯腈纤维（腈纶）、聚乙烯醇纤维（维纶）、聚丙錄纤维（丙纶）和聚氯乙烯纤维（氯纶）等。

例如，涤纶常用做工业上的运输带、传动带、帆布、绳索等。

5.油漆及涂料

（1）油漆广泛用于设备管道工程中的防锈保护。例如，清漆、冷固环氧树脂漆、环氧呋喃树脂漆、酚醛树脂漆等。

（2）涂料是一种涂覆于固体物质表面并形成连续性薄膜的液态或粉末状态的物质。涂料的主要功能是：保护被涂覆物体免受各种作用而发生表面的破坏；具有装饰效果；并能防火、防静电、防辐射。例如，涂塑钢管具有优良的耐腐蚀性能和比较小的摩擦阻力。环氧树脂涂塑钢管适用于给水排水及海水、温水、油、气体等介质的输送，聚氯乙烯（PVC）涂塑钢管适用于排水及海水、油、气体等介质的输送。根据需要，可在钢管的内外表面涂塑或仅涂敷外表面。

6.胶粘剂

（1）用来将其他材料粘接在一起的材料。通过粘附作用，使同质或异质材料连接在一起。按照胶粘剂的基料类型分为天然胶粘剂和合成胶粘剂。

（2）常用的胶粘剂如环氧树脂胶粘胶、酚醛树脂胶粘胶、丙烯酸酯类胶粘胶、橡胶胶粘剂、聚酯酸乙烯胶粘胶等。

例如，环氧树脂胶粘胶俗称"万能胶"，具有很强的粘合力，对金属、木材、玻璃、陶瓷、橡胶、橡胶、塑料、皮革等都有良好的粘合能力；酚醛树脂胶粘胶广泛用于汽车部件、飞机部件、机器部件等结构件的粘结。

第3讲 非金属风管材料的类型及应用

1.非金属风管材料的类型有：酚醛复合板材，聚氨酯复合板材，玻璃纤维复合板材，无机玻璃钢板材，硬聚氯乙烯板材。

2.酚醛复合风管适用于低、中压空调系统及潮湿环境，但对高压及洁净空调、酸碱性环境和防排烟系统不适用；聚氨酯复合风管适用于低、中、高压洁净空调系统及潮湿环境，但对酸碱性环境和防排烟系统不适用；玻璃纤维复合风管适用于中压以下的空调系统，但对洁净空调、酸碱性环境和防排烟系统以及相对湿度 90%以上的系统不适用；硬聚氯乙烯风管适用于洁净室含酸碱的排·风系统。

第3单元　常用电气材料

电气材料主要是电线和电缆。其品种规格繁多，应用范围广泛，在电气工程中

以电压和使用场所进行分类的方法最为实用

第 1 讲　电线的类型及应用

1.BLX 型、BLV 型：铝芯电线，由于其重量轻，通常用于架空线路尤其是长途输电线路。

2.BX 型、BV 型：铜芯电线被广泛采用在机电工程中，适合于 450/750V 及以下的动力装置的固定敷设，但由于橡皮绝缘电线 BX 型生产工艺比聚氯乙烯绝缘电线 BV 型复杂，且橡皮绝缘的绝缘物中某些化学成分会对铜产生化学作用，虽然这种作用轻微，但仍是一种缺陷，所以在机电工程中基本被聚氯乙烯绝缘电线 BV 型替代。

3.RV 型、RX 型：铜芯软线主要采用在需柔性连接的可动部位。RV 型适用于 450/750V 及以下的家用电器、小型电动工具、仪器仪表等，长时间允许工作温度不应超过 65℃。RX 型适用于 300/500V 及以下的室内照明灯具、家用电器和工具等，允许工作温度不应超过 70℃。

4.BW 型：多芯的平形或圆形塑料护套，可用在电气设备内配线，较多地出现在家用电器内的固定接线，但型号不是常规线路用的 BW 硬线，而是 RVV，为铜芯塑料绝缘塑料护套多芯软线。

例如，一般家庭和办公室照明通常采用 BV 型或 BX 型聚氯乙烯绝缘或橡胶绝缘铜芯线作为电源连接线；机电工程现场中的电焊机至焊钳的连线多采用 RV 型聚氯乙烯绝缘铜芯软线，这是因为电焊位置不固定，多移动。

第 2 讲　电缆的类型及应用

1.VV 型、YJV 型：聚氯乙烯型电力电缆、交联聚乙烯型电力电缆，不能受机械外力作用，适用于室内、隧道内的桥架及管道内敷设。

例如，浦东新区大连路隧道中敷设的跨黄浦江电力电缆却采用的是 YJV 型铜芯交联聚乙烯绝缘聚氯乙烯护套电缆，因为在隧道里电缆不会受到机械外力作用，也不要求承受大的拉力。

2.VV_{22} 型、YJV_{22} 型：内钢带铠装电力电缆，能承受一定的机械外力作用，但不能承受大的拉力。交联聚乙烯绝缘电力电缆 YJV_{22} 型长期允许最高温为 90℃，耐老化性能、耐环境能力比聚氯乙烯绝缘电缆 VV_{22} 型高，且具有重量轻、结构简单、使用方便、敷设不受落差限制。如在高层建筑、医院、地铁、核电站、发电场、矿山、石油、化工等敷设于室内、隧道、电缆沟及直埋地下敷设。

3.ZR-YJFE 型、NH-YJFE 型：阻燃、耐火、阻火等特种辐照交联电力电缆，电缆最高长期允许工作温度可达125℃，可敷设在吊顶内、高层建筑的电缆竖井内，且适用于潮湿场所。

阻燃型电缆应具有阻燃特性，为了熄灭、减少或抑制材料的燃烧，需在材料中添加一种物质&对材料进行处理，通常在材料中加阻燃剂，使材料在燃烧时具有阻止或延缓火焰蔓延的性能。即在明火上燃烧，离开火后一段时间自动熄灭。目前有A、B、C、D四个等级、一般常用C等级。

耐火型电缆的特点是在电缆燃烧时甚至是燃烧后的一段时间内仍拥有传导电力的能力，多用于相对重要的工作环境，如军舰上。耐火电缆可以同时拥有阻燃的性能，阻燃电缆却没有耐火的性能。

4.YJV$_{32}$型、WD-ZANYJFE型：内钢丝铠装型电力电缆、低烟无卤A级阻燃耐火型电力电缆，能承受相当的机械外力作用，用前缀和下标的变化，来说明电缆的性能及可敷设场所。铠装所用材料是钢带、.钢丝等，铠装层的主要作用是防止电缆在敷设过程中遭到可能遇到的机械损伤，以确保内护层的完整性，并可以承受一定的外力作用。低烟无卤A级阻燃耐火型电力电缆多用于防火要求较高的场合，如室内、隧道、电缆沟和管道等固定场合。

5.LGJ型、LGHJ型：架空钢芯铝绞线、架空钢芯铝合金导线。在大档距的高压架空输电线路中，需由一种高强度的钢绞线作为输电线路导线的加强芯，组成钢芯铝绞线。钢芯铝合金导线比钢芯铝绞线具有抗拉强度大、重量轻、弧垂特性好等特点，在线路敷设时可降低铁塔高度，加大架设间距，节省和降低工程投资，更适用于大长度、大跨度、冰雪暴风等地区的输电线路。

目前，国内外输电系统中的相导线主要还是以圆线同心绞的钢芯铝绞线为主，钢芯铝绞线在国际上已有超过100年的应用历史和成熟经验。国内已形成了一整套从产品到工程设计、施工和运行维护的严密规范，最大截面达1000mm^2，已应用于交流1000kV和直流±800kV特高压输电线路。

6.KW型控制电缆：适用于室内各种敷设方式的控制电路中。对于该类电缆来说，主要考虑耐高温特性和屏蔽特性及耐油、耐酸碱、阻水性能。

与电线一样，电力电缆的使用除满足场所的特殊要求外，从技术上看，主要应使其额定电压满足工作电压的要求。

电气材料如今已衍生出新的耐火线缆、阻燃线缆、低烟无卤/低烟低卤线缆、防白蚁、防老鼠线缆、耐油/耐寒/耐温/耐磨线缆/矿用线缆、薄壁电线等产品。

第3讲 绝缘材料的类型及应用

1.绝缘漆：主要是以合成树脂或天然树脂等为漆基与某些辅助材料组成。按用途分为浸渍漆、漆包线漆、覆盖漆、硅钢片漆和防电晕漆等。主要用于电机和电器设备中作为绝缘材料。

2.绝缘胶：类似于无溶剂漆，黏度较大，一般加有填料。主要有灌注胶、浇注胶、包封胶等几类。

3.云母制品：主要由云母或粉云母、胶粘剂和补强材料组成，根据不同的材料组成，可制成不同特性的云母绝缘材料。云母制品主要有云母带、云母板、云母箔和云母玻璃等四类。

4.气体介质绝缘材料：在电气设备中，气体除可作为绝缘材料外，还具有灭弧、冷却和保护等作用，常用的气体绝缘材料有空气、氮气、二氧化硫和六氟化硫（SF_6）等。

5.液体绝缘材料：在电气设备中，通过绝缘液体的浸渍和填充，消除了空气和间隙，提高了绝缘介质的击穿强度，并改善了设备的散热条件。常用的有变压器油、断路器油、电容器油、电缆油等。

6.层压制品：层压制品是由纸或布作底材，浸以不同的胶粘剂，经热压（或卷制）而制成的层状结构的绝缘材料。层压制品可加工制成具有良好的电气、力学性能和耐热、耐油、耐霉、耐电弧、防电晕等特性的制品。 '

层压制品主要包括层压板、管（筒）、棒、电容套管芯和其他特种型材等。层压板又包括层压纸板、层压布板、层压玻璃布板和特种层压板（如防电晕层压板）等四类。

第8部分

常用检测试验试样（件）
制作要求

第1单元　混凝土及砂浆试件制作

第1讲　普通混凝土试件制作

一、取样

（1）同一组混凝土拌合物的取样应从同一车混凝土中取样。取样量应多于试验所需量的 1.5 倍且不少于 20L。

（2）混凝土拌合物的取样应具有代表性，宜采用多次采样的方法。一般在同一盘混凝土或同一车混凝土中的约 1/4 处，1/2 和 3/4 处之间分别取样，从第一次取样到最后一次取样不宜超过 15min，然后人工搅拌均匀。

（3）从取样完毕到开始做各项性能试验不宜超过 5min。

二、混凝土试件制作对试模要求

1.试件的尺寸、形状和公差

混凝土试件的尺寸应根据混凝土骨料的最大粒径按表 8—1 选用。

表 8—1　混凝土试件尺寸选用表

试件横截面尺寸（mm）	骨料最大粒径（mm）	
	劈裂抗拉强度试验	其他试验
100×100	20	31.5
150×150	40	40
200×200	—	63

2.试件的形状

抗压强度、劈裂抗压强度、轴心抗压强度、静力受压弹性模量、抗折强度试件应符合表8—2要求。

表 8—2　试件的形状

试验项目	试件形状	试件尺寸（mm）	试件类型
抗压强度、劈裂抗压强度试件	立方体	150×150×150	标准试件
		100×100×100	非标准试件
		200×200×200	
	圆柱体	ϕ150×300	标准试件
		ϕ100×200	非标准试件
		ϕ200×400	
轴心抗压强度、静力受压弹性模量试件	棱柱体	150×150×300	标准试件
		100×100×300	非标准试件
		200×200×400	
	圆柱体	ϕ150×300	标准试件
		ϕ100×200	非标准试件
		ϕ200×400	
抗折强度试件	棱柱体	150×150×600（或550mm）	标准试件
		100×100×400	标准试件

3.抗折强度试件应符合表 8—3 要求

表 8—3　抗折强度试件尺寸

试件形状	试件尺寸（mm）	试件类型
棱柱体	150×150×600（或550mm）	标准试件
	100×100×400	非标准试件

4.试件尺寸公差

（1）试件的承压面的平面公差不得超过 0.0005d（d为边长）。

（2）试件的相邻面间的夹角应为 90°，其公差不得超过 0.5°。

（3）试件各边长、直径和高的尺寸的公差不得超过 1mm。

三、混凝土试件的制作、养护

1.混凝土试件制作的要求：

（1）成型前，检查试模尺寸并符合标准中的有关规定；试模内表面应涂一层矿物油，或其他不与混凝土发生反应的隔离剂。

（2）取样后应在尽量短的时间内成型，一般不超过 15min。

（3）根据混凝土拌合物的稠度确定混凝土的成型方法，坍落度不大于 70mm 的混凝土宜用振动台振实；大于 70mm 的宜用捣棒人工捣实。

2.混凝土试件制作：

取样或拌制好的混凝土拌合物应至少用铁锹再来回拌合 3 次。

（1）用振动台振实制作试件的方法

①将混凝土拌合物一次装入试模，装料时应用抹刀沿各试模壁插捣，并使混凝土拌合物高出试模口。

②试模应附着或固定在振动台上，振动时试模不得有任何跳动，振动应持续到表面出浆为止；不得过振。

（2）用人工插捣制作试件的方法

①混凝土拌合物应分两层装入模内，每层的装料厚度大致相等。

②插捣应按螺旋方向从边缘向中心均匀进行。在插捣底层混凝土时，捣棒应达到试模底部；插捣上层时捣棒应贯穿上层后插入下层 20～30mm；插捣时捣棒应保持垂直，不得倾斜。然后应用抹刀沿试模内壁插捣数次。

③每层插捣次数按在 $10000mm^2$ 截面内不得少于 12 次。

④插捣后应用橡皮锤轻轻敲击试模 4 周，直到插捣棒留下的空洞消失为止。

（3）用插入式振捣棒振实制作试件的方法

①将混凝土拌合物一次装入试模，装料时应用抹刀沿各试模壁插捣，并使混凝土拌合物高出试模口。

②宜用直径为声 25mm 的插入式振捣棒，插入试模振动时，振捣棒距试模底板 10～20mm 且不得触及试模底板，振动应持续到表面出浆为止，且应避免过振，以防止混凝土离析；一般振捣时间为 20s，振捣棒拔出时要缓慢，拔出后不得留有孔洞。

3.刮除试模上口多余的混凝土，待混凝土临近初凝时，用抹刀抹平。

4.混凝土试件的养护：

（1）试件成型后应立即用不透水的薄膜覆盖表面。

①采用标准养护的试件，应在温度为 20±5℃ 的环境中静置 1 昼夜至 2 昼夜，然后编号、拆模。拆模后应立即放入温度为 20±2℃，相对湿度为 95% 以上的标准养护室中养护，也可在温度为 20±2℃ 的不流动的 Ca（OH）$_2$ 饱和溶液中或水中养护。标准养护室内的试件应放在支架上，彼此间隔 10～20mm，试件表面应保持潮湿，并不得被水直接冲淋。

②同条件养护试件的拆模时间可与实际构件的拆模时间相同，拆模后，试件仍需保持同条件养护。

（2）标准养护龄期为 28d（从搅拌加水开始计）。

第 2 讲　防水（抗渗）混凝土试件制作

一、取样

同普通混凝土取样。

二、稠度试验方法

同普通混凝土试验方法。

三、试件制作、养护及留置

1.防水（抗渗）混凝土试件制作及养护

（1）试件的成型方法按混凝土的稠度确定，坍落度不大于 70mm 的混凝土，宜用振动台振实，大于 70mm 的宜用捣棒捣实。

（2）制作试件用的试模应由铸铁或钢制成，应具有足够的刚度并拆装方便。采用顶面直径为 175mm，底面直径为 185mm，高度为 150mm 的圆台体或直径与高度均为 150mm 的圆柱体试模（视抗渗设备要求而定），试模的内表面应机械加工，其尺寸公差与混凝土试模的尺寸公差一致。每组抗渗试件以 6 个为 1 组。

（3）试件成型方法与混凝土成型方法相同，但试件成型后 24h 拆模，用钢丝刷刷去两端面水泥浆膜，然后送标准养护室养护。

（4）试件的养护温度、湿度与混凝土养护条件相同，试件一般养护至 28d 龄期进行试验，如有特殊要求，可按要求选择养护龄期。

2.试件留置要求

（1）防水（抗渗）混凝土试件应在浇筑地点随机取样，同一工程、同一配合比的抗渗混凝土取样不应少于 1 次，留置组数可根据实际需要确定。

（2）连续浇筑抗渗混凝土 500m³ 应留置 1 组试件，且每项工程不得少于 2 组。采用预拌混凝土的抗渗试件，留置组数应视结构的规模和要求而定。

第 3 讲　砂浆试件制作

一、取样

（1）砂浆可从同一盘搅拌机或同一车运送的砂浆中取出，施工中取样进行砂浆试验时，应在使用地点的浆槽、砂浆运送车或搅拌机出料口，至少从三个不同部位集取。所取试样的数量应多于试验用量的 4 倍。

（2）砂浆拌合物取样后，在试验前应经人工再翻拌，以保证其质量均匀。并尽快进行试验。

二、砂浆试件的制作、养护

（1）试模尺寸、捣棒直径及要求

1）砂浆试模尺寸为 70.7mm×70.7mm×70.7mm 立方体，应具有足够的刚度并拆模方便。试模的内表面其不平度为每 100mm 不超过 0.05mm，组装后，各相邻面的不垂直度不应超过±0.5°。

2）捣棒直径为 10mm，长度为 350mm 的钢棒，端部应磨圆。

（2）砂浆试件制作（每组试件 3 块）

1）使用有底试模并用黄油等密封材料涂抹试模的外接缝，试模内涂刷薄层机油或隔离剂，将拌制好的砂浆一次注满砂浆试模。成型方法根据稠度而定。当稠度≥50mm 时采用人工振捣。用捣棒均匀地由边缘向中心按螺旋方式插捣 25 次，插捣过程中如砂浆沉落低于试模口，应随时添加砂浆，可用手将试模一边抬高 5～10mm 各振动 5 次，使砂浆高出试模顶面 6～8mm。当稠度<50mm 时采用振动台振实成型。将拌制好的砂浆一次注满砂浆试模放置到振动台上，振动时试模不得跳动，振动 5～10s 或持续到表面出浆为止，不得过振。

2）待表面水分稍干后，将高出试模部分的砂浆沿试模顶面刮去抹平。

3）试件制作成型后应在室温 20℃±5℃温度环境下静置 24h±2h，当气温较低时，可适当延长时间但不应超过两昼夜。然后对砂浆试件进行编号并拆模，试件拆模后，应在标准养护条件下，养护至 28d，然后进行强度试验。

（3）砂浆试件的养护

1）砂浆试件应在温度为 20℃±2℃，相对湿度为 90%以上进行养护。

2）养护期间，试件彼此间隔不少于 10mm。

第 2 单元　钢筋检测试件制作

第 1 讲 钢筋焊接试件制备

一、一般要求

在工程开工正式焊接之前，参与该项施焊的焊工应进行现场条件下的焊接工艺试验，并经试验合格后，方可正式生产。试验结果应符合质量检验与验收时的要求。

二、试件制备尺寸

试件制备尺寸详见表 8—4。

表 8—4　试件制备尺寸

焊接方法		接头形式	接头搭接长度 L_t	拉伸试件长度 L_c	冷弯件长度 L_c
电阻点焊				$\geqslant 10d_0+2T$ T—试验机夹持长度（或取 200mm）	
闪光对焊				$\geqslant 10d_0+2T$ T—试验机夹持长度（或取 200mm）	
电弧焊	帮条焊 双面焊		$(4\sim5)\,d_0$	$\geqslant 10d_0+2T$ T—试验机夹持长度（或取 200mm）	
	帮条焊 单面焊		$(8\sim10)\,d_0$	$\geqslant 10d_0+2T$ T—试验机夹持长度（或取 200mm）	
	搭接焊 双面焊		$(4\sim5)\,d_0$	$\geqslant 10d_0+2T$ T—试验机夹持长度（或取 200mm）	
	搭接焊 单面焊		$(8\sim10)\,d_0$	$\geqslant 10d_0+2T$ T—试验机夹持长度（或取 200mm）	
钢筋与钢板搭接焊			$(4\sim5)\,d_0$	$\geqslant 10d_0+2T$ T—试验机夹持长度（或取 200mm）	
电弧焊	坡口焊 平焊			$\geqslant 10d_0+2T$ T—试验机夹持长度（或取 200mm）	
	坡口焊 立焊			$\geqslant 10d_0+2T$ T—试验机夹持长度（或取 200mm）	

焊接方法	接头形式	接头搭接长度 L_t	拉伸试件长度 L_c	冷弯件长度 L_c
预埋件电弧焊 — 角焊			$\geq 2.5d_0 + 200$	
预埋件电弧焊 — 穿孔塞焊			$\geq 2.5d_0 + 200$	
窄间隙焊			$\geq 10d_0 + 2T$ T—试验机夹持长度 （或取 200mm）	
预埋件钢筋埋弧压力焊			$\geq 2.5d_0 + 200$	
电渣压力焊			$\geq 10d_0 + 2T$ T—试验机夹持长度 （或取 200mm）	$\geq 5d + 200$
气压焊			$\geq 10d_0 + 2T$ T—试验机夹持长度 （或取 200mm）	$\geq 5d + 200$
熔槽帮条焊			$\geq 10d_0 + 2T$ T—试验机夹持长度 （或取 200mm）	

第 2 讲　钢筋机械连接试件制备

一、一般要求

（1）工程中应用钢筋机械连接接头时，应由技术提供单位提交有效的型式检验报告。

（2）钢筋连接工程开始前及施工过程中，应对每批进场钢筋进行接头工艺检验，工艺检验应符合下列要求：

1）每种规格钢筋的接头试件不应少于 3 根；

2）3 根接头试件的抗拉强度均应符合（表 8—5）接头的抗拉强度规定。

表 8—5　接头的抗拉强度

接头等级	I 级	II 级	III 级
抗拉强度	$f_{mst}^0 \geqslant f_{stk}^0$ 断于钢筋 或 $f_{mst}^0 \geqslant 1.1 f_{stk}^0$ 断于接头	$f_{mst}^0 \geqslant f_{stk}^0$	$f_{mst}^0 \geqslant 1.25 f_{yk}$

注：f_{mst}^0——接头试件实际拉断强度；

　　f_{stk}^0——接头试件中钢筋抗拉强度标准值；

　　f_{yk}——钢筋屈服强度标准值。

二、钢筋机械连接试件制备

钢筋机械连接试件制备尺寸见图 8—1。

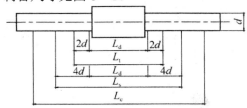

图 8—1　钢筋机械连接试件

注：L_d——机械接头长度；

　　L_t——非弹性变形、残余变形测量标距；

　　L_s——总伸长率测量标距；

　　$L_C \geqslant L_s + 2T$

　　L_C——钢筋机械连接拉伸试件的取样长度；

　　$Lt = Ld + 4d$

　　$Ls = Lt + 8d$

T——试验机夹持长度（或取 200mm）。

第3讲 钢筋焊接骨架和焊接网试件制备

（1）力学性能检验的试件，应从每批成品中切取，切取过试件的制品，应补焊同牌号、同直径的钢筋，其每边的搭接长度不应小于 2 个孔格的长度；当焊接骨架所切取试件的尺寸小于规定的试件尺寸，或受力钢筋直径大于 8mm 时，可在生产过程中制作模拟焊接试验网片（图 8—2a），从中切取试件。

（2）由几种直径钢筋组合的焊接骨架或焊接网，应对每种组合的焊点做力学性能检验。

（3）热轧钢筋的焊点应做剪切试验，试件应为 3 个；冷轧带肋钢筋焊点除做剪切试验外，尚应对纵向和横向冷轧带肋钢筋做拉伸试验，试件应各为 1 件。剪切试件纵筋长度应大于或等于 290mm，横筋长度应大于或等于 50mm（图 8—2b）；拉伸试件纵筋长度应大于或等于 300mm（图 8—2c）。

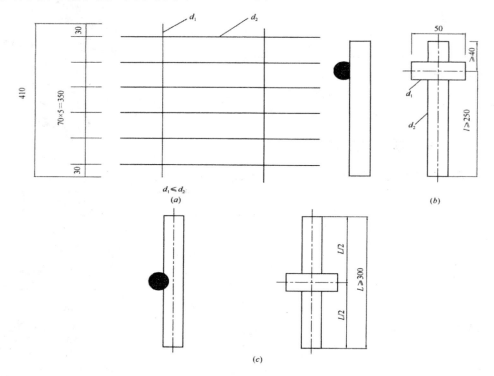

图 8—2 钢筋焊接骨架和焊接网试件
（a）模拟焊接试验网片简图；（b）钢筋焊点剪切试件；（c）钢筋焊点拉伸试件

（4）焊接网剪切试件应沿同一横向钢筋切取。

（5）切取剪切试件时，应使制品中的纵向钢筋成为试件的受拉钢筋。

第 4 讲 预埋件钢筋 T 型接头试件制备

一、一般要求

（1）预埋件钢筋 T 型接头进行力学性能检验时，应以 300 件同类型预埋件作为一批，一周内连续焊接时，可累计计算。当不足 300 件时，亦应按一批计算。

（2）应从每批预埋件中随机切取 3 个接头做拉伸试验，试件的钢筋长度应大于或等于 200mm，钢板的长度和宽度均应大于或等于 60mm。

二、预埋件钢筋 T 型接头试件制备

预埋件钢筋 T 型接头试件制备尺寸见图 8—3。

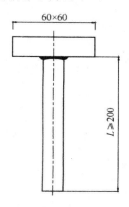

图 8—3 预埋件钢筋 T 型接头试件

第 3 单元 钢结构及金属管材测试件制作

第 1 讲 型钢及型钢产品力学性能试验取样位置及试件制备

一、试件制备的要求

（1）制备试件时应避免由于机加工使钢表面产生硬化及过热而改变其力学性能。机加工最终工序应使试件表面质量、形状尺寸满足相应试验方法标准的要求。

（2）当要求标准状态热处理时，应保证试件的热处理制度与样坯相同。

二、试件取样位置的要求

（1）当在钢产品表面切去弯曲样坯时，弯曲试件应至少保留一个表面，当机

加工和试验机能力允许时，应制备全截面或全厚度弯曲试件。

（2）当要求取一个以上试件时，可在规定位置相邻处取样。

三、钢产品力学性能试验取样位置

钢产品力学性能试验取样位置详见表8—6。

表8—6 钢产品力学性能试验取样位置

序号	取样方向及试件种类	取样位置要求	取样位置示意图
1	型钢		
（1）	在型钢腿部宽度方向切取样坯的位置	按图A1在型钢腿部切去拉伸、弯曲和冲击样坯，如型钢尺寸不能满足要求，可将取样位置向中部位移，对于腿部长度不相等的角钢，可从任一腿部取样	2/3 1/3 图 A1-a
（2）			3/4　1/4 2/3 1/3 图 A1-b 注：对于腿部有斜度的型钢，可在腰部1/4处取样。经协商也可以从腿部取样进行加工
（3）			2/3　1/3 图 A1-c

序号	取样方向及试件种类	取样位置要求	取样位置示意图
（4）			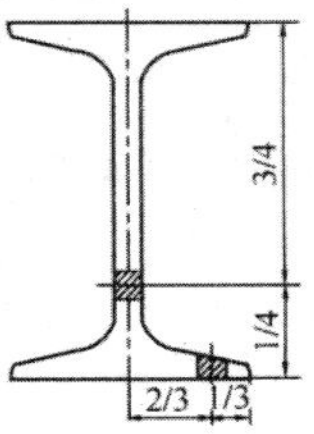 图 A1-d 注：对于腿部有斜度的型钢，可在腰部 1/4 处取样。经协商也可以从腿部取样进行加工
（5）	在型钢腿部宽度方向切取样坯的位置	按图 A1 在型钢腿部切去拉伸、弯曲和冲击样坯，如型钢尺寸不能满足要求，可将取样位置向中部位移，对于腿部长度不相等的角钢，可从任一腿部取样	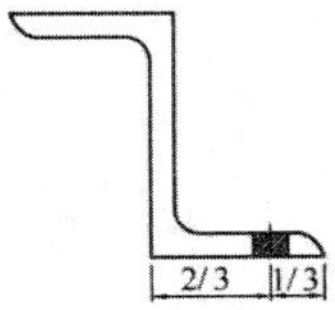 图 A1-e
（6）			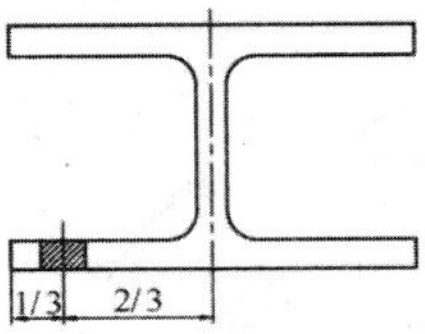 图 A1-f
（7）		对于腿部厚度不大于 50mm 的型钢当机加工和试验机能力允许时按图 A2-a 切取拉伸样坯。当截取圆形横截面拉伸样坯时，按 A2-b 图示的规定。对于腿部厚度大于 50mm 的型钢截取圆形横截面样坯时，按图 A2-c 在型钢腿部厚度方向切取拉伸样坯	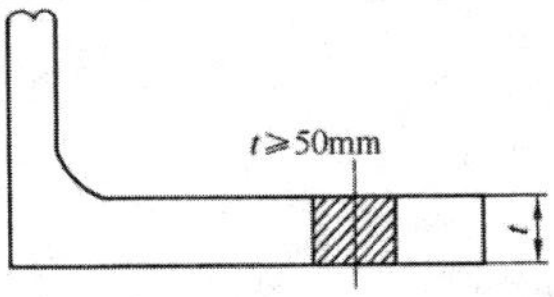 图 A2-a
（8）	在型钢腿部厚度方向切取拉伸样坯的位置		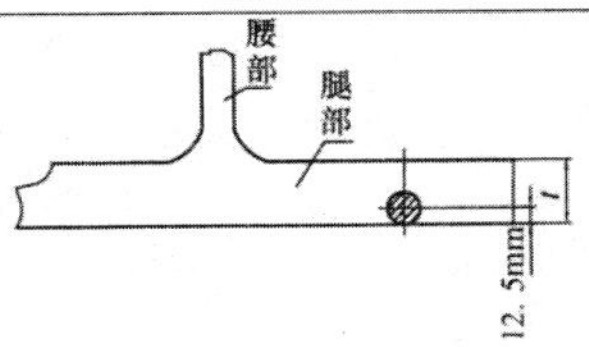 图 A2-b
（9）			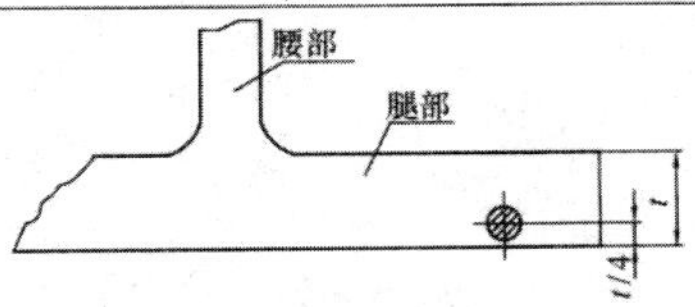 图 A2-c

续表

序号	取样方向及试件种类	取样位置要求	取样位置示意图
(10)	在型钢腿部厚度方向切取拉伸样坯的位置	按图 A3 在型钢腿部厚度方向切取冲击样坯	图 A3
2	条　钢		
(1)	在圆钢上切取拉伸样坯的位置	按图 A4 在圆钢上选取拉伸样坯位置,当机加工和试验机能力允许时,按图 A4-a 取样	图 A4-a　全截面试件
(2)			图 A4-b（$d \leqslant 25\text{mm}$）
(3)			图 A4-c（$d > 25\text{mm}$）
(4)			图 A4-d（$d > 50\text{mm}$）

续表

序号	取样方向及试件种类	取样位置要求	取样位置示意图
(5)			图 A5-a（$d \leqslant 25$mm）
(6)	在圆钢上切取冲击样坯的位置	按图 A5 在圆钢上选取冲击样坯位置	图 A5-b（25mm$<d \leqslant 50$mm）
(7)			图 A5-c（$d > 25$mm）
(8)			图 A5-d（$d > 50$mm）

续表

序号	取样方向及试件种类	取样位置要求	取样位置示意图
(9)	在六角钢上切取拉伸样坯的位置	按图 A6 在六角钢上选取拉伸样坯位置，当机加工和试验机能力允许时按图 A6-a 取样	图 A6-a 全截面试件
(10)			图 A6-b （$d \leqslant 25$mm）
(11)			12.5mm 图 A6-c $d > 25$mm
(12)			$d/4$ 图 A6-d $d > 50$mm

续表

序号	取样方向及试件种类	取样位置要求	取样位置示意图
(13)	在六角钢上切取冲击样坯的位置	按图 A7 在六角钢上选取冲击样坯位置	图 A7-a　$d \leqslant 25\text{mm}$
(14)			图 A7-b　（25mm＜$d \leqslant$25mm）
(15)			图 A7-c　d＞25mm
(16)			图 A7-d　d＞50mm

序号	取样方向及试件种类	取样位置要求	取样位置示意图
(17)	在矩形截面条钢上切取拉伸样坯的位置	按图 A8 在矩形截面条钢上切取拉伸样坯时，当机加工和试验机能力允许时，按图 A8-a 取样	图 A8-a　全截面试件
(18)			图 A8-b　（$w \leqslant 50$mm）
(19)			图 A8-c　$w > 50$mm
(20)			图 A8-d　$w \leqslant 50$mm 和 $t \leqslant 50$mm

续表

序号	取样方向及试件种类	取样位置要求	取样位置示意图
(21)	在矩形截面条钢上切取拉伸样坯的位置	按图 A8 在矩形截面条钢上切取拉伸样坯时，当机加工和试验机能力允许时，按图 A8-a 取样	 图 A8-e　$w > 50$mm 和 $t \leqslant 50$mm
(22)			 图 A8-f　$w > 50$mm 和 $t > 50$mm
(23)	在矩形截面条钢上切取冲击样坯的位置	按图 A9 在矩形截面条钢上切取冲击样坯	 图 A9-a　12mm $\leqslant w \leqslant 50$mm 和 $t \leqslant 50$mm
(24)			 图 A9-b　$w > 50$mm 和 $t \leqslant 50$mm
(25)			 图 A9-c　$w > 50$mm 和 $t > 50$mm

序号	取样方向及试件种类	取样位置要求	取样位置示意图
3		钢 板	
(1)	在钢板上切取拉伸样坯的位置	①在钢板宽度 1/4 处切取拉伸、弯曲或冲击样坯按图 A10 和图 A11 切取 ②对于纵轧钢板，当产品标准没有规定取样方向时，应在钢板 1/4 处切取横向样坯，如钢板宽度不足时，样坯中心可以内移 ③按图 A10 在钢板厚方向切取拉伸时，当机加工和试验机能力允许时应按图 A10-a 取样	图 A10-a 全厚度试件
(2)			图 A10-b $t>30mm$
(3)			图 A10-c $25mm<t<30mm$
(4)			图 A10-d $T\geqslant50mm$
(5)	在钢板上切取冲击样坯的位置	在钢板厚度方向切取冲击样坯时，根据产品标准或供需双方协议按图 A11 取样	对于全部 t 值 图 A11-a
(6)			图 A11-b $t>40mm$

续表

序号	取样方向及试件种类	取样位置要求	取样位置示意图
4		钢　管	
（1）			图 A12-a　全截面试件
（2）	在钢管上切取拉伸及弯曲样坯	①按图 A12 切取拉伸样坯。当机加工和试验机能力允许时，应按图 A12-a 取样。如果图 A12-c 尺寸不能满足要求，可将取样位置向中部位移 ②对于焊管当取横向试件检验焊管性能时焊缝应在试件中部	图 A12-b　矩形截面试件
（3）			图 A12-c　圆形横截面拉伸及弯曲试件
（4）	在钢管上切取冲击样坯的位置	③按图 A13 切取冲击样坯时，如果产品标准没有规定取样位置应由生产厂提供，如果钢管尺寸允许应切取 10～5mm 最大厚度的横向试件，切取横向试件的最小外径 D_{min}（mm）按 $D_{min}=(t-5)+756.25/(t-5)$ 计算。如果不能取横向冲击试件，则应切取 10～5mm 最大的纵向试件	图 A13-a　冲击试件
（5）			图 A13-b　$t>40mm$ 冲击试件

续表

序号	取样方向及试件种类	取样位置要求	取样位置示意图
(6)	在方形钢管上切取拉伸及弯曲样坯的位置	按图 A14 在方形钢管上切取拉伸或弯曲样坯,当机加工和试验机能力允许时,按图 A14-a 取样	图 A14-a 全截面试件
(7)			试样应远离焊管接头 图 A14-b 矩形横截面试件
(8)	在方形钢管上切取冲击样坯的位置	按图 A15 在方形钢管上切取冲击样坯	试件应远离焊管接头 ≤2mm ≤2mm 图 A15 在方钢管上切去冲击样坯

第 2 讲 钢结构试件制备

一、机械加工螺栓、螺钉和螺柱试件

（1）试件使用的材料应复合各性能等级。

（2）试件机加工形状如图 8—4。

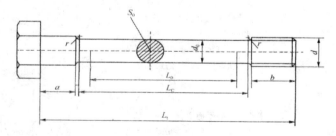

图 8—4 拉力试验的机械加工试件

d—螺栓公称直径；d_0—试件直径；b—螺纹长度；L_0—$5d_0$ 或 $5.65\sqrt{S_0}$；L_C—直线部分长度；L_t—试件总长度；S_0—拉力试验前的横截面积；r—圆角半径

二、高强度螺栓连接摩擦面抗滑移系数试件

抗滑移系数试验用的试件应由制造厂加工，试件与所代表的钢结构构件应为同一材质、同批制作，采用同一摩擦面处理工艺和具有相同的表面状态，并用同批同一性能的高强度螺栓连接副，并在同一环境下存放。高强度螺栓连接摩擦面抗滑移系数试件如图8—5。

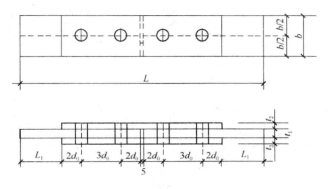

图8—5 抗滑移系数拼接试件的形式和尺寸

第3讲 金属材料产品试件制备

一、范围

适用于试件横截面积为圆形、矩形、多边形、环形的线材、棒材、型材及管材金属产品。

二、拉伸试件种类

（1）比例试件：试件原始标距与原始横截面积有

$$L_0 = R\sqrt{S_0}$$ 关系，比例系数

$R=5.65$（也可采用 $R=11.3$）

式中 L_0——原始标距；

S_0——原始横截面积。

（2）非比例试件：试件原始标距（L_0）与其原始横截面积 S_0 无关。

三、试件制备

（1）机加工试件

机加工试件示意图见图8—6。

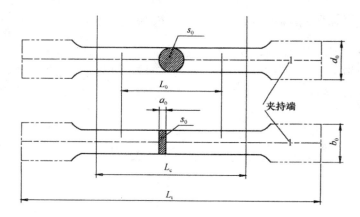

图8—6 机加工试件示意图

（2）不经机加工试件

不经机加工试件示意图见图8—7。

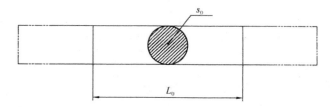

图8—7 不经机加工试件示意图

四、钢筋、钢绞线、钢丝试件制备尺寸

（1）拉伸试件

$$L_c = 10d + 2T \tag{8—1}$$

（2）冷弯试件

①带肋钢筋：

$$L_c = 2.5\pi d + 200 \tag{8—2}$$

②热轧光圆、盘条、钢丝及钢绞线：

$$L_0 = \pi d + 200 \tag{8—3}$$

式中 L_c——试件平行长（mm）；

d——钢筋直径（mm）；

L_0——原始标距；

T——试验机夹持长度（可根据试验机的情况而定，一般取 $T=100$mm）。

（3）试件平行长度 L_c

对于圆形试件不小于 L_0+d_0，对于矩形试件不小于 L_0+b_0。一般情况下钢筋、钢绞线及钢丝不经加工。其中：d_0——试件的公称直径；b_0——试件的公称宽度。

五、厚度 0.1～<3mm 薄板和薄带试件类型

（1）试件的形状

试件的夹持头部一般应比其平行长度部分宽，试件头部与平行长度（L_c）之间应有过渡半径（r）至少为 20mm 的过渡弧相连接见图 8—7。头部宽度应≥$1.2b_0$，b_0 为原始宽度。

（2）试件的尺寸

1）矩形横截面比例试件见表 8—7；

表 8—7　矩形横截面比例试件

b（mm）	r（mm）	k=5.65			k=11.3		
		L_0（mm）	L_C（mm）		L_0（mm）	L_C（mm）	
			带头	不带头		带头	不带头
10 12.5 15 20	≥20	$5.65\sqrt{S_0}$ ≥15	≥$L_0+b_0/2$ 仲裁试验 L_0+2b	L_0+3b_0	$11.3\sqrt{S_0}$ ≥15	≥$L_0+b_0/2$ 仲裁试验： L_0+2b_0	L_0+3b_0

注：优先采用比例系数 k=5.65 的比例试件。

2）矩形横截面非比例试件见表 8—8。

表 8—8　矩形横截面非比例试件

b（mm）	r（mm）	L_0（mm）	L_C（mm）	
			带　头	不带头
12.5		50	75	87.5
20	≥20	80	120	140
25		50	100	120

注：如需要，厚度小于 0.5mm 的试件在其平行长度上可带小凸耳，上、下两凸耳宽度中心线间的距离为原始标距。

（3）试件宽度公差

试件宽度公差见表 8—9。

表 8—9　试件宽度公差

试件标称宽度（mm）	尺寸公差（mm）	形状公差（mm）
12.5	±0.05	0.06
20	±0.10	0.12
25	±0.10	0.12

六、厚度等于或大于 3mm 板材和扁材及直径或厚度等于或大于 4mm 线材、棒材和型材试件类型

（1）试件的形状

通常，试件进行机加工如图 8—7。平行长度和夹持头部之间应以过渡弧（r）连接。过渡弧的半径应为：

圆形横截面试件（r）≥$0.75d_0$；

其他试件（r）≥12mm。

试件的原始横截面可以为圆形、方形、矩形或特殊情况时为其他形状，矩形横截面试件.推荐其宽高比不超过 8∶1，机加工的圆形横截面其平行长度的直径一般不应小于 3mm。

（2）试件尺寸

1）机加工试件的平行长度：

对于圆形横截面试件 L_C≥$L_0+d_0/2$，仲裁试验 L_C≥L_0+2d_0;

对于其他形状试件 L_C≥$L_0+1.5/S_0$，仲裁试验 L_C≥L_0+2S_0。

2）不经加工试件的平行长度：

试验机两夹头间的自由长度应足够，以使试件原始标距的标记与最接近夹头间的距离不小于 $\sqrt{S_0}$。

（3）比例试件

圆形、矩形横截面比例试件见表 8—10 和表 8—11。

表 8—10 圆形横截面比例试件

d (mm)	r (mm)	$k=5.65$		$k=11.3$	
		L_0 (mm)	L_C (mm)	L_0 (mm)	L_C (mm)
25					
20					
15					
10	≥$0.75d_0$	$5d_0$	≥$L_0+d_0/2$ 仲裁试验≥ L_0+2d_0	$10d_0$	≥$L_0+d_0/2$ 仲裁试验≥ L_0+2d_0
8					
6					
5					
3					

表 8—11 矩形横截面比例试件

b (mm)	r (mm)	$k=5.65$		$k=11.3$	
		L_0 (mm)	L_C (mm)	L_0 (mm)	L_C (mm)
12.5					≥$L_0+1.5\sqrt{S_0}$
15			≥$L_0+1.5\sqrt{S_0}$		
20	≥12	$5.65\sqrt{S_0}$	仲裁试验：	$11.3\sqrt{S_0}$	
25			$L_0+2\sqrt{S_0}$		仲裁试验：
30					$L_0+2\sqrt{S_0}$

注：如相关产品标准无具体规定，优先采用比例系数 $k=5.65$ 的比例试件。

（4）非比例试件

矩形横截面非比例试件见表 8—12。

表 8—12 矩形横截面非比例试件

b（mm）	r（mm）	L_0（mm）	L_C（mm）
12.5		50	
20		80	$\geqslant L_0 + 1.5\sqrt{S_0}$
25	$\geqslant 20$	50	仲裁试验：
38		50	$L_0 + 2\sqrt{S_0}$
40		200	

（5）试件横向尺寸、形状公差

试件横向尺寸公差见表 8—13。

表 8—13 试件横向尺寸公差（mm）

名 称	标称横向尺寸	尺寸公差	形状公差
机加工的圆形横截面直径和四面机加工的矩形横截面试件横向尺寸	$\geqslant 3$ $\leqslant 6$	±0.02	0.03
	> 6 $\leqslant 10$	±0.03	0.04
	> 10 $\leqslant 18$	±0.05	0.04
	> 18 $\leqslant 30$	±0.10	0.05
相对两面机加工的矩形横截面试件横向尺寸	$\geqslant 3$ $\leqslant 6$	±0.02	0.03
	> 6 $\leqslant 10$	±0.03	0.04
	> 10 $\leqslant 18$	±0.05	0.06
	> 18 $\leqslant 30$	±0.10	0.12
	> 30 $\leqslant 50$	±0.15	0.15

七、直径或厚度小于 4mm 线材、棒材和型材的试件类型

（1）试件形状

试件通常为产品的一部分，不经机加工见图 8—8。

（2）试件尺寸

非比例试件尺寸见表 8—14。

表 8—14 非比例试件

d 或 a_0（mm）	L_0（mm）	L_C（mm）
$\leqslant 4$	100	$\geqslant 120$
	200	220

八、管材试件类型

（1）试件的形状

试件可以为全壁厚纵向弧形试件见图 8—8，管段试件见图 8—9，全壁厚横向试件，或从管壁厚度机加工的圆形横截面试件。通过协议，可以采用不带头的纵向弧形试件和不带头的横向试件。仲裁试验时采用带头试件。

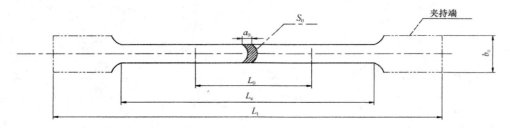

图 8—8 全壁厚纵向弧形试件

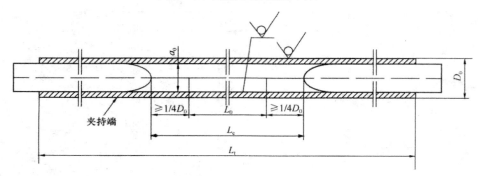

图 8—9 管段试件的塞头位置

（2）试件的尺寸

1）纵向弧形试件见表 8—15。纵向弧形试件一般适用于管壁厚度大于 0.5mm 的管材。

表 8—15 纵向弧形试件表

D (mm)	b (mm)	a (mm)	r (mm)	$k=5.65$		$k=11.3$	
				L_0 (mm)	L_C (mm)	L_0 (mm)	L_C (mm)
30～50	10	原壁厚	≥12	$5.65\sqrt{S_0}$	≥$L_0+1.5\sqrt{S_0}$ 仲裁试验: $L_0+2\sqrt{S_0}$	$11.3\sqrt{S_0}$	≥$L_0+1.5\sqrt{S_0}$ 仲裁试验: $L_0+2\sqrt{S_0}$
>50～70	15						
>70～100	20/19						
>100～200	25						
>200	38						

注：采用比例试件时，优先采用比例系数 $k=5.65$ 的比例试件。

2）管段试件

管段试件应在其试件两端加以塞头。塞头至最接近的标距标记的距离不应小于

$D_0 / 4$（见图 8—10），允许压扁管段试件两夹持头部，加扁或不加扁块塞头后进行试验，但仲裁试验不压扁，应加配塞头，试件尺寸见表 8—16。

表 8—16　管段试件

L_0（mm）	L_C（mm）
$5.65\sqrt{S_0}$	$\geqslant L_0 + D_0/2$　仲裁试验：$L_0 + 2D_0$
50	$\geqslant 100$

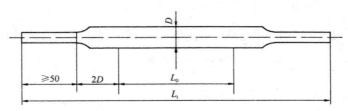

图 8—10　管段试件的两夹持头部压扁

3）机加工的横向试件

机加工的横向矩形横截面试件，管壁厚度小于 3mm 时，采用矩形横截面比例、非比例试件中的表 8—7、表 8—8 规定的试件尺寸，管壁厚度大于或等于 3mm 时，采用矩形横截面比例、非比例试件中的表 8—11、表 8—12 规定的试件尺寸。

4）管壁厚度机加工的纵向圆形横截面试件

管壁厚度机加工的纵向圆形横截面试件见表 8—17。

机加工的纵向圆形横截面试件，应采用圆形横截面比例试件中（表 8—10）规定的尺寸。

表 8—17　管壁厚度机加工的纵向圆形横截面试件

管壁厚度（mm）	8～13
	>13～16
	>16

参 考 文 献

[1] 中华人民共和国住房和城乡建设部. 建筑与市政工程施工现场专业人员职业标准（JGJ/T 250-2011）[S]. 北京：中国建筑工业出版社，2011.

[2] 北京土木建筑学会. 材料员必读. [M]. 北京：中国电力出版社，2013.

[3] 本书编委会. 建筑施工手册 [M]. 5版. 北京：中国建筑工业出版社，2012.

[4] 江苏省建设教育协会. 材料员专业管理实务 [M]. 北京：中国建筑工业出版社，2014.

[5] 中华人民共和国住房和城乡建设部. 混凝土结构工程施工规范（GB 50666-2011）[S]. 北京：中国建筑工业出版社，2011.

[6] 本书编委会. 新版建筑工程施工质量验收规范汇编 [M]. 3版. 北京：中国建筑工业出版社，2014.

China Building Materials Press

我们提供

图书出版、图书广告宣传、企业/个人定向出版、设计业务、企业内刊等外包、代选代购图书、团体用书、会议、培训，其他深度合作等优质高效服务。

编辑部
010-88386119

出版咨询
010-68343948

市场销售
010-68001605

门市销售
010-88386906

邮箱：jccbs-zbs@163.com　　网址：www.jccbs.com.cn

发展出版传媒　　服务经济建设

传播科技进步　　满足社会需求